中华传统食养智慧的解读与评价

张炳文 —— 主编

人民出版社

目　　录

序 ··· 1

前　言 ··· 1

第一篇　中华传统食养经典的解读

第一章　中华传统食养思想的解读 ······························ 10

第二章　中华传统儒学文化中蕴含的食养智慧 ············ 18

第三章　中华传统餐饮文化中蕴含的食养智慧 ············ 24

第四章　中华传统食养经典著作——《本草纲目》中蕴含的食养
　　　　智慧 ·· 34

第五章　中华传统食养经典著作——《千金食治》中蕴含的食养
　　　　智慧 ·· 40

第六章　中华传统食养经典著作——《饮膳正要》中蕴含的食养
　　　　智慧 ·· 48

第七章　中华传统食养经典著作——《山家清供》中蕴含的食养
　　　　智慧 ·· 64

第二篇　中华传统食文化资源经典产品评价

第一章　中国茶叶 ………………………………………………… 89

第二章　中国黄酒 ………………………………………………… 125

第三章　中国醋 …………………………………………………… 140

第四章　中国豆豉 ………………………………………………… 169

第五章　中国豆酱 ………………………………………………… 191

第六章　中国豆腐 ………………………………………………… 203

第七章　中国腐乳 ………………………………………………… 230

第八章　中国泡菜 ………………………………………………… 245

第九章　中国酱腌菜 ……………………………………………… 260

第十章　中国芝麻油 ……………………………………………… 269

第十一章　中国阿胶 ……………………………………………… 280

第十二章　中国火腿 ……………………………………………… 296

第十三章　中国馒头 ……………………………………………… 309

第十四章　中国水饺 ……………………………………………… 322

第三篇　中华传统食文化资源评价体系的构建

第一章　评价解读中华传统食文化资源的意义 ………………… 335

第二章　中华传统食文化资源评价解读体系的建立 …………… 338

第三章　对中华传统食文化资源产业发展的建议 ……………… 350

食学专家寄语：

　　从二十世纪80年兴起的"素食热"以来，对中国传统食品的文化腐范与科学智慧的相互关系，一直揖消不清。在2000年之前，基本上是餐饮行业主抓文化，食品行业主抓科学，彼此对地万年各说各话，客观上阻碍了中华传统食品的科学化、现代化，也不利于中华传统食品所承载的优秀的文化精髓的发扬光大。近十几年的情况略有改变，但并没有取得关键性的突破。现在济南大学张炳文教授等对上述现象进行全面的探讨，是很有远见的创举。本人相信他们会取得突破，克服饮食文化和饮食科学长期分裂的困惑。

　　　　　　　　　　　　　李鸿蕊 2015.10.16.

一方水土养一方人———中华传统食品最适合东方人的体质需要

中华传统食品的文化底蕴与科学智慧，值得我们用心品味与借鉴

食學專家寄語

　　传统食品是中华饮食文化的宝贵财富，蕴含了中华民族数千年来的智慧和创新精神，在该与时俱进，通过现代科学技术和手段，进行检测和甄别，取其精华、去其糟粕，古为今用，推陈出新，在构建今日中华饮食品体系、保障国人营养均衡和体质健康方面，具有重要意义。

兰州财经大学　高启安

2015. 10. 18 于曲阜

食學專家寄語：

　　中华饮食文化历史悠久，文化内涵十分丰富，在中华民族的发展中占有非常重要的地位，是中华文明之重要组成部分，对中国及世界文化作出了重要之贡献。对中华传统食品之进行全面系统之文化解读与科学评价很有必要，我坚信此书之出版，必将我国当前之两个文明建设作出自己之贡献。

　　　　　　　　　　　　徐吉军

浙江省社科院研究员，《中国饮食史》一书第七卷副主编

一方水土养一方人——中华传统食品最适合东方人的体质需要

序

　　"世人个个学长年，不悟长年在目前。我得宛丘平易法，只将食粥致神仙。"陆游的这首《食粥》诗，是古来传唱的食养名篇，也应是其长期坚持食养、寿享 85 岁高龄的一个真实写照。但中国食养的发轫，要远远早于陆游生活的时代（1125—1210 年）。就以粥的发明而言，史前考古发现，在先民留下的陶鼎陶鬲中，已有谷物粥的遗迹。这说明，文献记载中的"黄帝始烹谷作粥"绝非杜撰。

　　医史专家考证，以鱼、枣等食物疗疾或养体，已见于甲骨卜辞。殷墟出土的桃仁、杏仁等相关食物遗存，又为其说提供了物证。《周礼》等礼文、《吕氏春秋》和长沙马王堆汉墓出土的先秦古医书《养生方》等传世典籍和出土文献显示，中国食养的理念及其物化模式应在三代时就已初露端倪。

　　秦汉以降，在历代本草、农书、食经和出土的简帛、敦煌古医书中，有关食养的论述与名方不绝于载。纵观中国食养传统的形成与传承，可以清晰地看出，这份宝贵的文化遗产应是先辈在长期的饮食活动中，不断探索、不断感悟、不断积累的结晶。其间也吸收融入了印度医学、古罗马医学和阿拉伯医学等外来文明的成果。但究其所深蕴的食养理念，则是大医"治未病""不知食宜者，不足以生存"的中华文化基因。

　　对这份宝贵文化遗产的关注与研究，20 世纪 30 年代，已故著名营养学家侯祥川先生等为代表的"海归派"科学家，曾用现代科学方法进行了初步研究，揭示了其中不少食品的营养素构成，首次向世界发布了对中国传统食品（其中有相当数量的食养食品）的科学认识。20世纪五六十年代，国内相关机构对其中的一些名方、验方和食品饮料进行了临床研究及疗效成分、营养素检测。例如蜂蜜对胃溃疡疗效的临床验证、沈治平教授等对酱豆腐所含B族维生素的研究等。到80年代，相关机构又对部分传统食品和中国菜点进行了数次营养素检测。这些工作的开展及其成果的发布，不仅让世人在现代科学层面上认识了中国传统食品的价值，而且也让越来越多的人意识到中国食养是一座有待进一步发掘和发扬光大的伟大宝库。

改革开放四十多年后的今天，面对国内其他领域的科研状况，环视世界发达国家对国食文化的研究，显然我们在这方面的系统研究还有待加强，特别是还缺乏对这份遗产及其以往研究成果的整体性认识。令人欣喜的是，2017年8月19日，在北京"第三届中国食文化发展大会"期间，济南大学张炳文教授以其近作《中华传统食养智慧的解读与评价》相示，并嘱为之作序。一经浏览，便觉全书立意新颖，取材宏富且撷精取英，叙议精当不乏灼见。尤其是在梳理已往研究成果的基础上，通过对流传至今的一款款传统食品的文化解读与评价，全面系统地揭示了其中所蕴含的先辈的食养智慧，应是目前我所知道的这方面的一部开山之作。食养研究涉猎广泛，对中国传统食养智慧进行文化解读与评价，涉及传世典籍与出土文献记载、非物质文化遗产调查、国内外研究成果检索、食品加工与食品制造和中医中药以及烹调等诸多领域的知识。因而，治食养者，当应具备较为广博的知识储备。交谈中得知，张炳文教授初学理工，继研文史。这样的教育背景，正是他能轻松统领这部力作要义的根基所在。

毫无疑问，食养对改善和提升历代中国人的生活质量，都曾起过、现在仍然在起着不可忽视的作用。这在整体上应看作中国对世界文明的一大贡献，是中国人在生活之道方面的一项伟大发明。而且从现实来看，也是国人乐于接受、行之有效而又支出甚微的提升健康生活水平的巨大的文化财富。

我深信，从这个意义上说，这部书做了一件嘉惠读者进而福泽国人的善事。开卷愉悦之时，人们将会深刻感受到中国人食养智慧的高深和东方食养文化的魅力。

王仁兴

2019 年 6 月 10 日于北京

前　　言

中共中央办公厅、国务院办公厅 2017 年 1 月印发的《关于实施中华优秀传统文化传承发展工程的意见》指出："加强对传统历法、节气、生肖和饮食、医药等的研究阐释、活态利用，使其有益的文化价值深度嵌入百姓生活"。"充分运用海外中国文化中心、孔子学院，文化节展、文物展览、博览会、书展、电影节、体育活动、旅游推介和各类品牌活动，助推中华优秀传统文化的国际传播。支持中华医药、中华烹饪、中华武术、中华典籍、中国文物、中国园林、中国节日等中华传统文化代表性项目走出去……依托我国驻外机构、中资企业、与我友好合作机构和世界各地的中餐馆等，讲好中国故事、传播好中国声音、阐释好中国特色、展示好中国形象"。中华传统食养文化及其相关产品是中华优秀传统文化的重要组成部分，是中华传统文化与科学有机融合的良好载体，是中华民族长期经验的积累和智慧的集成。

茶、黄酒、老陈醋、酿造酱油、腐乳、豆豉、豆酱、中式火腿、泡菜、粉丝、粽子、馒头、包子、水饺、面条、汤圆、凉茶等均是由中国人创造发明，在国人的饮食发展史中扮演过重要角色，具有鲜明的中国传统文化背景和深厚的文化底蕴，以及适应东方人体质需要的独特的健康养生价值，与中华烹饪一起组成了富有中国特色的中华传统食文化资源，中华传统食文化资源具有丰富独特的文化内涵，具有良好的风味性、营养性、健康性和安全性，当前急需对其蕴含的文化内涵、科学价值讲清楚，引导消费者正确地认识、认知，进而认可中华传统食品与传统食养文化。

一方水土养一方人。中华传统食品最适合东方人的体质需要。中华传统食品的科学评价解读、文化内涵的弘扬不应被忽视，从某种意义讲它是更重要的文化遗产，也是人类食物营养科学进步的基础。几千年来中华文明的史实证明，中华传统食品不仅符合中国以农耕为主的食物生产结构特点和自然环境条件，而且经过数千年经验总结，形成了非常合理、科学和多彩的食学内容。

中华传统食养智慧虽然有着悠久的历史、丰富的内涵，深深植根于中国人的饮食生活中，但近年来却受到严峻的挑战。目前的食品消费市场上，充斥着与国人体质需求不一致的大量西方食品，而适合国人体质的许多优质传统食品资源却不被大家关注，许多消费者对其文化内涵不了解、食疗营养价值不清楚，认识上存在许多误区，导致当前我国传统食品市场引领性差、在国人心中定位不强、消费水平低、消费能力差等不足，面临极大的市场挑战。

中华传统食养文化及其相关产品是我们中华民族宝贵的精神财富和物质财富，在历史上对世界文明进程产生了不可估量的巨大影响，在当今世界社会、经济、文化的发展中也起到了无与伦比的作用。对中华传统食文化资源进行科学、全面、系统的评价与解读，发掘、整理、开发中华传统食品，可以说是对世界人类宝贵遗产的保护和继承，同时，对满足中国人日益增长的生活需要，增强消费者的身体健康，促进产业调整有着极其重要的意义。

编著本书，希望可以引导消费者科学对待、正确认识中华传统食品的安全性与健康价值；希望引起政府与媒体的关注，做好中华传统食养智慧的传承、保护、推广、引领消费，扩大中华传统食养智慧及产品在国内外消费者中的认知与认同；希望可以启发整个社会对于今天仍然存在而不可分离的非物质文化遗产类传统食养文化及产品，采取多种手段加以积极的宣传和生产性传承保护，为其发展营造良好的社会环境。

　　本书为国家社科基金资助项目——《我国食文化资源评价体系与激励机制研究》部分研究内容，项目组成员为本书倾注了大量心血，历时四年多的时间，但毕竟所触及的是一全新的领域，对中华传统食养智慧新的研究资料也在不断涌现，且由于编者水平有限，书中错误与不妥之处在所难免，衷心欢迎读者批评指正。另外，由于参考的研究文章来源较为广泛，难以注明每一部分内容的出处，敬请相关作者谅解。

张炳文

2019 年 9 月于济南大学舜耕校区

第 一 篇

中华传统食养经典的解读

中华传统食养智慧的解读与评价

ZHONGHUA CHUANTONG SHIYANG ZHIHUI DE JIEDU YU PINGJIA

第一章 中华传统食养思想的解读

第二章 中华传统儒学文化中蕴含的食养智慧

第三章 中华传统餐饮文化中蕴含的食养智慧

第四章 中华传统食养经典著作——《本草纲目》中蕴含的食养智慧

第五章 中华传统食养经典著作——《千金食治》中蕴含的食养智慧

第六章 中华传统食养经典著作——《饮膳正要》中蕴含的食养智慧

第七章 中华传统食养经典著作——《山家清供》中蕴含的食养智慧

中国作为世界四大文明古国之一，在灿烂的文化遗产中积累了世代相传的、利用膳食保健的丰富经验，中华民族素有"凡膳皆药""药食同源"之说，在生活实践中体会到许多食物和防病、治病有着不解之缘，可以利用食养的方法强健体魄、延缓衰老。几千年来中华文明的史实证明，中华传统食养智慧不仅符合中国以农耕为主的食物生产结构特点和自然环境条件，而且经过数千年经验总结，形成了非常合理、科学和多彩的食学内容。

早在三千年前的西周时代，中国就建立了世界上最早的医疗体系，其医事制度中设有负责饮食营养管理的专职人员，当时的医生分为四类："食医"及"疾医"（内科医生）、"疡医"（外科医生）、"兽医"。"食医"就是用五味、五谷、五药养其病，以酸养骨，以辛养筋，以咸养脉，以苦养气，以甘养肉，以滑养窍。周代医疗体系以"食医"为先。"食医"的任务是"掌管王之六食、六饮、六膳、百馐、百酱、八珍之齐"。

一、中华传统食养智慧的概念

中华传统食养智慧领域通常会出现食疗、药膳、食养三个词。其实，这三个词各自所指代的含义是不同的。三者虽然源于"医食同源"的理论，但在应用的材料、服食的对象及使用目的上存在差异。

食疗是应用食物于病人或用食忌以治疗疾病的方法，其目的是用食物以疗病，也包括对患者食物的特殊限定，应用对象为病人。

药膳是在中医学理论指导下，将食物与中药结合使用，经过合理的加工制作而成，应用于健康人群或病人，药膳所强调的是"膳"，以食物为主，中药为辅，中药的剂量要加以限制。

食养是应用食物于健康人群以达到养生之目的，食养的目的是用食物以养生，即保健、长寿、强壮，应用对象为健康人群。食养与食疗所使用的材料是药食兼用的原料。

中华传统食养智慧是在中医药理论指导下，研究食物的性能、食物与健康的关系，并通过日常饮食的调理，达到强身健体、延年益寿、防治疾病的科学。建立在中医药和传统饮食理论的基础上，以指导饮食的选料、加工与食用为重要的形式和手段，是与我们的日常生活关系最为密切的养生方式。现代的食养科学，是在传统食养文化的基础上融入现代营养科学理论，使得理论体系更加完善、科学。

二、中华传统食养智慧的特点

中华传统食养智慧根植于传统中医药理论、饮食文化和传统食品加工，具有寓医于食、简便易行、成本低廉等优势。从传统食疗养生的历史来看，其理论之完备，影响之深远，著述之丰富，传播之广泛，都显示出它科学与文化的双重身份，深入到人民的生活中，成为维护健康的重要保障。中华传统食养智慧既富医学价值，又具休闲佳趣，贴近人们的日常生活，具有强大的生命力和亲和力。

（一）中华传统食养智慧历史悠久、典籍丰富

中华民族具有悠久的美食文化历史，在卷帙浩繁的典籍中，记载有食物常识、食物须知、食物疗病强身等的典籍很多。根据《全国中医图书联合目录》检索出新中国成立前与食物、食品有关的食疗本草类、救荒本草类、饮馔类等书籍80种左右，本草类书籍、方书不在其内，但典籍中相互引用、从本草书籍中摘录等亦不在少数。目前，公认具有时代意义的食疗类典籍主要有《千金要方·食治篇》《食疗本草》《饮膳正要》《食物本草》，其他尚有《黄帝内经》《备急千金要方》《伤寒杂病论》《随息居饮食谱》《调疾饮食辩》《食医心鉴》《外台秘要方》《医心方》等。

我国传统医学对食养的认识有悠久的历史，早在两千多年前的《周礼》中，就有食医的记载，并"以五味、五谷、五药养其病"。《黄帝内经》在饮食治疗和养生方面有明确的治则，《黄帝内经》丰富了食养食疗内容，奠定了食养食疗的理论基础，即"平衡膳食、寓疗于养""饮食有节、促进健康""谨和五味、预防疾病"。马王堆汉墓出土的医书《五十二病方》中有大量食物入药的记载；《神农本草经》记载有50种左右的药用食物；《伤寒杂病论》中的食疗内容很丰富，其中的当归生姜羊肉汤、猪肤汤等，至今仍是临床常用的食疗处方；唐代孙思邈的《千金要方》中列有食治篇；孟诜著有《食疗本草》，收集了本草食物200余种，是我国现存最早的饮食疗法专著；宋代陈直的《养老奉亲书》对牛乳的食养有详细的说明；元代忽思慧著的《饮膳正要》，是我国第一部营养学专著。

秦汉两晋南北朝时期，食养服食之风盛行，服食之物多为黄精、胡麻、茯苓等具有补益性质的食物本草，丰富了食养食疗的内容。《本草经集注》将食物本草从药物本草中分离出来，在本草书中单列"果、菜、米"部，促进了后世食疗本草专书的形成。隋唐时期，食疗尤为普遍，犯病之后，先选择食疗，食疗不愈，然后选择药疗，且疗疾多种，形式多样，《备急千金要方》和《千金翼方》两书设"食治"专卷和"养老食疗"专篇。此时期出现食疗专著《食疗本草》，为后世食疗学的形成与发展奠定了基础。

（二）中华传统食养智慧以"医食同源"为基础

食可医病，药亦为食，医食同源，药食同用是中华传统食养智慧的一个重要理论依据。医食同源的思想注重药物及食物与人体的辩证关系，强调食疗的作用，因此，在保健抗衰、增强体质方面较西医西药历史长、经验多，且更富有辩证的观点。

远古时期，由于生产力低下，人类赖以生存和繁衍的基本条件和根本任务是从自然界中获得食物，在长期的艰苦生存考验中，人们懂得了什么能充饥，什么可治病，什么会伤命。医食同源反映了我国传统养生重视食物与健康、用膳与医疗的关系，体现了将食品学、医学、营养学相结合的辩证观点。医食同源的思想源远流长，对我国和世界食品科学和医学都有重要影响，同时也具有文化和现实意义。"医"可释为"医疗""医药"。"食"可释为"用膳"或"食物"。"医食同源"有时也述作"药食同源"，这样更直接体现了药物与食物的关系。

《淮南子·修务训》载："神农尝百草之滋味，水泉之甘苦，令民知所避就。当此之时，一日而遇七十毒。"可见，神农时代，药与食物是分不开的，无毒者即可食，有毒者当避之。从"茹毛饮血"到"神农尝百草"，人们才逐渐认识到有些动植物除了可以充饥还具有特殊的药理作用，如成书于战国的《山海经》中描述一种水生动物"其状如鱼而人面，其音如鸳鸯，食之不疥"，此类记载达百余处。现存最早的医药书籍《神农本草经》载有药物365种，已有四气、五味、有毒无毒、配伍法度的分析，药物开始从食物中逐渐独立出来。

孙思邈认为："中年以后，美药当不离身，四十岁以上则不可服泻药。五十岁以上，四时勿缺补药。如此乃可延年得养生之术耳。"宋代陈直指出："缘老人之性，皆厌于药而喜于食，以食治疾，胜于用药。……凡老有患，宜先食治，食治未愈，然后命药，此养老人之大法也。是以善治病者，不如善慎疾；善治药者，不如善治食。""其高年之人，真气耗竭，五脏衰弱，全仰饮食，以资气血。"

（三）中华传统食养智慧重在强调整体、系统、平衡及因人而异

调补阴阳，是指通过合理饮食的方法来调节人体阴阳的平衡。传统养生学认为，人体在正常情况下应该保持在"阴平阳秘"的健康状况，如果机体失去阴阳的平衡状态就会产生疾病，并可以通过饮食来调节阴阳以保持健康，如人们常用甲鱼、银耳、燕窝等来养阴生津，滋阴润燥以补阴虚；常用羊肉、狗肉、鹿肉、虾仁等来温肾壮阳，益精填髓以补阳虚。这些都是饮食调补阴阳的体现。

审因用膳，是指根据个人的机体情况来合理地调配膳食。人体需要全面而均衡的各种营养成分，所以《黄帝内经》提出"谷肉果菜，食养尽之"，在保证全面营养的前提下，还应根据每个人的不同情况适当地调配饮食结构。如阴虚者多进食补阴的食品，阳虚者多进食补阳的食品，气虚者多进食补气的食品，血虚者多进食补血的食品，体质偏于实证者多进食有清泻作用的食品。

（四）中华传统食养智慧强调"天人合一"的理念

中华传统食养智慧是以传统中医理论为指导，遵循阴阳五行生化收藏之规律，以达天人合一之调养，从而保持生命健康的活力，即要求人们遵循天体运行的规律安排膳食。

《黄帝内经》依据天地同律的原则创建了独特的"五运六气"历，这种历法特别注意气候变化、人体生理现象与时间周期的关系，是《黄帝内经》学术中时空合一理念的集中表达，从非常广泛的时空角度反映了天地人之统一，反映了人与天之间存在着随应而动和制天而用的统一。

就一年四时而言，"春生、夏长、秋收、冬藏，是气之常也。人亦应之"，人的生理功能活动，应随春夏秋冬四季的变更而发生生长收藏的相应变化。

就一年十二月而言，"正月二月，天气始方，地气始发，人气在肝。三月四月，天气正方，地气定发，人气在脾。五月六月，天气盛，地气高，人气在头。七月八月，阴气始杀，人气在肺。九月十月，阴气始冰，地气始闭，人气在心。十一月十二月，冰复，地气合，人气在肾"，随着月份的推移，人气在不同部位发挥作用。

就一日而言，"阳气者，一日而主外，平旦人气生，日中而阳气隆，日西而阳气已虚，气门乃闭"。随着自然界阳气的消长变化，人体的阳气发生相应的改变。

传统食养理论特别强调天人相应、调补阴阳和审因用膳的观点。天人相应，是指人体的饮食应与自己所处的自然环境相适应。如生活在潮湿环境中的人群适量地多吃一些辛辣食物，对驱除寒湿有益；而辛辣食物并不适于生活在干燥环境中的人群，所以说各地区的饮食习惯常与其所处的地理环境有关。一年四季不同时期的饮食也要同当时的气候条件相适应，如人们在冬季常喜欢吃红烧羊肉、肥牛火锅、涮羊肉等，有增强机体御寒能力的作用；而在夏季常饮用乌梅汤、绿豆汤等，有消暑解热的作用。这些都是"天人合一"理念相应在饮食养生中的体现。

（五）中华传统食养智慧与现代营养学理念高度吻合

现代的营养学认为，营养是指人体吸收及利用食物或营养物质的过程，包括食物的摄取、消化、吸收和体内利用等。营养学是研究人体在不同生长时期、不同生理和病理状态、不同劳动强度等条件下对各种物质的需要量、代谢规律以及缺乏和过量或不平衡时对机体的影响和纠正的方法。现代营养学的每一项结论的得出都有大量的科学依据，有大量的客观指标和实验数据说明问题。

纵观中华传统食养学与现代营养学，发现二者在对人体饮食、保健方面均有其独到之处，各自都有对方不能替代的方面，因而如何利用现代营养学来研究中华传统食养智慧的精粹，将是 21 世纪的一门热门学科，它以中国传统的食疗食养理论和经验为基础，运用现代营养科学、食品科学理论和手段来研究开发天然动植物资源，来指导人们保健养生的一门实用性科学。其内容既包括食疗食养的理论和经验，也包括食疗食养的贯彻和运用，对古代著作中的食疗食养的理论和经验的认真总结、系统整理、去伪存真，做到融合新知、古为今用。应用现代医学、营养学、分析化学、统计学等相关的自然科学知识来加以全面研究，进行科学验证，尽可能弄清中华传统食养组方中一些原料的主要成分以及配伍、加工时发生的化学反应，阐明其获得疗效的机理和作用。

针对我国居民营养健康状况和基本需求，2016 年 5 月 13 日，由国家卫生计生委疾控局发布的最新版本《中国居民膳食指南（2016）》与《黄帝内经》中记载的"五谷为养，五果为助，五畜为益，五菜为充。气味合而服之，以补精益气"的理论高度吻合，《黄帝内经》认为五谷是人体赖以生存的基本物质，五畜补益五脏精气，五菜有协同充养作用，五果辅助补充营养，各种食物合理搭配，保证用膳者必需的热能和各种营养素的供给。

《中国居民膳食指南（2016）》针对 2 岁以上的所有健康人群提出六条核心推荐：食物多样，谷类为主；吃动平衡，健康体重；多吃蔬果、奶类、大豆；适量吃鱼、禽、蛋、瘦肉；少盐少油，控糖限酒；杜绝浪费，兴新食尚。

推荐一：食物多样，谷类为主

每天的膳食应包括谷薯类、蔬菜水果类、畜禽鱼蛋奶类、大豆坚果类等食物。平均每天摄入 12 种以上食物，每周 25 种以上。每天摄入谷薯类食物 250—400g，其中全谷物和杂豆类 50—150g，薯类 50—100g。食物多样、谷类为主是平衡膳食模式的重要特征。

推荐二：吃动平衡，健康体重

各年龄段人群都应天天运动、保持健康体重。食不过量，控制总能量摄入，保持能量平衡。坚持日常身体活动，每周至少进行 5 天中等强度身体活动，累计 150 分钟以上；主动身体活动最好每天 6000 步。减少久坐时间，每小时起来动一动。

推荐三：多吃蔬果、奶类、大豆

蔬菜水果是平衡膳食的重要组成部分，奶类富含钙，大豆富含优质蛋白质。餐餐有蔬菜，保证每天摄入 300—500g 蔬菜，深色蔬菜应占 1/2。天天吃水果，保证每天摄入 200—350g 新鲜水果，果汁不能代替鲜果。吃各种各样的奶制品，相当于每天液态奶 300g。经常吃豆制品，适量吃坚果。

推荐四：适量吃鱼、禽、蛋、瘦肉

鱼、禽、蛋和瘦肉摄入要适量。每周吃鱼 280—525g，畜禽肉 280—

525g，蛋类 280—350g，平均每天摄入总量 120—200g。优先选择鱼和禽。吃鸡蛋不弃蛋黄。少吃肥肉、烟熏和腌制肉制品。

推荐五：少盐少油，控糖限酒

培养清淡饮食习惯，少吃高盐和油炸食品。成人每天食盐不超过 6g，每天烹调油 25—30g。控制添加糖的摄入量，每天摄入不超过 50g，最好控制在 25g 以下。每日反式脂肪酸摄入量不超过 2g。足量饮水，成年人每天 7—8 杯（1500—1700mL），提倡饮用白开水和茶水；不喝或少喝含糖饮料。儿童少年、孕妇、乳母不应饮酒。成人如饮酒，男性一天饮用酒的酒精量不超过 25g，女性不超过 15g。

推荐六：杜绝浪费，兴新食尚

珍惜食物，按需备餐，提倡分餐不浪费。选择新鲜卫生的食物和适宜的烹调方式。食物制备生熟分开、熟食二次加热要热透。学会阅读食品标签，合理选择食品。多回家吃饭，享受食物和亲情。传承优良文化，兴饮食文明新风。

第一章

中华传统食养思想的解读

中华传统智慧文化理论由以下五大学说组成：（1）味、形、气、精、五脏相关学说；（2）食饮有节、五味调和学说；（3）食物性味归经学说；（4）医疗食养结合学说；（5）饮食宜忌学说。这些学说千百年来一直指导着中华食养的实践，证明其有强大的生命力。

一、从现代营养学角度解读中华传统食养智慧中的味、形、气、精相关学说

《黄帝内经》中记载："味归形，形归气，气归精，精归化。""精食气，形食味，化生精，气生形。"这里的"味"指饮食五味之泛称，"形"指人的形体，"气"指真元之气及其所产生的作用和功能，"精"则指食物化生的精微及精气（亦称阴精）。以人而言，五味可充实形体，形体充盛强壮，则真元之气旺盛，真元之气能化生阴精，阴精又可促使生化不断。

《素问》谓："夫五味入胃，各归所喜。故酸先入肝，苦先入心，甘先入脾，辛先入肺，咸先入肾，久而增气，物化之常也。"《灵枢》谓："五禁，肝病禁辛，心病禁咸，脾病禁酸，肾病禁甘，肺病禁苦"；"五走，酸走筋，辛走气，苦走血，咸走骨，甘走肉"。均论述了饮食五味对五脏及筋、气、血、骨、肉等生理病理的影响。由于五味对五脏各有其亲和与排斥

作用，如其味久服或偏嗜，就会引起某一脏气的增加而偏胜。人体某一脏气由于五味偏嗜或长期服用而发生偏胜，导致五脏之间失去平衡，往往成为疾病的根源。

从现代营养学的观点来看，味形气精相关学说实则是机体各部在人的生命中所起的功能和作用，与食物化生的阴精是密切相关的理论。有机体从环境中获得食物，食物在体内经过代谢产生能量来维持生命及供给人体活动的需要。现代营养学上，食物在机体内许多酶及递氢体的催化作用下进行的生物氧化还原反应而产生能量的过程，称之为代谢。代谢包括生物体内所发生的一切合成和分解作用，合成为分解准备了物质前提，分解为合成提供了必需的能量，也为机体的活动提供热能。食物在体内氧化时，放出其所含的化学能，此化学能若用以维持体温则变为热能，若用以支持动作则变为机械能，若用以发生电流则变为电能。这一系列的生物化学变化与古人所讲的味与形、气、精之间的关系是一致的。

二、从现代营养学角度解读中华传统食养智慧中的食饮有节、五味调和学说

饮食数量的节制，即食饮有节。葛洪言："善养生者，食不达饱，饮不过多。"李东垣在《脾胃论》中说："饮食自倍，则脾胃之气既伤，而元气亦不能充，而诸疾之由生。"将饮食不节看作是脾胃消化功能受损及引起不少疾病的主要原因。

重视饮食质量的调节，即五味的调和。《黄帝内经》云："味过于酸，肝气以津，脾气乃绝；味过于咸，大骨气劳，短肌而心气抑；味过于甘，心气喘满色黑，肾气不衡；味过于苦，脾气乃厚；味过于辛，筋脉沮弛，精神乃央。"五味是入五脏的，五味调节适当则能滋养五脏，反之有损于五脏。提倡饮食不必过度丰厚，崇尚清淡素食而五味调和、不偏嗜。

重视膳食组成的合理性和完整性。《黄帝内经》曰："五谷为养，五果为助，五畜为益，五菜为充"，是以米谷类为主食，各种肉类作为副食，同时补充一些水果蔬菜类食品。

重视饮食的温度，主张不可吃得过热过冷，同时强调与自然气温（天气）相适应。《灵枢》言："饮食者，热无灼灼，寒无沧沧，寒温中适，气将持，乃不致邪僻也"，"形寒饮冷则伤肺"。

现代营养学认为，食物中营养素供给的不平衡可引起诸多疾病。人长期摄入脂肪过多，超过机体需要，会诱发高脂血症、动脉粥样硬化及冠心病；世界各地的调查结果表明，凡饮食中脂肪含量较高的地区，人群中血清胆固醇和脂蛋白水平也较高，冠心病的发病率也较高；反之，如果某些营养素如维生素、微量元素等摄入不足，会出现贫血、软骨症、夜盲症、浮肿等营养缺乏病。

一般谷类食物中缺少赖氨酸，豆类食物则缺少蛋氨酸富含赖氨酸，而这两种氨基酸在体内是不能合成的，通过谷豆合理搭配则可相互补充。近代营养学的研究证明了膳食纤维摄入的重要性，膳食纤维在人体肠道中有其特殊的代谢过程，它对增强肠道功能，通便，吸附肠道中某些代谢毒物等均有显著作用。另外，肉类蛋白含量高的膳食，可增加尿钙、草酸盐和尿酸的排泄，是引起钙结石形成的主要危险因素之一。现代流行病学调查结果表明，维生素 A、维生素 C、维生素 E 的摄入量在一定范围内均与肿瘤的发生率为负相关的关系，许多的医学生化实验证明，维生素 C、维生素 E 在体内外均能阻断 N-硝基化合物的合成，因而具有防癌作用，各种维生素在动植物性食物中含量均不同，故膳食的合理搭配对于营养素的平衡摄入起很大的作用。

许多现代医学专家也指出，饮食过热、过冷，不定时暴饮暴食等不良饮食习惯，均影响体内各种代谢作用，天长日久，必会破坏正常的代谢平衡，疾病由之而生。

三、从现代营养学角度解读中华传统食养智慧中的医疗食养结合学说

食养结合是中国医学中很为突出而有实际价值的理论，药膳是其理论的具体运用之典型，它将中药和中餐有机地结合起来，将药治和食治结合起来，既可疗病，也可使患者获得需要的食养。唐代医学家孙思邈强调说："若能用食平和，释情遣疾者，可谓良工，长年饵老之奇法，极养生之术也。夫为医者，当需先洞晓病源，知其所犯，以食治之，食疗不愈，然后命药。"食治与药治是不可分割的两个方面。

当今世界，西医面对着由于滥用抗生素药物所引起的奇怪疾病束手无策。一针青霉素注射下去，可能置人于死地；几片解热药片吃下去，也可能引起哮喘，甚至出血等副作用，确实应了中医"凡药三分毒"的警世名言，以致目前在欧美兴起一门新学科，称之为"药源性疾病学"。

世界医学界已把中医的气功、按摩、导引和食物疗法列入天然疗法范畴之中。现代医学和营养学均认为在疾病的治疗中，为了能增强患者的体力，促进其恢复健康，或由于治疗的需要，调整饮食营养或给以特殊的饮食，如医院为配合糖尿病、胃溃疡患者等的治疗，特意制作的各种病号餐，疗养院为各种疗养病人准备的康复类膳食等。

欧洲有关坏血病的记载最早见于 13 世纪十字军东征，1498 年 Gama 号船绕好望角航行时，160 名船员中有 100 名死于坏血病。中国古代的远洋船队却没有船员患坏血病的记载，明代郑和下西洋相关史料中记载，当时中国船队的食谱中，有用新鲜蔬菜制作的"泡菜"，有用黄豆发制的黄豆芽以及随船携带的茶叶，船员正是食用了富含维生素 C 的上述食物，才奇迹般地免遭坏血病的威胁，这一历史事实再次证明了中华民族传统膳食蕴含的营养科学内涵。

四、从现代营养学角度解读中华传统食养智慧中的食物性味归经学说

每种食物含有的营养素成分不同，且其含量的多寡也不一样，因此，常

常表现为不同的生理功能和作用，其所表现出来的特性也就是"食性"。"食性"，指食物具有的性质和功能。"食性"理论上包括四性、五味、归经、升、降、浮、沉等。古人限于条件无法进行对食物成分的分析和研究，往往是在大量长期的服食实践中，来观察和了解食物的性味和作用的。

"四性"指的是寒、热、温、凉。寒凉性食物具有清热、泻火、解毒等作用，故常适用于热性病症。温热性食物具有散寒、温里、助阳等作用，故常适用于寒性病症。例如，温热性的食物：鸡肉、海参、蒜、生姜、酒、红糖、醋等；寒凉性的食物：鸭肉、冬笋、猪肝、菠菜、海带、苦瓜、冬瓜、西瓜、绿豆等。

"五味"，指辛、甘、酸、苦、咸。不同味的食物有不同的治疗作用。辛能散、行气血；甘能补益和中，缓急而止痛；酸能收涩、止汗、止泻；咸能软坚散结消硬块、便秘等。性和味是运用药膳的主要依据，性和味的关系非常密切，每一种食物既具有一定的性，又具有一定的味。由于性有性的作用，味有味的作用，因而，必须将性和味的作用综合起来看待。

归经，是说明某种药物对某经（脏腑经络）或某几经的病变起着明显或特殊的选择性作用，而对其他经则作用较小或没有作用，也就是指明药物祛病疗疾的作用范围。各个脏腑经络发生病变产生的症状是各不相同的，如肺有病变时，常出现咳嗽、气喘等症；肝有病变时，常出现胁痛、抽搐等症。药物对机体具有选择性作用。如川贝母、杏仁能止咳，说明它们能归入肺经；用茯苓能安神定悸，说明它能归入心经。药物归经的理论是具体指出药效的所在。

对食物的性味归经功效的认识，现代营养学基本上从成分分析、生理生化等角度去解释。如晋代葛洪的《肘后方》中所载的"海藻酒方"乃是昆布等能治疗"瘿病"（即甲状腺肿）。经现代科学实验分析得知，海藻、昆布类食物中，含有极丰富的碘质，而缺碘正是人体患甲状腺肿的原因。唐代孙思邈的《千金翼方》载：用谷白皮煮汤熬粥吃治疗脚气病，现代分析证明，谷皮中富含的维生素 B_1 起主要作用。

《本草纲目》："山楂性味酸、甘、温，有健胃、补脾、消内食积，引结气、活血、助消化之功。"现代营养学实验证明，山楂果实中含有脂肪酶，可促进脂肪的分解，含有丰富的有机酸，可促进胃液分泌，增强胃蛋白酶、脂肪分解酶等酶的酶解作用，促使食物特别是蛋白型、脂肪型食物的消化作用。山楂中含有多种黄酮甙及复杂的多聚黄烷和二聚黄烷类，具有显著的降压、强心之作用，可扩张冠状动脉、舒张血管、增加血流量、缓解心绞痛。

身体中某一器官，若因病需减轻其负担时，则一切可使该器官增加负担的营养素应予以减少。如盐是由肾排泄的，若有肾病的患者，就要少用或禁用食盐，以减轻肾脏的负担；如糖尿病患者，胰腺分泌胰岛素增加，负担加重，就应限制糖的摄入，可使胰腺减轻负担。增加某些营养素以治疗因该种营养素缺乏而引起的疾病，如因蛋白质摄入不足而引起的营养性水肿，就应多给予蛋白质饮食；因缺铁而引起的贫血，可吃含铁较多的食物来辅助治疗。限制某些营养素的供应，如患高血压、心脏病、冠心病及动脉粥样硬化的患者，应严格控制其对胆固醇食物的摄入，则可达到降低血脂、改善病情的作用。

五、从现代营养学的角度解读中华传统食养智慧中的饮食宜忌学说

汉代《金匮要略》中言："所食之味，有与病相宜，有与病为害。若得宜则补体，害则成疾。"故用相宜食味治病养病，谓之"食疗"或"食养"。而不相宜食品则禁之，谓之"禁口"或"忌口"。

食忌可分为一般食忌和服药食忌两类。一般食忌是指通常要注意的食物间的相互禁忌和常见病症的食忌；服药食忌是指在服用某种药物或方剂的同时必须停止摄食某种食物，否则就会引起副作用和不良反应的情况。

饮食宜忌主要有：（1）寒证：宜食温热性食物，忌用寒凉、生冷食物。（2）**热证**：宜食寒凉平性食物，忌食温燥伤阴食物。（3）**虚证**：阳虚者宜温补，忌寒凉；阴虚者宜滋补，清淡，忌用温热；一般虚证病人忌吃耗气损津、腻滞难化的食物。阳虚病人不宜过食生冷瓜果、冷性及性偏寒凉的食物；阴虚病人则不宜吃辛辣刺激性食物。（4）实证：常见实证如水肿忌盐、消渴忌糖，是最具针对性的食治措施。

服药食忌，即通常所言的忌口。如服人参的病人忌吃萝卜，因一为补气，一为耗气，这样人参起不到治疗作用。古代文献上有甘草、黄连、桔梗、乌梅忌猪肉等记载。

中国古代的饮食宜忌实际上包含了食物与个体的适应性，食物与疾病、食物与药物以及不同食物同时进入人体时对人的影响等问题。这里面包括了物理、化学、生化、免疫、药理、毒理等多方面相互作用关系等比较复杂的问题。食物总是程度不等地含有不同的营养成分和理化性能，对人体的代谢功能、生理、生化过程起着不同的作用。如半乳糖血症，由于遗传性磷酸半乳糖尿苷酰转移酶缺陷而引起的，临床上可见婴儿于出生后一周出现黄疸、肝脾大，继之有肝硬化、肝功能衰竭及智力发育迟缓等，此类病儿停止使用乳类食品，用谷类另加维生素、无机盐及按时加辅食，症状可以控制。

各种食物同时进入人体时，对人体的影响可以是产生协同和相加作用，有时可起拮抗作用而相互抵消，甚至也可产生对机体的有害作用。如苋菜中的草酸对牛乳中钙吸收的影响情况，发现苋菜与牛乳同服时，可阻止钙的吸收，但通过烹调除去苋菜中的草酸后，就可降低上述有害作用的产生。

六、中华传统食养的营养理念对人类饮食的积极影响

中国地大物博、地理气候条件万千，粮食、蔬菜、果木等植物种类繁多。"天人合一、身土不二"的生态观；"药食同源、寓医于食"的食疗观；"审因施食、辨证用膳"的平衡膳食观；"调理阴阳、阴平阳秘"的健康观构成了中华民族传统食学的哲学内涵。

中华传统饮食结构的特点是以植物性食物为主，谷物作为主食；副食则是新鲜的天然果蔬；不作精细加工；烹调大多使用植物油且搭配豆酱、醋等发酵食品。食物中 70% 的热量与 60% 的蛋白质均来自占人均膳食 60%—65% 的主食谷物。这一膳食结构具有的广杂性、主从性和匹配性，不仅符合东方人消化道的组织结构，适应人体全面营养的需要，更有助于人类的健康和种族的繁衍。

中国药膳已有两三千年的历史，在漫长的实践中，中国的药膳丰富了中国乃至东亚、东南亚地区的饮食文化。如许多人被韩国电视剧《大长今》中所展现的浓郁的传统药膳文化、多样的韩国料理所感染，学做韩国菜成了今日时尚，甚至参加旅行团到韩国体验宫女生涯、了解传统饮食文化。当前，韩国的药膳美食格外引人注意，韩国人喜食药膳、研究药膳已经达到令人惊叹的地步。

东南亚一带的国家由于华人较多，对于中医药膳养生保健理论颇有研究，长寿的人居多，心、脑血管疾病患者少，其主要原因就是他们深受中国医食同源思想的影响，懂得如何利用食物来养生保健。

流行在意大利的大黄酒，原配方见于《千金要方》，这种由十多味中药调配的酒如今在意大利成为专利知名饮用酒，这种饭前开胃、饭后消食、益寿延年的药酒，极受当地人和旅游者的欢迎。

漫步于巴黎、罗马、旧金山的一些食品店、保健品商店，很容易发现有中国标记的竹叶酒、橘皮茶、松子糖、姜汁糖等。在美国劳德代尔堡的天然食品市场和餐厅中炮制的草药补品销量特好。一种所谓的"聪明食品"，最早流行于加州，基本上以粉末状或流质提供给消费者，有的可加入苹果汁或橘子汁中饮用，其配方包括一些独特的草药制剂，这种食品能给人体细胞提供额外的养分，增加细胞的活力。如今许多上班族一改中午饮用咖啡的习惯，而是到"聪明酒吧"去喝上几杯健脑饮料。

第二章

中华传统儒学文化中蕴含的食养智慧

张岱《老饕集序》载："中古之世，知味推孔子，食不厌精，脍不厌细，精细二字，已得饮食之微。至熟食，则概之失饪不食用；蔬食，则概之不时不食。四言着，食经也，亦即养生论也。"同时孔子主张"八不食"，即"食馇而餲，鱼馁而肉败，不食。色恶，不食。臭恶，不食。失饪，不食。不时，不食。割不正，不食。不得其酱，不食。沽酒市脯，不食"。

《论语》中关于饮食的相关论述，时至今日，仍具有极高的理论指导性，并由此形成了传统饮食"五重"的特点：（1）重"食"：古人有"民以食为天"之说，就是儒家饮食中对食什么、怎么食有详细介绍和规定，注重以食合人；（2）重"养"：以"五谷"养"五脏"，饮食中重视人体养生保健；（3）重"味"：孔府饮食最注意食物的味，讲究"色、香、味、形"，尤其讲究"一菜一法，一菜一味"，充分体现了孔子"精"与"细"的饮食原则；（4）重"理"：注意各种食物的搭配，以相生相克、相辅相成等阴阳调和之理性认识指导烹饪；（5）重"度"：提倡饮食有节，提倡吃得不宜过多，更不能暴饮暴食，否则易伤脾胃。

一、"食乐"的饮食思想

简单的饮食思想表现在《论语·述而》中，孔子说："饭疏食，饮水，曲肱而枕之，乐亦在其中矣。"他曾赞扬弟子颜回："贤哉，回也。一箪食、一瓢饮，在陋巷，人不堪其忧，回也不改其乐，贤哉，回也。"这是孔子提倡的"食乐"。

现代科学证明，情绪与健康长寿关系密切。愤怒、焦急、悲伤的情绪使大脑皮层的调节功能减弱，破坏内脏各器官和肌体的活动，人体代谢紊乱引起疾病；相反，乐观向上的性格使人身心健康，内分泌平衡，有利于延年益寿。孔子提倡的"君子谋道不谋食"和"乐以忘忧"正是他饮食思想和养生之道的体现，从当代的观点看是符合营养规律的。

二、"节制"的饮食思想

《黄帝内经》中指出："饮食自倍，肠胃乃伤"，"卒然多食饮，则肠满"，"因而饱食，筋脉横解，肠澼为痔；因而大饮，则气逆"等等，均阐明过饮过食之害。后来历代医学家都强调节食的重要性，有的主张"不饥勿强食，不渴勿强饮……食欲常少，去肥浓，节辛酸"，有的甚至提出"清晨一碗粥，晚饭莫教足"。节食可以长寿的事实已被古今中外认同，事实上，孔子日常饮食也是很俭朴的。《论语·乡党》中说，他"有盛馔，必变色而作"。"盛馔"对孔子来说是难得的"牙祭"，但他仍"变色而作"。

现代医学研究认为，经常饱食会加重胃、肠的负担，使血液过多地集中在胃、肠，使心脏、大脑等器官相对缺血，内分泌紊乱，引起消化不良。孔子的"食无求饱"观念与医学上的"过食损寿，节食益寿"的养生之道不谋而合。

2000 年，我国第一部《中国居民膳食营养素参考摄入量（DRIs）》的公布，标志着我国营养学在理论研究和实践运用的结合方面又迈出了重要的一步。中国营养学会在 2016 年修订了膳食指南，发布了新版《中国居民膳食指南（2016）》，通过科学的方法为居民日常所需营养素摄入量提供了科学的依据。面对众多食物引起的食欲，应当怎样掌握和控制对食物的摄取，孔子举了两个例子：

第一，"肉虽多，不使胜食气"——对各种肉类制作的诱人佳肴，要适量食用，不要使肉食占了主位而不吃谷类主食，根据"五谷为养，五果为助，五畜为益，五菜为充"的传统饮食主张，根据《中国居民膳食指南（2016）》要求，现今高血脂、心血管疾病等"富贵病"丛生的主要诱因是过度食用动物性食物，导致营养素失衡。粮食是最养生的食物，肉类只是搭配。孔子这一饮食观点与现在的科学饮食同出一辙。从中医角度讲，肉容易生痰湿，阻滞气血，造成消化不良，因而一定要注意主副食的调节。如今许多人的饮食结构是低碳水化合物、高蛋白高脂肪，非常不利健康。

第二，"薄滋味"——清代石成金提出："淡食最补人，五味各有所伤；例如咸多则伤心，酸多则伤脾，苦多则伤肺，辛多则伤肝，甘多则伤肾。此五味中，而咸味又能凝血滞气，伤人更甚。"与孔子主张的"薄滋味"有异曲同工之妙，又可视为饮食不尚奢华。根据当代膳食指南的要求，建议我国居民应养成吃清淡少盐膳食的习惯，即膳食不要太油腻，不要太咸，不要摄食过多的动物性食物和油炸、烟熏、腌制食物。建议每人每天烹调油用量不超过 25g 或 30g；食盐摄入量不超过 6g，包括酱油、酱菜、酱中的食盐量。通过研究发现，脂肪是人体能量的重要来源之一，并可提供必需脂肪酸，有利于脂溶性维生素的消化吸收，但脂肪摄入过多是引起肥胖、高血脂、动脉粥样硬化等多种慢性疾病的危险因素之一。

三、"主辅食合理搭配"的饮食思想

自远古起，中华民族以农立国，虽然牧、渔、猎亦历史久远，但农业为百业之冠，"食"在饮食结构中居首位。孔子在《论语·乡党》中说"肉虽多，不使胜食气"。食气，即谷食、饭料，意思是要求主辅食要合理搭配，而且要以主食为主。《黄帝内经》中明确指出，"五谷为养，五果为助，五畜为益，五菜为充，气味合而服之，以补精益气"，也是同样的道理。

根据《中国居民膳食指南（2016）》中所要求的，谷类食物是中国传统膳食的主体，是人体能量的主要来源，也是最经济的能源食物。主辅食品搭配得当，能充分利用动、植物性食品中的蛋白质、脂肪、维生素、碳水化合物、矿物质等营养成分，使人体能得到充分而全面的营养物质，这与现代营养学上的科学配膳，平衡膳食的理论一致，随着经济的发展和生活的改善，人们倾向于食用更多的动物性食物和油脂。通过营养与健康状况调查的结果发现，在一些比较富裕的家庭中，动物性食物的消费量已超过了谷类的消费量。但是，人们应保持每天适量的谷类食物摄入，一般成年人每天摄入250—400g 为宜。

四、"食精脍细"的饮食思想

饮食既是人类生存的先决条件，也是构成人类社会生活的重要内容。在食物的供应水平达到一个相对高的程度后，古人开始试探性地研究食物对人体的影响，寻求食物的烹制方法以方便人的食用和吸收。

孔子主张"食不厌精，脍不厌细"，是从饮食营养和卫生方面进行论述的。食不厌精的"精"，指用工具加工出颗粒完整的米。因为孔子所处的春秋时期，用杵臼春捣的加工方法，脱壳率和出米率较低，加工出的米时常伴有未脱尽壳的谷，所以，孔子主张"不厌"的认真态度将米制"精"。同样道理，"脍不厌细"的"细"指切得细小的肉。因为孔子所处的春秋时期，切肉用的刀主要是青铜刀具，如果事厨者刀工不娴熟，态度不认真，很难将肉切成细、薄的脍。孔子主张"脍不厌细"，只是说明以精细为善，而不是非精细不可，既对菜肴可口提出了要求，也对人的消化吸收提供了便利，所以，"食不厌精，脍不厌细"是孔子饮食思想体系的高度概括和总结。

五、注重调味作料的使用

《礼记·内则》记载，古人制作肴馔时，调味用的酱须与主料相搭配。

孔子曾说"不得其酱，不食"，就是说，没有合适的调味作料，不吃。从整个烹饪过程看，主料与酱性味相宜才能搭配，调味品发香是制作美味菜肴的关键因素，不同的菜肴要配以相应的酱，如春天要用葱酱，秋天要用芥酱等。

孔子在《论语·乡党》中还说过"不撒姜食，不多食"，即吃完饭，姜不撒除，但不多吃。众所周知，姜不但可以调味，而且具有解毒、散寒、温胃、止呕、止咳、止泻、促进食欲，调整胃肠等功能，是古代常用的养生疗病食材。可见调味料不仅可以提味和增进食欲，还能帮助消化、抑菌消毒、增强免疫力。

六、"按章循规"的饮食思想

先秦的祭礼，乡伙酒礼，在宰杀猪、牛、羊时，都要求有一定的割法，孔子吃肉类，凡"割不正，不食"。《礼记·内则》云："孺子食无时，则成人以上食必有时也。"《孟子·告子下》曰："朝不食，夕不食。"孔子则谓"失饪，不食"，指不吃过熟或不熟等烹调不佳之食物。"不得其酱，不食"，则主张烹制时宜加入一些酱、醋等调料；没有足够的调料，所烹制之食物不但不好吃，营养素亦难以充分吸收，甚至有些毒素不能去除。例如在烹调土豆时加入适量米醋，醋的酸性可分解龙葵素，能起到一定的解毒作用。

七、强调饮食的新鲜、洁净、卫生

孔子非常重视食品的安全与卫生，他提出的"食馈而餲，鱼馁而肉败，不食。色恶，不食。臭恶，不食"等就是对于食物新鲜度的感官评价要求，即霉粮馊饭、烂鱼败肉等腐败变质的食物不能食用；颜色改变了的食物不能食用；气味异常的食物不能食用。"沽酒市脯，不食"，是说市场上买的质量不可靠的酒肉不能食用。"失饪，不食"中也包含没有烹制成熟的食物可能致病之意，不熟的食物可能含有某些致病微生物、寄生虫，均是对健康的威胁。可见孔子对食物的质量早就提出了务必要新鲜、洁净、卫生的明确要求。

八、选择应季、应时食物

古人根据季节不同而选择不同的食味内容，如"春发散，宜食酸以收敛；夏解缓，宜吃咸以和软"。根据孔子提出的"不时，不食"的原则，是指吃东西要应时令、按季节，不吃不合时宜的、反季节的食物，不同时期应有适宜自身生长发育、新陈代谢的食单，一年四季应当根据时令安排合理的膳食。中国早期已经存在"四季食单"，根据不同时期动植物的生理特点，汲取符合人体生物时钟的营养元素。

讲究所吃的食物要根据季节的变换而改变，热天宜吃性凉的食物，而冬天则宜多吃温热补益的食物，不仅能使身体更强壮，还可以起到很好的御寒作用。同样，对于不合时节的农产品也不推荐食用。古人曾具体提出四季的合宜饮食，如春气温，宜食麦以凉之；夏食菽以寒之；秋气燥，宜食麻以润其燥；冬气寒，宜食黍以热性治其寒。即根据各个季节不同的气温和自然条件，利用饮食食物加以协调，从而达到养生保健的目的。

古人主张根据季节不同而选择不同食材。应季食物往往符合时令性的养生需要，是大自然给人们带来的慷慨馈赠。"不时，不食"正体现了顺应自然的传统思想。如今，随着科技的发展，人们逐渐能够做到想吃什么就吃什么，想什么时候吃就什么时候吃，随心所欲。反季节的食物更是随处可见，但其营养价值、功效成分、风味特点是否能与应季食用相媲美，是否符合人们的健康需要，是值得我们深入研究和思考的问题。

第三章

中华传统餐饮文化中蕴含的食养智慧

中华传统餐饮与养生的关系，从源头上是密不可分的，养生的思想融入了中华传统餐饮从理论到选料、加工、制作以至食用过程等方面。饮食思想无一不符合中华传统的养生之道，其中有礼有节有度、清洁卫生的饮食习惯是维护健康的基本要求，结构合理、烹制得当、五味调和的食物是养生保健的最佳选择，与中华传统餐饮崇尚纯正，不走偏锋，重视营养，精于刀工，注意卫生等的特点有密切的关系。

中华传统餐饮的食养养生思想主要体现在以下方面：①中和思想：赋予了中华传统餐饮以"和"的最高境界；②选料精细、割烹得宜："食不厌精""脍不厌细""失饪不食"等强调了合理饮食的重要性；③合理搭配，谨和五味："不撤姜食""不得其酱不食"体现了对食物搭配与调味的认识；④饮食有节，平衡膳食："不时不食""不多食""食无求饱""肉虽多，不使胜食气"体现了对进食规律性、有节制性的要求；⑤讲究饮食卫生："鱼馁而肉败，不食""色恶，不食""臭恶，不食""涤杯而食，洗爵而饮"等强调了饮食须讲卫生的前提；⑥注重饮食礼仪："食不语""有盛馔，必变色而作""席不正，不坐"等表现出对饮食过程的重视。

一、中华传统餐饮原料选择中蕴含的食养思想

（一）丰富的原料是全面均衡营养的前提

"五谷为养，五果为助，五畜为益，五菜为充，气味合而服之，以补精益气"。① 这提出了世界上最早的膳食宝塔，也是饮食养生的基本要求，只有全面均衡饮食才能"脏腑以通，气血以流，骨正筋柔，腠理以密，可以长久"。

中华传统餐饮选料广泛，山珍海鲜，瓜果菜蔬入厨皆能烹制成美味。《齐民要术》中记载的丰富的农产品种植加工的经验使丰富的物产成为盘中美食变为可能，这些均为中华传统餐饮的成长提供了充足的原料，谷、菜、果、禽畜、调味品应有尽有，使得中华传统餐饮积累了上百种菜肴款式，为全面均衡营养提供了优越的前提条件。

（二）原料选择的地域色彩与保健价值

有人说中国北方传统餐饮厨师善于做高热量、高脂肪、高蛋白菜肴，擅长用高档材料做出厚味大菜，似乎不符合膳食搭配的原则。但脱离了中国北方的地域特点进行的中华传统餐饮的营养评价有欠公道。

中国的北方地区冬春季节温度经常在10℃以下，属于低温环境。在古代没有暖气、室内温度偏低的情况下，寒冷环境使人体热能消耗增加，基础代谢升高，且低温下的寒战及对笨重防寒衣物的支持又加大了能量消耗。因此，膳食供给应比较常温下增加10%—15%，脂肪比例应适当提高，可占总热能的35%—40%，蛋白质占总热能的13%—15%，动物蛋白最好在50%—65%，碳水化合物不低于总热能的50%。及时补充这些营养素对维护健康十分必要，而丰富的蔬菜瓜果可通过冷藏保鲜或制作蜜饯、果脯、腌菜等提供必要的维生素和矿物质，与现代营养理论并无违背。当然随着生活水平的提高，生活环境的变化，人的体质较从前有了差别，食谱的适当倾斜，减少脂

---

① 《黄帝内经·素问》。

肪摄入，多引进绿色蔬菜在中华传统餐饮的改革中也十分必要。

中华传统餐饮常采用的高档原料均为传统养生补益之品，体现了中华传统餐饮注重养生的特点，如山珍海味多为高蛋白、低脂肪，滋补、美容、健脑的养生佳品，其中，鱼、虾、海参多为养阳温热之品，多食有生热之嫌，燕窝、贝类、螃蟹多为滋阴寒凉之物，常食有积冷之弊，但中国传统餐饮的宴席往往将它们有机结合，配以蘑菇、豆腐、时蔬等，营养与保健价值得以完善均衡。

二、中华传统餐饮加工技法中蕴含的食养思想

（一）根据原料特性合理选择烹饪方法

中华传统餐饮的烹调技法以爆、炒、烧、熘、炸、焖、扒为主，根据原料特点，选用合理方法，既保证菜肴具有一流的色、香、味的感官特点，又充分考虑到其养生价值。例如，爆有油爆、葱爆、酱爆、盐爆等各种技法，讲究急火快炒，突出菜肴的鲜、嫩、香、脆，能够避免新鲜原料尤其是蔬菜中的营养成分被破坏。现代健康烹调所推崇的大火、少油、快炒，与中国传统餐饮的这一做法不谋而合。又如，对于蛋白质脂肪含量较高的原料，多通过烧、焖等技法使其软烂，易于消化。

（二）中华传统餐饮善于制汤

中华饮食养生自古重汤，食圣伊尹善于制汤，相传著有《汤液经》；中医治病多用汤药，认为煎汤是发挥药效又快又好又简便的方法；民间补养多用靓汤，认为汤液能够使多种原料的有效成分充分溶出，各原料的补益效果有机融合。因此，制汤的烹饪方法不仅能够增加菜肴的鲜香美味，更为菜肴融入了汤汁的营养成分，而且通过汤和菜味道的调制，使醇美脂香、蔬菜清香、肉质鲜香等香味融为一体，达到调味的更高境界。

中华传统餐饮擅长以汤调味，厨师的传统习惯是在炒锅旁备好一锅味汤，无论做什么菜都不用味精而以汤代之。汤有清汤与奶汤之分，清汤用肥

鸭肥鸡、猪肘等为主料，急火煮沸，撇去浮沫，鲜味溶于汤中，汤清见底，味道鲜美；奶汤则是用相同的主料大火烧开慢火缓煮，然后用纱布滤过，汤成乳白色，味道醇厚。

三、中华传统餐饮调味中蕴含的食养思想

（一）五味调和

中华传统餐饮重味，更重调味，它善于运用各种调味的原料和方法，对菜肴的味进行精心调制。孔子曰："不得其酱不食"，体现了传统饮食思想中对于调味的重视，中华传统餐饮素有"一菜一味，百菜不重"的美誉。五味调和也体现了中国传统的养生思想。中医认为无论是药物还是食物皆以五味与五脏相通应。"夫五味入胃，各归所喜。故酸先入肝，苦先入心，甘先入脾，辛先入肺，咸先入肾，久而增气，物化之常也"[①]，说明五味与五脏的密切关系，五味太过、偏嗜等均会对机体造成损害，而通过五味的精心调和，则可强身健体、治疗疾病，"谨和五味，脏腑以通，气血以流，骨正筋柔，腠理以密。"

（二）口味纯正

中华传统餐饮的清淡鲜嫩、软烂香醇、原汁原味，体现了中国传统餐饮充分尊重优质原料自身具有的鲜美味道，在此基础上加以升华，在大气与内敛、张扬与含蓄、调味与本味、至味与无味间寻找平衡点，达到中和、纯正之味，体现烹调艺术的真谛。哲学家张起均先生曾对中国传统鲁菜这样评价："大方高贵而不小家子气，堂堂正正而不走偏锋，它是普遍的水准高，而不是以一两样或偏颇之味来号召，这可以说是中国菜的典型了。"也正是这种纯正，体现了中国养生的最佳境界。"阴之所生，本在五味，阴之五

---

① 《黄帝内经·素问》。

宫，伤在五味"①，五味饮食既是我们机体正气充养的来源，五味的偏颇又会造成机体的伤害，只有纯正才能维持平衡状态，达到健康养生的目的。

（三）因地制宜，如南甜北咸

因地制宜，指根据不同的地理环境特点来选用适宜的食物。《素问·阴阳应象大论》说："天不足西北，故西北方阴也。地不满东南，故东南方阳也。"《素问·五常政大论》说："天不足西北，左（北方）寒而右（西方）凉，地不满东南，右（南方）热而左（东方）温。"这说明地理环境不同，气候寒热温凉是有区别的，而饮食保健方面就要因地制宜——西北地势高，阳热之气不足，气候寒冷，饮食宜辛辣温热；东南地势低，阴寒之气缺乏，气候温热，饮食宜甘淡寒凉。

《素问·异法方宜论》专门论述了由于居住地区不同，人们生活环境和生活习惯各异，因而治疗疾病包括养生防病，必须因地制宜。譬如，南方地势低下多潮湿，易于湿困脾虚，饮食菜肴中宜多用辛辣之品，像四川地区就喜食辛辣食物；北方地势高上多风燥，易于风燥伤肺，宜多食新鲜蔬菜，像青海地区就喜食蔬菜。

中国北方地区的饮食口味基本以鲜咸为主，鲜中有咸，这与地域特点有关。首先，口味与南方菜相比偏咸，中国北方传统餐饮及中国其他北方菜的共同特点，体现了南北气候差异对饮食口味的影响。低温环境中食盐摄入量的增加可使机体产热功能加强，尤其是在蔬菜水果摄入较少的冬季，对于食盐的补充更为重要。数据显示在北纬72°的居民，每天食盐摄取量甚至是温带居民的2倍，并未发现血压上升。但现在暖气的普及，使得真正处在低温环境中的时间越来越少，或许这也正是现代人口味逐渐转向清淡的原因之一。《黄帝内经·素问》曰："故东方之域，天地之所始生也。鱼盐之地，海滨傍水，其民食鱼而嗜咸，皆安其处，美其食。"这也造成了东方人与其

---

① 《黄帝内经·素问》。

他地域人体质的差异。

（四）葱香突出

中华传统餐饮善于以葱、姜、蒜调味，葱、姜、蒜是中华传统餐饮必备的调味料，尤其是葱。中国人把大葱称为菜伯、和事草，无论是爆、炒、烧、熘，还是蒸、扒、炸、烤，都是以葱爆锅，借葱提味。大葱除味香增进食欲外，还有畅风顺气、通阳活血、疏散油腻和健胃抑菌的功效。姜、蒜、芫荽等调料也均具有醒脾助运，帮助消化的功效，且能发散风寒、抑菌消毒、增强免疫力。

四、中华传统餐饮搭配中蕴含的食养思想

（一）菜肴中原料的搭配

中华传统餐饮善用各类补益原料，对于原料间的搭配讲究按照食疗的配伍规律进行。

主料搭配。如油爆双脆采用鸡肫和猪肚为原料爆炒而成，两者皆为健脾养胃，益气补虚之品，又各有所长，共奏补益功效。又如，"八仙过海闹罗汉"选用鱼翅、海参、鲍鱼、鱼骨、鱼肚、虾、芦笋、火腿等"八仙"，选用八种养生保健珍品，原料不但口味相和，且功效互补，相须配伍，和用一处，阴阳并补，增强强壮补虚之效。

主辅搭配。如奶汤蒲菜，以高汤调制蔬菜，使高汤浓郁的动物脂香，与蒲菜及冬菇、玉兰片的清新淡雅香气有机融合，不但口感细腻鲜香，且营养全面，滋阴清心，健脾开胃。

（二）宴席中菜肴的搭配

中华传统餐饮最讲究菜肴的搭配艺术。其用料荤素兼用，色泽轻重并举，口味浓淡相宜，烹法变化多样，菜式前后呼应。按照一定的审美的规律，进行艺术组合。无论从原料配伍上还是五味调和上，均体现了食疗养生理论的完美运用。如孔府代表名菜——孔府一品锅，由海参、鱼肚、肘子、

鸡、鸭、鱼卷、玉兰片、山药等原料烹制而成，食物多样，用料珍贵，汤汁鲜美，细腻爽口；所用的原料皆为传统食疗补益养生佳品，虽各具本味，功效各有专长，又能在口味与保健效果上完美结合，体现了阴阳平衡，五味调和，五脏兼顾，气血阴阳并补的饮食养生思想。

附：孔府菜蕴含的食养智慧

孔府菜经历了几千年的发展，已成为中华鲁菜的主要组成部分，在各大菜系中，孔府菜经历的年代最久，文化品位最高，形成了一整套独特的菜谱和烹饪方法，积累了大量的养生论点，形成了一个思想精深、内容丰富的知识体系，对于我们了解中国饮食文化中的饮食有节、辨证施食、五味调和等保健理论具有重要的指导意义。

（一）孔府菜选料中体现的食养思想

料讲究品种和季节时令，以充分体现原料质地的柔嫩与爽脆，所用海鲜、果蔬之品，无不以时令为上，所用家禽、畜类，均以特产为多，充分体现了鲁菜选料讲究鲜活、用料讲究部位，遵循"四时之序"的选料原则，选料刻求"细、特、鲜、嫩"。

细，即精细，注重选取原料精华部分，以保持菜品的高雅上乘；以孔子的"食不厌精，脍不厌细"的饮食名言为训，即不断提高烹饪水平，精益求精，把饭菜制作得更加精细可口，满足人的生理消化特点和人们的感性要求。然而孔子对食品精致化之要求，不同于现今诸如小麦粉化加工，因为小麦等谷物加工后其营养成分降低，此为当今人食用的弊端。

特，即特产，注重选用当地时令特产，以突出菜品的地方特色；"不时，不食"即菜品讲究合乎时令，不合时令的不宜食用。

鲜，即鲜活，注重选用时鲜蔬果和鲜活现杀的海味河鲜等原料，以确保菜品的口味纯正；在孔子主张的"八不食"中，"食馐而餲，鱼馁而肉败，不食。色恶，不食。臭恶，不食。"这提出了对鲜活原料的要求。

嫩，即柔嫩，注重选用新嫩的原料，以保证菜品的清鲜爽脆。满足人的适口度，从而保证饮食合理摄入量。

（二）孔府菜烹调方法中体现的食养思想

孔府菜做工精细，烹调技法全面，尤以烧、炒、煨、炸、扒见长，而且制作过程复杂。以煨、炒、扒等技法烹制的菜肴，往往要经过三四道程序方能完成。注重本味，因料施技，注重主配料味的配合。

炒：以滑炒见长，要求速度快速成菜，成品质地滑嫩，薄油轻芡，清爽鲜美不腻；炸：菜品外松而里嫩，力求嫩滑醇鲜，火候恰到好处，以包裹炸、卷炸见长；煨：煨的技法所制作的菜肴，令营养物质溶于汤汁中，更易被人消化吸收；烧：成菜饱满光亮，入口软糯，味道浓郁；扒：菜肴形状美观，质味醇厚，浓而不腻。

孔府菜的制作继承孔子饮食养生的精神和科学的烹调方法，"失饪不食"讲究合理的烹调方法，以现代的科学烹调方法是在保持菜品营养物质不流失和不被破坏的基础上合理地运用烹调技法以达到色、形、味的统一。与孔子倡导的饮食方法可谓同出一辙，同样对菜肴选用了合理的制作方法。同样，烹制火候，时间没有达到标准或者过度烹制，也是不建议使用的。例如，豆角中的皂素如果烹制不彻底就容易引起中毒，但加热到100℃，并持续30分钟以上，就可破坏其毒性。可见其烹制的重要性，不仅是在味道上选择，更注重营养和健康。这也正是孔子的饮食文化中所主张的。

（三）孔府菜原料搭配中体现的食养思想

《礼记·内则》记载，古人设食，要用调味的酱与正肴相搭配。孔子曾说"不得其酱，不食"，就是说，没有一定的、合适的调味作料，不吃。从整个烹饪过程看，肴与酱气味相宜，性相克才能搭配，调味品发香是制作美味菜肴的关键因素，不同的菜肴要配以相应的酱，如春天要用葱酱，秋天要用芥酱等。孔子在《论语·乡党》中还说过"不撤姜食，不多食"，众所周知，姜不仅可调味，还具有解毒、散寒、温胃、止呕、促进食欲，调整肠胃功能。以如今孔府著名菜谱观之，姜是必不可少的调料。

对于主食和副食之摄取比重，孔子亦未当轻忽。《论语·乡党》曰："肉虽多，不使胜食气"，即作为副食之肉类，无论何种情况，摄取量不得超过主食。由此可知孔子均衡营养之饮食观，同样合乎现今的膳食平衡宝塔的要求，食物多样，以谷类为主。

（四）孔府菜宴会设计中体现的食养思想

孔府宴，是历代衍圣公府内的宴席，是当年孔府接待贵宾、袭爵上任、祭日、生辰、婚丧时特备的高级宴席，分为寿宴、花宴、喜宴、迎宾宴、家常宴等多种，既有各种民间家宴，又宴迎过皇帝、钦差大臣，各种宴席无所不包，可谓集中国宴席之大全。

孔府宴烹调手法多样，以炸、烧、炒、蒸为主，选料严格，制作精细，以北方菜为基础，集全国各地之精华，汇鲁菜之大成，是山东菜系的重要组成部分。数百年来，经广泛吸取全国各地烹调技艺，不断充实创新而逐渐发展形成一套独具风味的宴系。

孔府菜的命名极为讲究，寓意深远。有的沿用传统名称，也有的取名典雅古朴，富有诗意，如"诗礼银杏"等；还有用以赞颂其家世荣耀或表达吉祥如意的名称，如"吉祥如意"等等。孔府宴对于盛器也十分讲究，银、铜、锡、漆、瓷、玛瑙、玻璃等各质餐具齐备，因事而馔而用，取其形象完美。在多种盛器中，除鱼、鸭、鹿等专用象形餐具外，还有方形、圆形、元宝形、八卦形、云彩形等器具，这些盛器点缀了席面的富丽堂皇。

宴席营养成分，包括了各种营养素，如脂肪、蛋白质、碳水化合物、维生素、矿物质等比较全面的营养成分构成，此外，注意了各种原料的合理搭配，注意了先后次序的安排，将宴席的食物构成协调的格局。

孔府宴席讲究菜肴的搭配艺术，按照一定的审美规律，进行艺术组合。同时，注意荤素兼用、口味浓淡相宜、菜式前后呼应等。

　　在五千年的中华文化传承中，积累下来的典籍浩如烟海，成为我们宝贵的文化遗产，其中不乏食养相关著作，这些食养思想散在于中医学、本草学、养生学、烹饪学、民俗学著作，以及文学作品、艺术作品之中。本书选取有代表性的几本典籍，对其中的食养思想进行了较为系统的整理与解读，其中许多思想与方法对于现代饮食营养仍具有指导和借鉴意义。

第四章

中华传统食养经典著作
——《本草纲目》中蕴含的食养智慧

  《本草纲目》至今有三十多种刻本。1606 年，《本草纲目》首先传入日本。1647 年，波兰人弥格来中国，将《本草纲目》译成拉丁文流传欧洲，后来，又先后译成法、德、英、俄等文字。从此，这部旷世巨著得以"造福生民，使多少人延年活命"（郭沫若）。

  《本草纲目》不仅在药物学方面有巨大成就，在化学、地质、天文等方面，都有突出贡献，不仅是我国一部药物学巨著，也不愧是我国古代的百科全书。正如李建元《进本草纲目疏》中指出："上自坟典、下至传奇，凡有相关，靡不收采，虽命医书，实该物理。"

  《本草纲目》共有 52 卷，载有药物 1892 种，收集医方 11096 个，是我国医药宝库中的一份珍贵遗产。在药物分类上改变了原有上、中、下三品分类法，采取了"析族区类，振纲分目"的科学分类。《本草纲目》不但对每种药的药性、气味、主治等有详细的记载，而且对于每种药的特性，不同部位的特性，易混淆品种的特性都描述得非常详细。《本草纲目》中的食养思想可以概括为以下 7 个方面：

一、食物是健康的基础

  《本草纲目》继承了《黄帝内经》中对于食物重要性的认识："毒药攻

邪，五谷为养，五果为助，五畜为益，五菜为充，气味合而服之，以补精益气。"又言"五谷为养，五菜为充，所以辅佐谷气，疏通壅滞也……脏腑以通，气血以流，骨正筋柔，腠理以密，可以长久"。可见摄食谷物、蔬果、肉食等构成了健康的基础，健康其实很简单，不需要额外的保健滋补品，合理饮食就会让我们的身体脏腑、气血、筋骨、腠理都功能正常，自然能够抵抗邪气的侵袭，自然能够健康长寿。对于水果的评价，说"熟则可食，干则可脯，丰俭可以济时，疾苦可以备药"，只要合理食用，仅仅是简单的水果就既能填饱肚皮，又能享受美味，还能充当药用来治病。

二、食物各具功效

我们日常食用的食物在《本草纲目》中占有相当大的比重。其中大部分列于谷、菜、果、畜、禽、鳞、虫等部，其他各部也有散在，仅谷、菜、果、畜四部，即列400种左右，占总药量的1/4，这其中除了来自历代食疗专著和各家本草的以外，还有相当一部分是李时珍首次记载食疗效用的，如菜部的南瓜、丝瓜、甘薯，谷部的籼米、菰、玉蜀黍等。在这些食物后面还记载了大量食疗处方，构成了庞大的体系。《本草纲目》记载的食物和药物一样，其性有寒热温凉之分，其味有酸苦咸辛甘之异，其功效有补养攻泻之别。即使是同一种食物不同的品系，不同的食用部位也可能带来不同的食疗功效，如"高粱随色而异，黄色甘平，为补脾胃之平剂；白与青色甘而微寒，为补脾胃之凉剂"。李时珍指出，高粱因成熟程度的不同，其性味均有所差别。"韭，生者辛温，熟者又为甘温，补中益气，治脾胃虚寒。"近代实验证明，生韭菜压榨滤汁，经加热后，虽仍具有原来作用，但效力已减半，说明李时珍对加热改变韭菜辛温之性已有了认识。

对于果类中荔子、龙眼，李时珍认为："食品以荔子为贵，而益资则龙眼为良，盖荔子性热，而龙眼性和平也。"意思是说荔枝吃起来好吃，但其性过热，容易引起上火，而龙眼较荔枝平和，用来做滋补品更合适。以上说明李时珍对食物性味和功效是十分重视的，他认为，食物同药物一样可以滋补保健，可以防病治病疗疾，其效果不可轻视。李时珍很多在四五百年前就提到的功效，现在已经被科学证实无误。例如现代研究表明大豆含有的大豆异黄酮，有类雌激素的作用，能美容养颜、延缓衰老、改善血液循环，与《本草纲目》载"久服好颜色，变白不老"不谋而合。

三、对症选择食物

可以利用食物寒热补泻的特性，来调节人的阴阳虚实体质或症候，对症可改善体质，促进健康，若违反了这些规律，食物又会损害健康。例如，利用生藕汁、葡萄汁的寒凉性质可治小便热淋；利用煮烂的肥羊肉温补之性可治五劳七伤、虚冷之症；利用胡桃肉、生姜的温肾之性治肾虚喘咳。食物用对了就是良药。要达到好的滋补效果也并非必须人参、鹿茸这些补药，"精不足者补之以味，形不足者补之以气，五谷、五菜、五果、五畜皆补养之物"。

食物的性质与功效还可针对性地用于某脏腑的食疗，因为五谷、五果、五菜各应五脏，五脏也各有其相应者。"麻入肝，稷入脾，黍入肺，豆入肾。"这是五谷之相应五脏的关系。在前人五味入五脏的理论基础上，李时珍指出："五欲者，五味入胃，喜归本脏，有余之病，宜本味通之，五禁者，五脏不足之病，畏其所胜，而宜其所不胜。"认为食物的五味对五脏的功效作用是有选择性的，可归为"五欲"：肝欲酸，心欲苦，脾欲甘，肺欲辛，肾欲咸；"五宜"：肝病宜酸，心病宜苦，脾病宜甘，肺病宜辛，肾病宜咸；"五禁五宜"：肺克肝，肝克脾，故肝病禁辛，宜食甘，粳、牛、枣、葵之类；肾克心，肝生心，故心病禁咸，宜食酸，麻、犬、李、韭之类；肝克脾，脾克肾，故脾病禁酸，宜食咸，大豆、豕、栗、藿之类；脾克肾，肺生肾，故肾病禁甘，宜食辛，黄黍、鸡、桃、葱之类；唯独肺禁苦，却又宜食苦，麦、羊、杏、薤之类。

四、"以脏治脏"——充分利用动物内脏

食疗方法以脏治脏，历代文献载述甚详，《本草纲目》所载则极为完善，共收禽兽动物八十余种，分别介绍了各内脏功效与主治，各有所长，绝不亚于肉。

李时珍认为，动物内脏多能治疗本脏的疾病。如狗心、羊心主治忧恚；牛心、马心主治善忘；猪心煮食又可治心虚自开；猪肝能补肝明目、疗肝虚浮肿；羊肝苦寒，善疗目疾，治目热赤痛、小儿雀目；鱼肝煮粥食用，能治风热上攻，目暗不见物（从肝治目，取肝开窍于目的理论）；猪脾煮羹食，医脾胃虚热；猪肚补中益气，疗暴痢虚弱，水泻不止，消渴饮水；猪肺蘸苡仁同食，能治肺痰嗽血；羊肺煮食，能治鼻癃（从肺治鼻，取肺开窍于鼻的理论）。

猪、羊、牛、鹿之肾，皆能医治肾脏之疾，有补肾强身之功。李时珍对其他脏器组织的应用也有详细叙述，如蹄类通乳汁；骨髓补肾生精充髓；阴茎治阳安不起，精寒不育；诸骨均疗腰痛骨伤。

这种思想与中国饮食文化重视动物内脏的独特传统密不可分。在西方人不吃内脏的同时，中国人却对动物内脏的养生价值极其推崇，例如著名的"全羊宴"就不仅仅吃的是羊全身各处的美味，而更是把羊各个脏腑、器官的养生功效发挥得淋漓尽致。

五、食疗纠药之偏，益药之功

药物和食物的差异上主要在其偏性上。偏性较大的多用于治病，即药物，偏性较小的方可食用，可为食物。由于药物偏性大，治病的同时也可伤人正气，此时可以食物制约其偏性，如先以峻猛药物速驱邪气，后用食疗以复损伤之正气，如可用米饮或米粥来补养胃气。或以食疗与药疗同用，以缓和药物的峻猛之性，如"大戟得枣不损脾"，大枣与大戟根苗同煮，煮熟而取枣无时食之，治腹大如鼓、遍身浮肿，此取大枣以和大戟峻猛之性；又如

治头风头痛时，附子与绿豆同煮，豆熟弃附子不用，单服绿豆，从而存附子止痛之功，使无火燥毒损之弊。

食物也可以使药物的功用更好发挥出来。如木香、黄连可治肠病，若用木香、黄连研末纳入肠内，煮烂服食，对于肠风下血效果更好；又如许多药物都可以同粳米、籼米、粟米、高粱米等同煮为粥，在治病的同时还能养脾胃，止烦渴，达到更好的治疗效果。《本草纲目》在"粥"一条后，共收62种粥谱，其主治病症亦随配伍药物而异。这对于我国粥文化的多姿多彩不无关系。

六、饮食是美的源头

当今，各种美容美发产品花样繁多，令人眼花缭乱，李时珍也很重视美，但他给出的美容之品皆为食物，这些食物之所以能令人美，是源于对五脏精气的充养，对气血阴阳状况的改善。如天门冬"煮食之，令人肌体滑泽白净"；何首乌"益血气，悦颜色"；薯蓣"补益虚损，益颜色"；桑葚"变白不老"；黄精"单服九蒸九暴食之，驻颜"；葳蕤"久好颜色润泽"；真珠"涂面，令人润泽好颜色"；鸡卵白"涂面驻颜"；栀子花"悦颜色，《千金翼》面膏用之"；等等。有美发作用的：大麻叶"浸汤沐发长润，令白发不生"；"蕉油梳头，止女人发落，令长而黑"；鲤肠"汁涂眉发，生速而繁，乌鬓发"；胡麻"细研涂发令长"；大麻"沐发，长润，益毛发，治发落"；豕胆"入汤沐发，去腻光泽"；兰草"香泽可作膏涂发"；水苏"沐发令香"等等，均能使头发乌黑、秀美、香泽。

七、注重饮食宜忌

中药配伍有十八反、十九畏，服药有禁忌；食疗治病，不仅要辨证选用，也须注意禁忌。李时珍《本草纲目》收集并整理了明以前有关服药食禁和饮食禁忌，总括起来有以下四个方面：

（一）食物配伍禁忌

《本草纲目》共列举了 63 条食物配伍禁忌，有些至今仍有指导意义。

（二）食药配伍禁忌

《本草纲目》共列举 28 条食物和药物间的配伍禁忌，如麦门冬忌鲫鱼；荆芥忌驴肉，反河豚、一切无鳞鱼。李时珍指出："凡服药，不可杂食肥猪犬肉、油腻羹鲙、腥臊诸物。不可多食生蒜、胡荽、生葱、诸果、诸滑滞之物。"

（三）疾病或特殊生理时期食物的禁忌

临床上某些疾病常因饮食不慎而突然加重。李时珍对此多有总结，如水气肿胀忌咸物；阴水肿满忌油腻、酒、面、鱼、肉。其中水肿忌盐或低盐饮食的原理现已证实。难能可贵的是，李时珍观察到水肿也须忌油腻肉食，现代医学也主张肾病患者在水肿、血证阶段，限制摄入富含蛋白质的食物，以减少因蛋白质分解而使氮产物在体内积蓄，充分说明李时珍对食疗的研究之深和观察之细。

（四）过犹不及，口惠人伤

李时珍在孙思邈"先用食禁存生，后制药物以防命"的治病思想指导下，强调食疗不能图一时之快，"无使过之，伤其正也"。"西瓜、甜瓜皆属生冷，世俗以为醍醐灌顶，甘露洒心，取其一时之快，不知其伤脾助湿之害也。"

第五章

中华传统食养经典著作
——《千金食治》中蕴含的食养智慧

《千金要方·食治卷》简称《千金食治》，是唐代医学家孙思邈结合自己临床经验写出的介绍中医食疗养生的著作，是我国现存最早的食疗专篇，内容丰富，收搜广博，辑唐以前食疗医学之大成。在"人生七十古来稀"的唐代，孙思邈能活到101岁，证明他是一个养生延年益寿成功的实践者。

"夫为医者当须先洞晓病源，知其所犯，以食治之；食疗不愈，然后命药。"（《千金要方·食治》序论篇）孙思邈在《千金食治》开篇已明确表明了自己的思想，在平时生活中注意多用食补的疗法，防患于未然，减少药物的摄入，了解各种食物的性味和饮食禁忌，有助于人们更好地防止和治疗疾病。用药物治疗疾病往往会有很多不良反应，而用食物治疗，顺应了脾胃的生化反应，又减少了很多不良反应，突出了食疗在人们生活中的重要作用。

一、科学饮食观

饮食调理得当，不仅可以保持人体的正常功能，提高机体的抗病能力，还可以治疗某些疾病。饮食调理不当，则可诱发某些疾病。

（一）食养为主

"安身之本，必资于食；救疾之速，必凭于药。"① "不治已病治未病"，防患未然的中医思想的关键，就是在患病之前调理好身体，补气养血，气血强固则病魔无由而入。正如《黄帝内经》所言："正气存内，邪不可干。" "人体平和，惟须好将养，勿妄服药。药势偏有所助，令人脏气不平，易受外患。"（《千金要方·食治》序论篇）养气养血的关键重在食补，医学科学发展到了今天，许多疾病不是不能根治，而是治疗时已经太晚，我们应该在疾病开始之前，预先防止，尽量避免在疾病形成之后，再用药物等医学手段去治疗。

（二）节制饮食

1. 合理饮食是健康的关键

"不知食宜者，不足以存生也；不明药忌者，不能以除病也。"合理的饮食，与人体的健康至关重要。"酸走筋，筋病勿食酸；苦走骨，骨病勿食苦；甘走肉，肉病勿食甘；辛走气，气病勿食辛；咸走血，血病勿食咸。"日常生活中，要明白食物的重要性，知晓并合理应用药物的禁忌，达到治疗疾病的目的。"精顺五气以为灵也，若食气相恶，则伤精也；形受味以成也，若食味不调，则损形也。"一个人健康与否，很大程度上取决于其养生态度。

2. 合理把握饥饱的分寸

"凡常饮食，每令节俭，若贪味多餐，临盘大饱，食讫，觉腹中彭亨短气，或致暴疾，仍为霍乱。"每顿饭吃得太多会伤害身体，伤害胃气，难以消化；因此要让自己感到饱的同时又有一些微微的饥饿感，有条件的同时还要少食多餐，以便于营养物质的消化吸收。在感觉到饥饿之前，就应该先吃饭；在感觉到口渴之前，就应该先喝水。

---

① 《千金要方·食治》。

"食不欲杂，杂则或有所犯；有所犯者，或有所伤；或当时虽无灾苦，积久为人作患。又食啖肴，务令简少，鱼肉、果实，取益人者而食之。"说的就是饮食杂乱，不考虑是否适宜，不顾饮食禁忌和节制，终将会引起病患。

适量的运动可以使人的气血加快行走，生命旺盛，加强细胞的新陈代谢，使生命之树常青，没有任何一种药物能够代替运动。

（三）阴阳调和

"阴胜则阳病，阳胜则阴病，阴阳调和，人则平安。"阴阳调和是健康的基础，而饮食对于阴阳能够起到调节作用。"阴味出下窍，阳气出上窍。味浓者为阴，味薄者为阴之阳；气浓者为阳，气薄者为阳之阴。味浓则泄，薄则通流；气薄则发泄，浓则秘塞。""精食气，形食味，化生精。气生形，味伤形，气伤精，精化为气，气伤于味。"这些观点充分说明了饮食的五味和人的精、气、神的关系，它们相互影响、相互作用、密不可分。

（四）平衡调养

1. 食物多样

"五谷为养，五肉为益，五果为助，五菜为充。精以食气，气养精以荣色；形以食味，味养形以生力，此之谓也。"揭示了人类日常饮食养生的关键，主要中心思想是，各类饮食要均衡丰富，不能出现严重的饮食结构上的偏差；"夫食风者则有灵而轻举；食气者则和静而延寿；食谷者则有智而劳神；食草者则愚痴而多力；食肉者则勇猛而多嗔。"谷物、蔬菜、水果，各有各的作用，片面强调某类食物而忽略其他食物都是不可取的，挑食偏食对健康有百害而无一利，强调饮食种类要多样化，食物品种尽量丰富。

2. 饮食滋补

"故形不足者，温之以气；精不足者，补之以味，气味温补，以存形精。"人的形体，精神均靠饮食化生而来，善于养生的人用饮食调养身体，防治疾病，有了疾病以后，才求助药物来进行治疗，防治疾病，挽救生命，含义是应把食疗放在首要位置。"肝病宜食麻、犬肉、李、韭；心病宜食麦、羊肉、杏、薤；脾病宜食稗米、牛肉、枣、葵；肺病宜食黄黍、鸡肉、桃、葱；肾病宜食大豆黄卷、豕肉、栗、藿。"使用食材一定要对症下药。"若能用食平，释情遣疾者，可谓良工。长年饵老之奇法，极养生之术也。"正确地选择和食用食物，运用食养的方法，能够达到延年益寿的目的。

3. 五味调和

洞晓食物五味和人体健康间的关系，合理利用食物的味来调理五脏，避免食物味的偏颇伤害五脏。"肝苦急，急食甘以缓之；肝欲散，急食辛以散之；用酸泻之，禁当风……肾欲坚，急食苦以结之，用咸泻之。"这是五脏病五味对应治法。而《黄帝内经》中的"多食咸，则脉凝泣而变色；多食苦，则皮槁而毛拔；多食辛，则筋急而爪枯；多食酸，则肉胝月而唇揭；多食甘，则骨痛而发落"。这是说的五味偏嗜对机体的不利影响。

二、四季保健观

（一）春季重在健脾调肝

"春七十二日，省酸增甘，以养脾气。"[1] 春天来临之后，人体的活动量开始加剧，要少吃酸性食物多吃点甘性食物，达到健脾调肝的目的，这时候，肌肤开始疏松，毛孔开合，万物开始生长发育；此时人们应该顺应时气，生理功能活跃，新陈代谢旺盛；这时如果阴阳调理不当，就会生病。依据中医学说，春天属木，肝也属木性，而五脏之中，肝脏在人体内是主理疏泄与藏血，非常重要，因春气通肝，所以养生应以养肝为主，以适当的中医养生食疗的方法养肝保肝，从而增强了机体的免疫力。

（二）夏季重在养肺补阳

"夏七十二日，省苦增辛，以养肺气。"[2] 夏季暑热逼人，应少吃性味苦

---

[1] 《千金要方·食治》序论篇。
[2] 《千金要方·食治》序论篇。

的食物，适量食用一些性味辛辣的食物，人体阳热偏盛，容易出汗，耗气伤津，暑为阳邪，身体虚弱的人就比较容易中暑；此时，脾胃功能下降，导致人食欲不振，生冷的食物一旦吃多，就会出现腹泻、腹痛等脾胃受损导致的症状。

（三）秋季重在养肝调肺

"秋七十二日，省辛增酸，以养肝气。"[①] 秋季燥邪常从口鼻入侵肺部而发生咳嗽、口干唇干等症，肺喜润而恶燥，燥最容易伤肺，肺开窍于鼻，咽喉是肺卫之户，所以秋季应注重养肺。这个季节，应少食辛辣食物，多食酸性食物，增加食欲，达到调养肝脏的目的。

（四）冬季重在健心养肾

"冬七十二日，省咸增苦，以养心气。"[②] 冬季要早睡早起顺应时气。因而，寒冷的冬季养肾保肾是健康的关键。肾虚，尤其是冬天更为严重。因为冬天属水，肾也属水，肾虚的人在冬天常会出现腰膝酸软、四肢乏力的病症，此时应以养肾为重。在食疗方面，应少食过咸的食物，减少心肺负担，适量食用一些性味苦的食材，以达到调养心脏的目的。

三、食物利弊观

《千金食治》共介绍了 29 种果实、58 种菜蔬、27 种谷米、40 种鸟兽的性味、归经与饮食禁忌。食材虽绝大多数味甘、性平、无毒，具有补养身体的作用，但不合理的食用也会对机体带来伤害。因此，即使是每日要吃的食物，我们应理性看待它的两面性，发挥其养生功效，避免由于不恰当的应用带来对身体的损害。

（一）果实类

孙思邈在《千金要方·食治》果实篇中对 29 种果实进行了详细的介

---

① 《千金要方·食治》序论篇。
② 《千金要方·食治》序论篇。

绍，大多数的果实都是味甘、温，无毒的。

多吃易令人产生疾病的果实有：生枣，"多食令人热渴，气胀。"生枣吃多了容易使人上火，令人感到烦躁干咳，使人胃胀气；津符子，"多食令人口爽，不知五味。"吃多了使人口中不知五味；梅，"多食坏人齿。"乌梅味酸，吃了容易使人牙齿酸倒坏死；芋，"不可多食，动宿冷。"不能吃多，否则天气稍微冷一点就会胃痛；"杏仁不可久服，令人目盲，眉发落，动一切宿病。"杏仁不能长时间服用，会有很多副作用。①

多吃易令人加重病情的果实有：沙果，"不可多食，令人百脉弱。"吃多了会令人的血脉变得微弱；苹果，"久病人服之，病尤甚。"病人多吃了之后病情会加重；安石榴，"不可多食，损人肺。"吃多了会伤肺；胡桃，"不可多食，动痰饮，令人恶心、吐水、吐食。"胡桃性热，适合虚寒证者服用，痰火积热者不可多吃。②

（二）菜蔬类

孙思邈在《千金要方·食治》菜蔬篇中对 58 种菜蔬进行了详细的介绍，大多数菜蔬都是味甘、平，无毒的。

多吃易令人产生疾病的菜蔬有：胡瓜，"不可多食，动寒热，多疟病，积瘀血热。"胡瓜有利水解毒的作用，吃多了会有相反效果；"四季之月土王时，勿食生葵菜，令人饮食不化，发宿病。"四季之月就是不存在四季之分的地方，吃了生的葵菜会消化不良，并引发各种宿疾；"霜韭冻不可生食，动宿饮，饮盛必吐水。"被霜打过的冻韭菜不能生吃；"六月、七月勿食茱萸，伤神气，令人起伏气。"六七月不要吃茱萸；"十月勿食椒，损人心，伤血脉。"十月不要吃辣椒；"四月、八月勿食葫，伤人神，损胆气，令人喘悸，胁肋气急，口味多爽。"四月、八月不适合吃葫，对身体不利。③

---

① 《千金要方·食治》果实篇。
② 《千金要方·食治》果实篇。
③ 《千金要方·食治》菜蔬篇。

多吃易令人加重病情的菜蔬有：胡荽菜，"患口气臭，齿人食之加剧；腹内患邪气者弥不得食，食之发宿病，金疮尤忌。"口臭的人吃了会加重，腹内胀气者也不能吃；芸薹，"若旧患腰脚痛者，不可食，必加剧。"腰痛患者不可吃芸薹，会加剧病痛。①

不可共食的食物有：小苋菜不能和鳖等一起服用，"不可共鳖肉食，成鳖瘕；蕨菜亦成鳖瘕。""芥菜不可共兔肉食，成恶邪病。"芥菜不适合与兔肉一起服用；"蓼食过多有毒，发心痛。和生鱼食之令人脱气，阴核疼痛求死。"蓼不适合与生鱼一起服用；"食生葱即啖蜜，变作下利。食烧葱并啖蜜，拥气而死。正月不得食生葱，令人面上起游风。"生葱不能和蜜一起服用；"食小蒜啖生鱼，令人夺气，阴核疼求死。"小蒜不适合与生鱼一起吃；茗叶，"不可共韭食，令人身重。"茶叶不可与韭菜一起服用；"戴甲苍耳，不可共猪肉食，害人；食甜粥，复以苍耳甲下之，成走注，又患两胁。立秋后忌食之。"立秋后不适合服用苍耳，不可与猪肉一起食用；野苣，"不可共蜜食之，作痔。"野苣不可与蜜同吃。②

（三）谷米类

孙思邈在《千金要方·食治》谷米篇中对 27 种谷米进行了详细的介绍，大多数的谷米都是味甘、温，无毒的。

多吃易令人产生疾病的谷米有："小麦，不可多食，长宿癖，加客气，难治。"小麦不宜多吃，会得宿癖，难以医治；"五种黍米、合葵食之，令人成痼疾。"指白赤黄黑褐五种颜色的黍米；"青小豆合鲤鱼食之，令人肝至五年成干病。"青小豆不能与鲤鱼同食；盐，"不可多食，伤肺喜咳，令人色肤黑，损筋力。"盐不可以多吃，会加重心肺负担。③

小儿饮食与酒后注意事项："服大豆屑忌食猪肉，炒豆不得与一岁以

---

① 《千金要方·食治》菜蔬篇。
② 《千金要方·食治》菜蔬篇。
③ 《千金要方·食治》谷米篇。

上，十岁以下小儿食，食竟唉猪肉，必拥气死。"大豆不可与猪肉共食，小孩子不要吃炒豆；"大醉汗出，当以粉粉身，令其自干，发成风痹。"喝醉后出汗，应用香粉粉身，吸收汗液，不能吹风自干，会得风痹之症。①

（四）鸟兽类

孙思邈在《千金要方·食治》鸟兽篇中对 40 种鸟兽进行了详细的介绍，大多数的鸟兽都是味甘、平，无毒的。

不可共食的食物有："一切诸肉煮不熟，生不敛者，食之成瘕。"吃肉一定要煮熟，否则会得病；"羊肉共醡食之伤人心，亦不可共生鱼、酪和食之，害人，食之令人癫。"羊肉不可与醋、生鱼、乳酪共食；"羊肚共饭饮常食，久久成反胃，作噎病。"羊肚不可以经常吃；"甜粥共肚食之，令人多唾，喜吐清水。"羊肚与甜粥共食会使人多唾液；"一切羊肝生共椒食之，破人五脏，伤心，最损小儿。"羊肝不适合与椒类同食。"一切牛、马乳汁及酪，共生鱼食之，成鱼瘕。"牛、马乳汁、乳酪不能和生鱼同食。"凡猪肝、肺，共鱼食之，作痈疽。猪肝共鲤鱼肠，鱼子食之，伤人神。"猪肝、肺不适宜与鱼类共食；"一切鸡肉和鱼肉汁食之，成心瘕。鸡子白共蒜食之，令人短气。鸡子共鳖肉蒸，食之害人。鸡肉、犬肝、肾共食害人。生葱共鸡、犬肉食，令人谷道终身流血。乌鸡肉合鲤鱼肉食，生痈疽。"鸡肉不适宜与鱼肉共食，鸡肉、犬肝、肾共食会害人。"生肉共虾汁合食之，令人心痛；生肉共雉肉食之，作固疾。"生肉不能与虾汁和雉肉共食。

---

① 《千金要方·食治》谷米篇。

第六章
中华传统食养经典著作
——《饮膳正要》中蕴含的食养智慧

　　忽思慧是元代著名营养学家、医学家、烹饪学家，曾长时间在元代宫廷担任饮膳太医，专门从事研究供给皇帝可以长寿食用的补养药物和饮膳烹调，可以理解为现在的营养师，他兼通汉蒙医学，从实践中总结出很多食疗理论，在特殊人群的饮食、饮食宜忌、食物原料的性味及营养价值、饮食保健、饮食烹调等方面都有自己独到的见解。他凭借丰富的食疗养生经验，常以诸家本草和各种食材烹制药膳，因人施膳、因证施膳、因时施膳，收到很好的效果。他充分利用宫廷饮膳太医的方便条件，广采博收，为写作《饮膳正要》精心准备，一是总结历代宫廷的食疗养生经验；二是吸取民间日常生活中的食疗养生经验；三是继承前代著名本草著作和名医经验中的食疗经验。通过继承、挖掘、整理、提高，忽思慧笔下的《饮膳正要》，集食疗养生的各类知识和方法之大成。

　　《饮膳正要》出版后，备受赞誉，经久不衰。元代"刻梓而传之"，明代"锓诸梓以广利人"，清代乾隆时，《饮膳正要》被收录《四库全书》。1985年中国书店重印出版，1986年人民卫生出版社出版《饮膳正要》点校本，1988年中国商业出版社将《饮膳正要》列入中国烹饪古籍丛书，出版《饮膳正要》译注本。现在北京图书馆收藏的《饮膳正要》是明景泰七年的刻本，也是现存最早的古代营养学专著，具有较高的学术价值和史料价值。

《饮膳正要》是各民族营养知识和养生文化的汇总，其内容丰富，既有饮食禁忌、食物中毒、药膳配方、食疗方法、滋补作用、肴馔性味，又有并不复杂的烹饪技法。忽思慧是穆斯林医家，书中收录了许多清真食品原料，如回回葱、回回青、回回豆子、回回小油；就其风味而言，《饮膳正要》中的菜品具有明显的宫廷饮食风味和北方各民族的饮食风味，这些都为我们现代的饮食养生研究提供了宝贵的素材。

《饮膳正要》全书共分为三卷，卷一是讲食疗理论，主要从饮食避忌方面进行论述，包括养生食忌、妊娠食忌、乳母食忌、饮酒避忌等内容。卷二是食疗方剂，记录了"聚珍异馔"96 方，主要论述了食疗诸病及食物的相生相克理论。卷三是饮食原料，介绍了 235 种食品原料，主要论述了料物的性味及滋补作用。

一、日常饮食保健方面

关于长寿的问题，忽思慧引用《黄帝内经》中的观点：上古之人，其知道者，法于阴阳，和与术数，饮食有节，起居有常，不妄劳作，故而能寿。① 他认为远古时候的人之所以能长寿，是因为顺应气候正常、异常的阴阳变化，遵循养生观点，修身养性，保养生命，尊重自然规律，根据四季气候变化去养生，在饮食方面有所节制，日常作息有规律，劳逸结合。那些未过半百而衰者，则是因"起居无常，饮食不知忌避，亦不慎节，多嗜欲，厚滋味，不能守中，不知持满。"② 也就是告诉人们要遵循自然规律，在饮食起居、日常劳作方面都要有规可循，无过之也无不及。

（一）提倡"守中"的保养方法

在保养之道方面，提倡"守中"的养生观，他认为："夫安乐之道，在

---

① 《黄帝内经·素问·上古天真论》篇。
② 《饮膳正要》卷一《养生避忌篇》。

乎保养，保养之道，莫若守中，守中则无过与不及之病。"① 人要想生活快乐，身体健康，关键取决于保养好身体，而保养好身体的诀窍，则在于守中，遵守"守中"的原则可以避免因"过"与"不及"引起的病症。人生活在阴阳变化的天地间，得病的原因在于"太过"和不能适应天地寒凉温热变化而强行妄动的结果，懂得养生的人既无过度消耗之弊，又能保护自身的元阴和元阳，因此，吃药不如善于保养。"守中"的观点在饮食方面也有所体现，忽思慧提出"故善养性者，先饥而食，食勿令饱，先渴而饮，饮勿令过。"② 也就是告诫人们饮食不要过饥过饱，也不要暴饮暴食，节制饮食，定时定量，也是在遵从"守中"的原则。

（二）遵循"饮食有节"的饮食规律

饮食节制，习称食节、食用，泛指饮食的方法、方式，包括饮食的合理习俗、饮食卫生制度。饮食有所节制，定时适量、有规律，是正确的生活习惯。忽思慧也说，"盖饱中饥，饥中饱，饱则伤肺，饥则伤气"③。饮食应该遵循定时定量的原则，长期饱食多餐，会使血液集中到肠胃，而心、脑等器官则处于相对缺血状态，长期饮食无节制不仅会损伤脾胃，还会使大脑运转速度减慢，从而使思维迟钝，工作效率低下。据研究，一些常见疾病像胆结石、胆囊炎、肥胖病、动脉粥样硬化等病症都与长期的饮食无规律有直接或间接的关系。因此，在日常饮食中，应注意各种营养成分的合理搭配，一日三餐追求的是质量而不是数量。

（三）重视心神的调养

忽思慧提道："神行既安，病患何由而致也。"④ 他告诫人们，生活中应该戒除不良嗜好，不要喜怒无常，保持平和的心态，不要患得患失，胡思乱

---

① 《饮膳正要》卷一《养生避忌篇》。
② 《饮膳正要》卷一《养生避忌篇》。
③ 《饮膳正要》卷一《养生避忌篇》。
④ 《饮膳正要》卷一《养生避忌篇》。

想，营造一个愉悦的生活环境，才能拥有健康的体魄。从阴阳学的角度分析，调养好心神就是有效控制好人的"七情"——喜、怒、忧、思、悲、恐、惊，而"七情"又与"五脏"有着直接关系，即心主喜，肝主怒，肺主忧，脾主思，肾主恐。因此大喜大悲、忧思过度、惊恐不定等不良情绪都会影响到脏腑的正常运行，影响健康，这就需要我们调养心神，慎喜怒、少思虑、去忧愁、避惊恐。

（四）注重"以脏补脏"的食疗方法

中国医学认为，动物脏器是"血肉有情之品"，"以脏补脏"可以产生"同气相求"的效果。人跟动物都属于哺乳类的物种，动物脏器在生化特征和成分结构方面与人体有许多相似之处，动物脏器在防治疾病、强身健体、调补虚损方面效果显著，因此用动物的脏器补益人体，会起到药物所不及的效果，也就是现在民间流行的"吃啥补啥"。以五脏中的"肾"为例，中医认为肾有藏精、主骨、生髓的作用，忽思慧在卷二的食疗诸病中提到白羊肾羹，用白羊肾做主料加入香辛料等制成羹，主治虚劳，阳道衰败，腰膝无力，该书中记载了多种以动物脏器为原料的方剂。传统中医认为心主血脉，主神志；肝藏血，明目；胃是气血生化之源；肾藏精、主骨、生髓都与忽思慧的观点是一致的。

（五）提倡根据季节调节饮食

春、夏、秋、冬气温变化比较大，春生、夏长、秋收、冬藏，要根据气候的变化补益脏腑，调节饮食，与食物性味相协调。"春气温，宜食麦以凉之，不可一于温也；夏气热，宜食菽以寒之，不可一于热也；秋气燥，宜食麻以润其燥；冬气寒，宜食黍以热性治其寒。"①

春季乍暖还寒，宜清淡饮食，宜食萝卜、山药等性味平和的食物，少食酸涩油腻食物，以保护脾胃；夏季天气炎热，人体内津液耗损严重，日常饮

---

① 《饮膳正要》卷二《四时所宜篇》。

食宜选择清热生津易消化的食物，如粥类、鱼类、蔬菜、瓜果，夏季人们饮食偏向生冷食物；秋季天气干燥，人体消化功能减退，不宜过食荤腥油腻的食物，增加肠胃负担，宜选择生津润肺的食物，如梨、糯米、香蕉、蜂蜜、木耳等食物；冬季天气寒冷，宜温补饮食，以保护阳气，如牛羊肉等，可适当配以辛辣调味品。饮食应根据季节，因人、因时、因地辨证施治，通过食物的性味与外界气温的变化相调节，维持体内环境的平衡。

（六）食物选择应调和五味

五味包括酸、苦、甘、辛、咸五种，不同的味道具有不同的作用。酸味有收敛、固涩的作用；苦味能清泄、燥湿、降逆；甜味有补益、和中、缓急的作用；辛味能发散、行气血；咸味有清热、泻火、解毒的作用。在食物的选择上应该调和五味，维持健康，五味过偏，就会引起疾病的发生。因此，饮食调养的基本点是调和食物的性味，将食物的性能和人体的需要相符合，辩证用膳、使人体摄入的食物五味调和，以维护健康，强壮体魄。

五味的酸、苦、甘、辛、咸与五脏的肝、心、脾、肺、肾是相对应的，故五味关乎五脏。五味各有所入，各走其所喜之脏，各有所禁，各有所伤之脏。忽思慧认为："酸涩以收，多食则膀胱不利……甘味弱劣，多食则胃柔缓而虫过，故中满而心闷。"[1] 可见，五味与五脏是相互影响的。五味调和既要控制量的摄入，又要注意保持味的浓淡相宜，否则就会伤及五脏而造成"脉凝泣而变色，骨痛而发落，皮槁而毛拔，筋急而爪枯"[2] 的后果。

（七）重视疾病的预防

春秋战国时代，养生思想和养生理论已经很丰富。那时就已经开始应用饮食来防治疾病。忽思慧在书中也提到"治未病不治已病"的思想，意在告诉人们通过食疗的方法预防疾病，防患于未然。"治未病"有两方面的含

---

① 《饮膳正要》卷二《五味偏走篇》。
② 《饮膳正要》卷二《五味偏走篇》。

义：一是无病先防，指身体在无病情况下，重视预防，以防疾病的发生；二是既病防变，指患病后，积极扶正祛邪，防止病情加剧以致恶化，争取早日康复。通过食补来治疗疾病是一个循序渐进的过程，需要长期的坚持才会有成效。用食疗的方法调理身体，增强机体的抵抗力，不但可以防止疾病的发生，还避免了药物对身体的负面影响，在身体患病的情况下，食疗则起到良好的辅助作用，使机体早日康复。

（八）强调食物的多样化

忽思慧引用了《黄帝内经》中的观点：五谷为养，五果为助，五畜为益，五菜为充，气味合而服之，以补精益气。谷物主要提供人体所需的碳水化合物，动物性食品主要提供优质蛋白和脂类，水果和蔬菜主要提供矿物质、维生素和膳食纤维。它们都是人类所需营养素的来源，对人体而言，相辅相成，缺一不可。比如书中"乞马粥"，就是以羊肉与米为主，再加上葱、盐熬成粥，具有"补脾胃，益气力"的作用。日常饮食中应该注意食物多样化，以达到营养均衡的目的。

二、日常饮食避忌方面

忽思慧在养生避忌一章中，提倡"重视食疗而勿犯避忌"的养生原则，关于养生避忌的含义有两个方面，一是指在食物性味方面，主张"五味合乎五脏"，二是在日常生活习惯方面，"凡热食有汗，勿当风，发痓病，头痛，目涩，多睡，夜不可多食，卧不可有邪风。""立不可久，立伤骨；坐不可久，坐伤血；行不可久，行伤筋；卧不可久，卧伤气。"[①] 此外，关于日常生活习惯的避忌，忽思慧还谈到很多，这些生活习惯大部分都是对身体有益的，符合科学道理，至今沿用。

（一）提倡孕期保养

婴儿在母体内时智力和身体各部分机能已经开始发育，婴儿生长发育所

---

① 《饮膳正要》卷二《养生避忌篇》。

需的营养物质则来源于母体日常膳食所摄入的营养素，孕妇的日常生活习惯、孕期心理变化等都会对婴儿产生影响，因此，为了婴儿的身心健康，孕妇在饮食及日常生活方面要特别注意。

1. 重视"胎教"的作用

忽思慧认为，妇女在妊娠期间的行为、生活习惯以及外界的生活环境都会对腹中的胎儿产生不同程度的影响，引用上古之人的胎教之法"不食邪味，割不正不食，席不正不坐，目不视邪色，耳不听淫声，夜则令瞽诵诗，道正事，如此则生子形容端正。"① 这说明了生活习惯、外界环境等对胎教的重要作用。现代营养学也认为，女子在怀孕期间保持愉悦、祥和、平静的心情，节制过度的喜、怒、哀、乐，减少自身精神气血的波动；欣赏美妙轻松的音乐，陶冶自己的情操，创造最佳心情迎接新生命的诞生；注意行动安全、不吸烟不饮酒，养成良好的生活习惯；注意饮食的营养卫生等。这些都对后代的身体健康和心理健康产生重大影响。

2. 孕期饮食避忌

忽思慧提到孕期的饮食避忌，比如"食兔肉，令子无声缺唇；食山羊肉，令子多疾；食驴肉，令子延月；食冰浆，绝产；食螺肉，令子难产。"② 他认为，女子怀孕期间忌食兔肉、山羊肉、桑葚、雀肉、驴肉、螺肉等。这些观点虽然有很多是没有科学根据的，只是凭经验认为，但是重视孕期饮食的思想是值得我们思考的。

现代营养学认为，女子怀孕期间的饮食营养搭配要平衡，根据不同的妊娠阶段补充营养，保持充足的能量供给，补充优质蛋白，多食用鱼虾等海产品，定期食用深海鱼类，多食用新鲜的蔬菜、水果，保证充足的矿物质和维生素等。

---

① 《饮膳正要》卷一《妊娠食忌篇》。
② 《饮膳正要》卷一《妊娠食忌篇》。

（二）乳母饮食避忌

哺乳期的婴儿通过母乳来获取生长发育所需要的营养物质。对此，忽思慧说："子在于母资以养，亦大人之饮食也。""若子有病无病，亦在乳母之慎口。"① 如果乳母饮食不规律，饮食不知避忌，就会使婴儿患病。乳母的饮食对哺乳期婴儿的身体和智力发育有至关重要的作用。

1. 乳母饮食注意季节

食忌与哺乳季节、乳母疾病、饮食偏嗜有关。"夏勿热暑乳，冬勿寒冷乳"。② 夏季忌食热性食物，否则婴儿体内阳气过盛出现呕吐的现象，冬季则忌食寒凉食物，否则婴儿体内阴气偏盛导致腹泻、痢疾，因此，乳母饮食要跟季节相适应。

2. 哺乳期的饮食与疾病

"母若吐时，则中虚，乳之令子虚羸。母有积热，盖亦黄为热，乳之令子变黄不食。"乳母患病时，疾病会通过乳汁影响胎儿。当婴儿患病时，乳母也应该注意食物的选择，如"子有泻痢腹痛、夜啼疾，乳母忌食寒凉发病之物，子有积热、惊风、疮疡，乳母忌食湿热、动风之物。"③

（三）重视酒的补益功能

中医认为，酒类一般具有益气、温阳、补血、健胃、活血、行气、止痛等作用。

1. 饮酒需定量，少饮为佳

"酒，味苦甘辛，大热，有毒。主行药势，杀百邪，去恶气，通血脉，浓肠胃，润肌肤，消忧愁。少饮尤佳，多饮伤神、损寿、易人本性；其毒甚也。醉饮过度，丧生之源。"④ 从这里我们可以看出，适量的饮酒能够驱风

---

① 《饮膳正要》卷一《乳母食忌篇》。
② 《饮膳正要》卷一《乳母食忌篇》。
③ 《饮膳正要》卷一《乳母食忌篇》。
④ 《饮膳正要》卷一《饮酒避忌篇》。

散寒、舒筋活络、健脾利胃、滋润皮肤，解除疲劳，保护人体健康。适量饮酒可以行气活血，在身体劳累时可以帮助人体恢复精力，缓解疲劳。饮酒的时间，最好安排在下午 2 点至夜间 12 点，可以减少乙醇在血中停留的时间，而对脑的影响小。但是要控制量的摄入，饮酒过多，则会伤及五脏，伤神伤气，折损寿命，酒后会使人的精神错乱，使人丧失本性。

2. 醉酒吐为佳

忽思慧提道："饮酒不欲使多，知其过多，速吐之为佳。"① 他认为，人们喝醉酒之后，最好的处理办法是迅速地呕吐。现代科学实验证明，人们饮酒之后，几乎全部由胃肠黏膜吸收，大部分在肝脏中解毒，只有一小部分由尿液和汗腺排出体外，一部分由呼吸道排出。因此，过量饮酒对胃和肝的伤害是极大的，容易引起慢性胃炎、肝硬化等疾病。通过忽思慧对饮酒避忌的描述，我们应当认识到饮酒对人体的影响，珍惜生命，适量饮酒，或不饮酒。

（四）提倡食物选择应该趋利避害

在日常生活中，忽思慧总结出许多食物的性味特征对身体的利害影响，以便使人有规可循，趋利避害。

1. 注重饮食卫生的重要性

忽思慧提道："生料色臭，不可食；浆老而饭馊，不可食；猪羊疫死者，不可食。"② 食物变质后，食物中的化学成分会发生改变，甚至腐败变质，人食用了变质的食物，会引起腹痛、腹泻，甚至会引起机体发生病变，因此，食用之前应该先检查食物是否发生质变。

2. 注重原料使用的时间

忽思慧提道："蟹八月后可食，余月勿食；五月勿食韭，昏人五脏。"

---

① 《饮膳正要》卷一《饮酒避忌篇》。
② 《饮膳正要》卷二《食物利害篇》。

螃蟹经过整个夏季的生长，八月之后味道才会肥美，这个时候吃螃蟹才会更加感觉到螃蟹的鲜美之味；五月不要吃韭菜，会伤及五脏。民间也有一句俗话说："九月韭，佛开口。"也就是说，饮食应该遵循正确时间，顺应自然，才能获得健康。忽思慧的这些观点都是有现实意义的。

3. 提出食物配伍的相生相克理论

物性相反的食物，人吃了之后就会受害。关于食物的相生相克理论，忽思慧作了详细的论述，比如，"枣不可与蜜同食；李子、菱角不可与蜜同食；葵菜不可与糖同食；生葱不可与蜜同食；蒿苣不可与酪同食；竹笋不可与糖同食"等①。有时，人们为了食物的营养搭配更加均衡或达到某些方面的作用，会把几种食物搭配起来食用，以此来达到理想的效果。但是，有的食物因为营养成分或食物性味等方面的原因，不宜在一起同食，它们的配伍就会影响各自营养价值的发挥，不但起不到原有的效果，甚至会产生毒性，使人体患病。因此，在搭配食物时，一定要注意它们的相生相克原理，使食物的配伍更加有利于人体健康。

4. 重视食物的毒性作用

忽思慧在文中提出了"食物中毒"的概念，他认为："诸物品类，有根性本毒者，有无毒而食物成毒者，有杂合相畏、相恶、相反成毒者，人不戒慎而食之，致伤腑脏和乱肠胃之气，或轻或重，各随其毒而为害，随毒而解之。"② 忽思慧认为，有的食物本来就有毒，有些食物放置时间过长而产生毒，有些食物搭配不当产生毒，人食用了有毒的食物，会伤及五脏，使肠道功能紊乱，腹痛腹泻等。此外，他还记录了一些解毒的方法，如"食鸭子中毒，煮秫米汁解之。食鸡子中毒，可饮醇酒、醋解之"等。这些理论不但在当时具有很高的实用价值，对后世营养学理论的形成也具有深远的

---

① 《饮膳正要》卷二《食物相反篇》。
② 《饮膳正要》卷二《食物中毒篇》。

影响。

（五）注重药食的配伍理论

《黄帝内经》中提出"五味所禁""五脏禁忌"以及"五裁"等理论。《千金食治》作为我国较早介绍食疗食养的专著，亦有"五脏不可食忌法"等理论。忽思慧认为，"但服药不可多食生芫荽及蒜，杂生菜、诸滑物、肥猪肉、犬肉、油腻物，鱼脍腥膻等物。"[1] 在服药期间如果与这些食物同食，会降低药物的性能，甚至还会产生反作用。此外，还列举了许多服药时忌食的食物。

三、食谱方剂方面

忽思慧在《饮膳正要》中介绍了多种元代宫廷特色食谱，详细介绍了它们的养生保健功能及制作方法。

（一）重视食物的补益功能

《饮膳正要》"聚珍异馔"部分里，共详细介绍了96种肴馔对人体的补益功能，用法用量及制作过程，比如对"大麦汤"的介绍，功效是"温中下气，壮脾胃，止烦渴，破冷气，去腹胀"，原料及用量为"羊肉，草果（五个），大麦仁（二升，滚水淘洗净，微煮熟）。"传统中医认为，大麦具有健脾益气、促进食物消化、消腹胀的功能，草果具有消宿食、去燥温中的作用，再加上羊肉，温中益气、下食消胀的功能更加显著。适用于阳气虚弱，四肢不温，腹脘冷痛等。

（二）重视汤类的滋补作用

忽思慧在书中详细介绍了多种汤类滋补作用，如"五味子汤，生津止渴，暖精益气""桂浆，生津止渴，益气和中""人参汤，顺气，开胸膈，

---

[1] 《饮膳正要》卷二《服药食忌篇》。

止渴生津""山药汤，补虚益气，温中润肺""枣姜汤，和脾胃，进饮食"
等。① 同时，还详细介绍了汤的用量及做法。忽思慧的这些观点不仅在当时
具有很高的实践价值，而且值得我们继续研究和发展。

（三）注重养生药材的使用

在对"神仙服食"部分的记载中，原料大部分是选用人参、枸杞、地
黄、茯苓、苍术、远志、地榆、黄精、天门冬等养生药材为主料，如在
"天门冬膏"的描述中，作用是"去积聚，风痰、癫疾、三虫、伏尸、除瘟
疫。轻身、益气、令人不饥、延年不老。"② 其主张利用养生药材调理人体
正气，将服食养生与日常饮食相结合，从而达到更好的保健效果。

四、饮食原料方面

食物提供人体所需的各种营养素，以满足人类生存和发展的需要，忽思
慧把饮食原料分为米谷品、兽品、禽品、鱼品、果品、菜品、料物性味几部
分，并分别介绍了各自的性味、毒性及食疗作用。

（一）米谷品——性味平和，调养脾胃

忽思慧列举了米、面、豆、麻等 23 种原料的性味及特点，其中大多数
原料性质平和，味甘，入脾胃经，对脾胃起到很好的养护作用。比如大豆
"味甘，平，无毒，杀鬼气，止痛，逐水，除胃中热，下瘀血，解诸药毒。"
青粱米"味甘，微寒、无毒。主胃痹，中热，消渴，止泄痢，益气补中，
轻身延年。"③

谷类是人体能量的主要来源，我国人们膳食中，约 66% 的能量，50% 的
蛋白质来源于谷类，此外，人体所需的大量 B 族维生素和矿物质也来源于
谷类之中，谷类所含的矿物质以钙和磷为主，另外还含有其他微量元素，谷

---

① 《饮膳正要》卷二《诸般汤煎篇》。
② 《饮膳正要》卷二《神仙服食篇》。
③ 《饮膳正要》卷三《米谷品篇》。

类在居民膳食中占有重要的地位。豆类的蛋白质含量丰富，蛋白质含量为20%—36%，其中大豆含量最高，氨基酸组成与动物蛋白相似，是优质蛋白，更利于人体吸收。

（二）果品——生津利肺、理气开胃（水果）与润燥化痰、滋肺润肠（干果）

《饮膳正要》中介绍了39种果品的性味和食疗作用。

水果——生津利肺、理气开胃。缺乏足够的水果和蔬菜摄入量会增加慢性非传染性疾病的风险，如心脏病和某些类型的癌症，同时，这也是世界十大死亡和疾病威胁的因素之一。甘酸味的食物都有生津润燥的作用，比如，《饮膳正要》卷三果品篇中有石榴"味甘酸，无毒，主咽渴，不可多食，损人肺，止漏精。"适量食用，可以生津止咳。橘子"味甘酸，温，无毒，止呕，下气，利水道，去胸中瘕热。"具有理气开胃，生津止渴的作用。甜味多的水果可以润肺，比如桃子，"味辛、甘，无毒。利肺气，止咳逆上气，消心下罂积，除卒暴击血，破症瘕，通月水，止痛。"梨"味甘、寒，无毒。主热嗽，止渴，疏风，利小便，多食寒中"。酸味多容易聚痰，如杏"味酸，不可多食，伤筋骨。杏仁有毒，主咳逆上气。"①

干果——润燥化痰，滋肺润肠。干果类脂肪含量高，一般在40%—70%之间，具有润燥化痰、滋肺润肠的作用。如松子，"味甘，温，无毒。治诸风头眩，散水气，润五脏，延年。"榛子，"味甘，平，无毒。益气力，宽肠胃，健行，令人不饥。"② 榛子具有味甘、性平、入脾、胃经，具有开胃、调经、明目之功效，对肠胃不适等症具有很好的疗效。干果类的脂肪酸以必需脂肪酸为主，富含卵磷脂，有健脑的功效，维生素E含量丰富，B族维生素含量也较高，另外还富含铁、锌、铜、锰、硒等矿物质。但坚果类含有大

---

① 《饮膳正要》卷三《果品篇》。
② 《饮膳正要》卷三《果品篇》。

量脂肪，能量高，不宜多食，否则会引起肥胖、消化不良等一系列问题。

（三）菜品——辅佐谷气，疏通滞瀿

在菜品部分中，主要介绍了 46 种蔬菜的性质及其对人体的作用。比如，芜菁"味辛，温，微毒。消谷，补五藏不足，通利小便。"萝卜"味甘，温，无毒。主下气消谷，去痰癖，治渴，制面毒。"① 新鲜蔬菜中含有丰富的维生素（以维生素 C 及 B 族维生素为主）和矿物质（钙、磷、铁、钾等），是人体所需维生素和矿物质的主要来源，另外还含有丰富的膳食纤维，有助于促进胃肠道蠕动，促进消化，是人体肠道的"清道夫"和"守护神"。

（四）提倡使用血肉有情之品

书中详细介绍了羊、牛、鹿、鸡等血肉有情之品的性味、食疗价值对人体的补益作用。所谓人参补气，羊肉补形。注重羊肉的使用，是该书的一大特点。在"聚珍异馔"部分，共列举了 95 种食谱，其中，76 种是以羊肉为主要原料制作的。另外，还明确了动物肉及内脏的一般性味，并注明了各自的功效。

（五）料物性味——利五脏、促消化

料物性味主要是指香辛料的性味和作用。比如，胡椒"味辛，温，无毒。主下气，除脏腑风冷，去痰，杀肉毒"，生姜"味辛，微温。主伤寒头痛，咳逆上气，止呕，清神"，陈皮"味甘，平，无毒。止消渴，开胃气，下痰，破冷积。"② 不同的香辛料对人体的脏腑都有不同的补益作用。另外，香辛调料可以促进食欲，增加消化液的分泌和胃肠蠕动，从而促进营养物质的消化和吸收。因此，适当食用香辛料不仅可以改善食物风味，使烹调出的菜品更加有滋味，而且有助于维持身体健康。

---

① 《饮膳正要》卷三《果品篇》。
② 《饮膳正要》卷三《料物性味篇》。

五、食物加工方法方面

药膳的制作有别于普通膳食的制作方法，应注意选用正确的烹调方式，烹调方法的选择要注意食材的性味、禁忌等，从而使药膳的食疗效果达到最佳。

（一）善于使用"炖"的烹调方式

忽思慧在《饮膳正要》中多次用到"炖"的烹调方法，尤其是介绍羊品食疗价值的部分，比如，松黄汤、阿菜汤、珍珠粉、羹等很多食疗方剂的做法都是先把羊肉熬制成汤，然后再加入辅料及香辛料、调味料等烹制。此类药膳基本上都具有补中益气的食疗作用。从忽思慧的记载中我们可以总结出：具有补中益气功能的药膳建议使用"炖"的烹调方法，可以降低食物的营养损失，保持药膳的原汤原汁，最大限度地保证营养不丢失。

（二）多用"蒸"法

忽思慧在"聚珍异馔"部分所列举的药膳中多次提到了"蒸"的方法，比如茄子馒头、剪花馒头，以茄子馒头为例，羊肉制成馅，放入葱、陈皮用羊油拌匀，共同加入去掉瓢的茄子里蒸熟后加上香菜末、葱末食之。蒸的烹调方法能保持食物的鲜嫩，并很大程度地保留食品中所含的营养成分。蒸的方法能将食物与水分开，使食物中的营养成分能最大限度地保留，而且煎、炸等烹饪方法用油过多，相比而言，蒸的方法用油较少，更适合高血压、肥胖病、冠心病等需要低油膳食的人群食用。

（三）注重"醋"的使用

忽思慧在药膳方剂方面十分注意醋的使用，尤其是跟羊品搭配方面，比如攒羊头、芙蓉鸡、台苗羹、瓠子汤等，以"攒羊头"为例，"羊头五个，姜末四两，胡椒一两，用好肉汤炒，葱、盐、醋调和。"[①] 醋具有除腥、解腻的作用，醋不仅是一种调味品，而且是一种保健养食品。醋中含量最多的

---

① 《饮膳正要》卷一《聚珍异馔篇》。

是醋酸，另外还含有钙、铁等营养成分。维生素 C 在高温、碱性等环境下易破坏，在酸性环境下比较稳定，烹调加醋可以降低食物中维生素 C 的损失，还可以使食物中的钙和铁更容易被人体吸收，保护食物中的营养物质不被破坏。此外，醋还可以中和一定的咸味，因此，口味重的人可以在烹调中加一点醋，不仅会使饭菜更加可口，还会降低食入食盐过多对身体产生的不利影响，降低血清胆固醇，降低动脉粥样硬化等疾病的发生率。

《饮膳正要》一书养生理论与烹饪实践相结合，所载肴馔大都是养生膳食。选料中注重食材性能，功效作用，同时合理搭配、烹饪、调味，以达到寓医于食的目的，通过美味膳食达到健康养生的要求，且体现了汉族、蒙古族、回族、维吾尔族等多民族特色。

第七章

中华传统食养经典著作
——《山家清供》中蕴含的食养智慧

《山家清供》是南宋时期的一部重要烹饪著作，作者林洪是南宋晚期泉州晋江人，对诗文、饮食、园林均具有深厚的研究。书中共分两卷102节，每节均以肴馔名称命名，内容丰富，寄情怀于美食，记录了肴馔的名称、用料、烹制方法及大量相关历史掌故、诗文，操作简单、文字优美，极富山野情趣。《山家清供》中虽收载有少数荤菜或荤素搭配菜肴，但以素食居多，从其以素代荤的肴馔及"尚俭不嗜杀"的论述来看，其提倡素食之意十分明显。

一、素食理论

（一）注重素食的健康功效

《山家清供》中对于许多原料和肴馔的食疗功效记录了其功效主治，或者引《本草》中的功效记载来介绍之。如《柳叶韭》"能利小水，治淋闭"；《紫英菊》中菊苗有"清心明目"之功；"进贤菜"中苍耳有"疗风"之效。许多山家常见易得的素食原料在本书中记载了其养生滋补功效。如"玉延饼"中载山药"其味温，无毒，且有补益"；松黄饼"不惟香味清甘，亦能壮颜益志、延永纪筭"；青粳饭"久服、延年益寿"等。

（二）注重素食的寒热性质

素食和药物一样，也具有寒热温凉四性，善调人之阴阳，《山家清供》对食材的寒热性质十分重视。如"鸭脚羹"中有"葵，似今蜀葵。从短而叶大以倾阳，故性温"，言葵之温性；"土芝丹"中提及煨芋宜温食，不宜冷食，因"取其温补"，言温性食物、温食皆为温补的要求；通神饼中说以姜、葱、白糖、白面制成的饼"能去寒气"，言其祛寒之性。综观《山家清供》中对食性的介绍，作者对温补极为重视，可能与当时山居贫寒条件下人多寒证及中医养生观中重阳气的思想有关。

（三）注重素食怡情养性的作用

食物对性情有调节作用，选择合适的食材，有助于达到修身养性的目的。如"忘忧斋"引嵇康诗云："合欢蠲忿，萱草忘忧。"并载何处顺宰相，多食萱草以忘忧，"春日载阳，采萱于堂，天下乐兮，忧乃忘"。言萱草可以排忧消愁，使人欢喜。"蓝田玉"中以葫芦烂蒸制成的"法制蓝田玉""不须烧炼之功，但除一切烦恼妄想，久而自然神清气爽。"说明食物有利于清心寡欲，恬淡性情，从而达到神清气爽的目的。

二、原料的选择

（一）原料种类丰富多彩

《山家清供》中所用食材种类十分丰富，多为山中常见的种植或采摘来的山蔬野果等，经过恰当的制作，根苗花果皆可制成美味佳肴。如"百合面"是以百合根曝干，捣筛和面制成的汤饼；"菊苗煎"以菊苗加山药粉煎成；"锦带羹"中以锦带花的条叶或花制羹；还有豆腐、腐乳、米酒等加工原料。

（二）药材入膳食

《山家清供》虽为记录山家日常饮食之作，其中亦采用了一些药食两用或常做药用的原料，其药物性能方面的描述符合本草理论，带有明显的药膳意味。如"麦门冬煎"为麦冬"春秋采根去心，捣汁和蜜，以银器重汤煮熬，如饴为度，贮之磁器内"而成，食用时"温酒化温服，滋益多矣"；"进贤菜"以苍耳苗洗焯"拌为茹"，有疗风之效；"括蒌粉"以括蒌大根，水浸、捣烂、过滤、晾干等工序制成粉，"食之补益"；"黄精果"，采根可制果、做饼，采苗可为菜茹，"芝草之精也，一名'仙人余粮'，其补益可知矣"，等等。

三、原料的搭配

（一）食材有七情

中药的"七情"是指中药间可相互促进，相互制约毒性，及相互作用影响功效发挥或产生毒性的搭配特性，具体体现为单行、相需、相使、相畏、相杀、相恶、相反等。《山家清供》中对食材搭配特性的论述体现了对食物配伍规律的认识。如"锦带羹"中"莼鲈同羹，可以下气、止呕"，"紫英菊"中菊苗"加枸杞叶尤妙"，"沆瀣浆"以甘蔗配萝卜煮成，"盖蔗能化酒，萝菔能消食也，酒后得此，其益可知也"。体现了食物间相互促进的配伍关系。"太守羹"中提到"然茄、苋性俱微冷，必加芼姜为佳耳。"体现了相互制约毒副作用的配伍关系；"持蟹供"，"有风虫，不可同柿食"。螃蟹带有寄生虫，不能与柿子一同吃；"萝菔面"，"地黄与萝菔同食，能白人发"等体现了对食物间的配伍禁忌。

（二）药食相伍促功效

《山家清供》中记录的多数采用了药材原料的肴馔，多以药、食相伍，食借药力，药助食威，使药性借助食物这个媒介，功用得以充分发挥，同时变良药"苦口"为"可口"。如"地黄馎饦"，用地黄"捣汁和面，作馎饦食之"，治虫症心痛；"苍耳饭"以苍耳子"杂米粉为糗"，有疗风之效；"通神饼"中运用姜的温中散寒功效，"和白糖、白面，庶不太辣"来做饼食用，"能去寒气"。

四、菜肴的烹制

（一）遵循食性，选烹法

《山家清供》中所载烹饪方法多简单易行，符合山居生活的实际情况，却又非常符合原料的特性，经过简单的烹制后，能最好地突出食物的本味，最好地发挥出食疗功效。如"土芝丹"用芋之大者，"裹以湿纸，用煮酒和糟涂其外，以糠皮火煨之，候香熟，取出安拗地内，去皮，温食"。这样的烹法，香糯绵软，热气腾腾，"煨得芋头熟，天于不如我"，而且功效上"取其温补"。作者还记录了芋头"冷则破血，用盐则泄精"，指出了不宜冷食，不宜加盐食用的烹饪禁忌。再如，《山家清供》中应用了大量芽苗类的蔬菜，质地鲜嫩，色泽艳丽，烹制时多用拌食或略炒，调味简单，让其新鲜脆嫩的本味充分发挥出来。

（二）多用蒸煮之法

《山家清供》中菜肴的烹制方法以蒸煮等以水为加热媒介的方法居多数，此类方法制作简单，能够最大限度地发挥食物的食疗功效，是药膳制作中最常用的方法。例如以蒸饭、蒸糕、蒸饼、煮面、煮馄饨、泡饼等方法制作面食，煮粥、制羹来做汤水，对于不宜久煮的菜肴，常焯水拌食等。

五、菜肴的调味

（一）本真本味

《山家清供》中肴馔的调味多较简单，调味料品种亦不多，而对食物本来的味道及其保护非常重视，尤其是全素肴馔，并不因其口味清淡而用调味重染，而是充分尊重并发挥素食本味，让人从这种清淡中体会原料与众不同的天然滋味，从而补益身心，怡情养性。如"真汤饼"中讲述了翁瓜圃访凝远居士的故事，居士以"沸汤炮油饼"，名之"真汤饼"，并对"真"字解释说："稼穑作，苟无胜食气者，则真矣。"意思是汤饼以粮食做成，在制作的过程中没有掩盖食物本来的味道，而保留了本味。

（二）五味调和

《山家清供》中所用到的调味料皆简单易得，而对它们的调味作用非常重视，调味得当，不但可起到使食材的味道更加丰富适口的效果，还能增进食欲，调理身体，达到补益效果。如"自爱淘"中用"炒葱油，用纯滴醋和糖、酱作，或加以豆腐及乳饼。候面熟，过水，作茵供食。"其中，主料为简单的过水面，而用炒葱油，醋、糖、酱、豆腐及腐乳等调味，其味辛、酸、甘、咸、腐，丰富而融洽，在调面食用中，口味充分交融，虽然仅一道凉面，但称其"真一补药也"，从"自爱淘"的名字上也可以看到作者对其钟爱之情，可见调味的重要。

（三）适口者珍

"食无定味，适口者珍。"适口既有客观的层面，即食物味美可口，又有主观的成分，与吃食之人的偏好、趣味、层次等均有关系。对于一些菜肴，作者给出了不同的调味方法，给读者以根据喜好自由选择的余地。随着人民生活水平日益提高，食物的供应越来越丰富，肥胖症、高脂血症等日益增多，所以，健康的膳食就显得尤为重要。《山家清供》全书记述以素食为主，尽管用料较平常，烹调方法较简单，但构思巧妙，清新可爱，富有情趣，通过美食达到养生养性的目的，这都为现代饮食研究提供了宝贵的素材。

第 二 篇
中华传统食文化资源经典产品评价

中华传统食养智慧的解读与评价
ZHONGHUA CHUANTONG SHIYANG ZHIHUI DE JIEDU YU PINGJIA

第一章　中国茶叶

第二章　中国黄酒

第三章　中国醋

第四章　中国豆豉

第五章　中国豆酱

第六章　中国豆腐

第七章　中国腐乳

第八章　中国泡菜

第九章　中国酱腌菜

第十章　中国芝麻油

第十一章　中国阿胶

第十二章　中国火腿

第十三章　中国馒头

第十四章　中国水饺

中华传统食文化资源解析

茶、黄酒、米酒、老陈醋、酿造酱油、豆豉、腐乳、豆酱、豆腐、酱菜、泡菜、茶、粉丝、中式火腿、馒头、包子、水饺、汤圆、粽子、面条等，都是由中国人创造发明，采用传统加工工艺、反映地方和（或）民族特色，生产历史悠久，在国人的饮食发展史中扮演过重要角色，具有鲜明的中华传统文化特征和底蕴，以及适应东方人体质需要的独特的健康养生价值。中华传统食文化是人类重要的文化遗产，也是人类食物营养科学进步的基础。中华传统食文化产业的成败、兴衰、经营之道、传承转折，乃至与政治、经济、社会风俗等各方面的关系，都值得我们耐心品味。

一、中华传统食品与中华传统食文化资源的概念

对中华传统食品的概念目前尚无一个统一、全面、科学的表述，梳理相关文献，发现主要有以下表述：

谭丽平等认为，传统食品可以描述为起源于当地的，以本土传统农产品等为主要原料加工而成的，符合当地人饮食习惯，长期被当地人们日常食用或因庆祝节日等特殊目的而食用，具有丰富的加工经验、独特的地域特色和传统文化特质的食品[1]。

王峰认为，传统食品是指生产历史悠久，采用传统加工工艺、反映地方

---

[1] 谭丽平等：《中国传统食品涵义界定及其发展现状的研究》，《食品工业科技》2009 年第 3 期。

和（或）民族特色的食品。其文化内涵丰富，是民间经验和智慧的积累、继承、发扬，有良好的风味性、营养性、健康性和安全性。①

李里特认为，虽然人类具有相同的消化系统，相同的味觉和相同的代谢机制，可是不同国家、民族，甚至不同区域的人却有着不同的饮食习惯。各民族、各区域人们日常餐桌爱用的，历史悠久的食品往往被称作传统食品。传统食品也是当地文化的重要标志，因为人类的文明起源于解决食物问题的技术进步。②

龚宇认为，中国传统食品一般指在传统社会即农业社会中逐渐形成并被当地人广泛接受，具有丰富的加工经验和技艺等独特的食品，是经过中华历史积淀下来的，具有中国传统文化特色的产品，它们往往依托于一定的风俗节日、民俗背景而发展起来，是传统文化的一个重要部分，其中，春节的饺子、元宵节的汤圆、端午节的粽子、中秋节的月饼等都是典型的传统食品。③

孙宝国指出，传统食品是指生产历史悠久、采用传统加工工艺、反映地方和民族特色的食品。中国传统食品具有丰富独特的文化内涵，是长期经验的积累和智慧的集成，具有良好的风味性、营养性、健康性和安全性。④

张炳文在 2014 年 10 月 28 日第 7 版《中国食品报》撰文写到，豆豉、豆腐、腐乳、泡菜、阿胶、粉丝、黄酒、茶、拉面、凉茶等均是由中国人创造发明，在国人的饮食发展史中扮演过重要角色，且富有中华传统食文化特征。

由中国国际贸易促进委员会商业行业分会发布，济南大学、中国食品

①　王峰：《传统食品工业化期待在突围中创新》，《中外食品》2010 年第 3 期。
②　李里特：《中国传统食品的营养问题》，《中国食物与营养》2007 年第 6 期。
③　龚宇：《中国传统食品国际营销所面临的瓶颈及应对措施》，《商场现代化》2014 年第 26 期。
④　孙宝国：《中国主要传统食品和菜肴的工业化生产及其关键科学问题》，《中国食品学报》2011 年第 9 期。

报社等单位起草的《中华传统好食品评价通则》（T/CCPITCSC 014—2018）中明确中华传统好食品（Chinese traditional fine-food）的定义为由中国人创造发明、在国人的饮食发展史中扮演过重要角色，具有中国传统文化特色、健康养生价值、独特的加工技艺，有一定的社会认知和认同度的食品。

每个国家和民族都有自己的传统食品，正如人们所说的"一方水土养一方人"。美国通过麦当劳、肯德基等餐饮方式成功地向全世界建立了其小麦、肉、酪、马铃薯的市场地位；日本以寿司和刺身作为本国的传统饮食，大力弘扬本国饮食文化；韩国以其极具民族风格的泡菜代表本国的烹调文化；法国、印度等也有自己的传统食品。中国的传统食品历史源远流长、经久不衰，具有深厚的文化内涵，赋予传统食品实物本身以外的无形价值，中国的传统食品是民间经验和智慧的积累、继承、发扬，有良好的风味性、营养性、健康性和安全性。

综上，中华传统食品可以定义为由中国人创造发明，采用传统加工工艺、反映地方和（或）民族特色，生产历史悠久，在国人的饮食发展史中扮演过重要角色，具有中国传统文化特色、健康养生价值、独特的加工技艺的食品，主要包括黄酒、米酒、老陈醋、酿造酱油、豆豉、腐乳、豆酱、豆腐、酱菜、泡菜、茶、粉丝、中式火腿、馒头、包子、水饺、汤圆、粽子、面条，等等。

中华传统烹饪的概念——"烹"就是煮的意思，"饪"是熟的意思，广义上的烹饪，指对食物原料进行热加工，将生的食物原料加工成熟食品；狭义上的烹饪，指对食物原料进行合理选择调配，加工治净，加热调味，使之成为色、香、味、形、质、养兼美的安全无害的、利于吸收、益人健康、强人体质的饭食菜品。

中华传统烹饪与中华传统食品一样，具有深厚的中华传统食养智慧的特征内涵，可统称为中国传统食文化资源，即由中国人创造发明，采用传统加工工艺、反映地方和（或）民族特色，生产历史悠久，在国人的饮食发展史中扮演过重要角色，具有鲜明的中华传统文化特征和底蕴，以及适应东方人体质需要的独特的健康养生价值的食品。它主要包括茶、黄酒、米酒、老陈醋、酿造酱油、豆豉、腐乳、豆酱、豆腐、酱菜、泡菜、茶、粉丝、中式火腿、馒头、包子、水饺、汤圆、粽子、面条等，以及种类繁多的餐饮制品。

二、中华传统食文化资源的主要特征

中华传统食文化资源有着百年悠久的辉煌历程，塑造了久负盛名、经久不衰的光辉形象，是蜚声中外的传统名牌，是中华民族的珍贵遗产，是闪闪发光的金字招牌，中国传统食品蕴含的智慧、科学与文化，值得我们耐心品味与借鉴，以启发现代经营管理的新思路。中华传统食品主要具备以下特征：

（一）注重色香味形等对人的感官刺激与享受

中国幅员辽阔，地大物博，各地气候、物产、风俗习惯都存在着差异，长期以来，在饮食上也就形成了许多风味。中华传统食品将色、香、味、形、滋（食品的质地感觉）、养（饮食养生）六者浑然一体，使人们得到了视觉、触觉、味觉的综合享受，构成了以美味为核心、以养身为目的的中国传统食文化的特色。中国一直就有"南米北面""南甜北咸东酸西辣"的说法，有巴蜀、齐鲁、淮扬、粤闽四大风味。中国饮食三字经形象地描述了中国地方风味的特征：涮北京，包天津，甜上海，烫重庆，鲜广东，麻四川，辣湖南，美云南，酸贵州，酥西藏，奶内蒙，荤青海，壮宁夏，醋山西，泡陕西，葱山东，拉甘肃，炖东北，稀河南，烙河北，罐江西，馊湖北，炟福建，爽江苏，浓浙江，香安徽，嫩广西，淡海南，烤新疆。

孙中山先生在其《建国方略》第一章"以饮食为证"中谈道："烹调之术本于文明而生，非深孕乎文明之种族，则辨味不精；辨味不精，则烹调之

术不妙。中国烹调之妙，亦足表文明进化之深也。""西国烹调之术莫善于法国，而西国文明亦莫高于法国。是昔者中西未通市以前，西人只知烹调一道，法国为世界之冠；及一尝中国之味，莫不以中国为冠矣。""近年华侨所到之地，则中国饮食之风盛传。在美国纽约一城，中国菜馆多至数百家。凡美国城市，几无一无中国菜馆者。美人之嗜中国味者，举国若狂。"孙先生认为，中国的传统饮食是中华文明的代表。

（二）具有丰富独特的文化内涵

中华食学文化是中国传统文化中最具特色的部分之一，内涵十分丰富。中华传统食品与文学艺术、人生境界的关系，深厚广博，可以从地域、经济、民族、宗教、食具、技法、民俗、诗词歌赋等多角度展示不同的文化品位，体现出不同的社会价值。

中华传统食品受到自然环境和人文社会给予的重要影响，使其表现为中华饮食文化的载体，透过其传统食品，可以感受到中国一些相应的自然风光和人文风俗，给传统食品以除实物本身以外的无形价值。孙中山在《建国方略》中谈道："中国近代文明进化，事事皆落人于后，唯饮食一道之进步，至今尚为文化各国所不及。中国所发现之食物，固大胜于欧美；而中国烹调法之精良，有非欧美所可并驾。"林语堂在《吾国与吾民》一书中说："西方人对待吃，仅把它看成是给机器加油料，而中国人则视吃为人生至乐。"

《吕氏春秋·本味篇》曰："调和之事，必以甘酸苦辛咸，先后多少，其齐其微，皆有自起。鼎中之变，精妙微纤，口弗能言，志弗能喻；若射御之微，阴阳文化，四时之数。故久尔不弊，熟而不烂，甘而不浓，咸而不减，酸而不酷，辛而不烈，淡而不薄，肥而不腻。"这种调和的力量能够将两种甚至更多种截然不同或相反的味道调到一起，"调"的功能在中国传统食文化里得到了淋漓尽致的诠释，这种重"味"和重"调"的现象体现了中华民族一个极鲜明的个性——重中和，即中庸之道。

（三）最适合东方人的体质需要

东西方人的身体构造与体质是有差别的，如身高 1.8 米左右的欧美白种人，其肠子的长度大约是 5.4 米，而身高 1.7 米左右的亚洲黄种人，其肠子的长度大约为 5.8 米。东方人的肠道比较长，消化吸收能力强，适合消化吸收营养相对分散、较难消化的植物类食物，如果肉类等摄入过多，就会造成营养相对过剩。西方人的肠道相对较短，比较适合消化营养相对集中的肉类食品，并且排空较快。由于内脏差异造成饮食习惯的差异，从而导致所缺营养的不同。

许多传统食品世代相传，延续至今，有的食品甚至可追溯到几千年前，长期为一定的人群所食用，具有习惯成自然可接受性而拥有相应的市场。一方水土养一方人，中华传统食品最适合东方人的体质需要，中国传统餐饮在原料、技法、调味、搭配等方面所体现的养生保健理论均与中国人的体质和当地环境、气候相一致。2500 多年前的《黄帝内经》明确指出："五谷为养，五果为助，五畜为益，五菜为充"。这些论点说明，传统的中国膳食结构和现代营养推崇的理想膳食不谋而合。

中华传统食品基本体现了"素食养身，医食同源，源于农耕，和谐自然"，从历史上看，中华民族大部属于农耕食文化，数千年普通中国人的家常饭，其实就是以谷物豆类为主要的能量来源，正因为如此，中国人的主食一般指粮食做的"饭"，而把副食称作"菜"。餐桌食品叫作"饭菜"，道教著作《玄门大论》对素食解释道："一者粗食，二者蔬食，三者节食。……粗食者，麻麦也。蔬食者，菜菇也。节食者，中食也。……粗食止诸耽嗜，蔬食弃诸肥，节食除烦浊。"西方国家大都是游牧文化，因此食物结构中往往以动物性食品为中心。

（四）具有良好的健康性

孙中山先生在其《建国方略》第一章中谈道：

"中国常人所饮者为清茶，所食者为淡饭，而加以菜蔬豆腐。此等之食料，为今日卫生家所考得为最有益于养生者也。故中国穷乡僻壤之人，饮食不及酒肉者，常多上寿。又中国人口之繁昌，与乎中国人拒疾疫之力常大者，亦未尝非饮食之暗合卫生有以致之也。倘能从科学卫生上再做工夫，以求其知，而改良进步，则中国人种之强，必更驾乎今日也。"

"西人之倡素食者，本于科学卫生之知识，以求延年益寿之功夫。然其素食之品无中国之美备，其调味之方无中国之精巧，故其热心素食家多有太过于菜蔬之食，而致滋养料之不足，反致伤生者。如此，则素食之风断难普遍全国也。中国素食者必食豆腐。夫豆腐者，实植物中之肉料也，此物有肉料之功，而无肉料之毒。故中国全国皆素食，已习惯为常，而不待学者之提倡矣。"

"欧美之人所饮者浊酒，所食者腥膻，亦相习成风。故虽在前有科学之提倡，在后有重法之厉禁，如近时俄美等国之厉行酒禁，而一时亦不能转移之也。单就饮食一道论之，中国之习尚，当超乎各国之上。此人生最重之事，而中国人已无待于利诱势迫，而能习之成自然，实为一大幸事。吾人当保守之而勿失，以为世界人类之师导也可。"

中国的发酵豆制品包括腐乳、豆豉、豆酱和酱油等食品，作为调味佐餐佳品深受广大群众的喜爱。现代医学和食品营养学的研究结果表明：发酵豆制品不仅营养丰富，而且具有降低胆固醇含量、降血压、预防骨质疏松症、降血糖等多种作用。发酵豆制品还会产生大量 B 族维生素，特别是植物性食物普遍缺少的维生素 B_{12} 等。李里特教授的相关研究结果表明，中国传统发酵豆制品具有非常可贵的保健功能，有的生物活性成分达到很高水平。

（五）具有良好的安全性

中华传统食品是长期经验的积累和智慧的集成，传统食品经过相当长期的发展历程，在千百年来的实践中积累了宝贵的经验，这种经验并非一成不变，在一定条件下，依靠集体的智慧会有创新。这样代代相传，又加上一代代的智慧成果，从而不断向前发展。传统食品流传至今，经过了长时期和大范围的食用，相当于长期的安全性试验。

传统主食加工工艺的妙处之一在于蒸煮，"掌共鼎镬以给水火之齐"描绘了中华食文化以水为传热介质的重大进步，《周书》中早就写道"黄帝始蒸谷为饭，烹谷为粥。"由于中国古代烧制陶瓷器和冶炼技术世界领先，青铜器、铁器也比较早用于炊事器具，加上早期的主食以黍、谷、稻、菽等粒食为主，所以形成了独特的蒸煮食品文化。汽蒸馒头和烘烤面包相比，汽蒸火候更容易控制。现代热物理知识说明，汽蒸很容易把加热温度控制在100℃左右，使馒头、包子等熟化时外不焦内不生，营养破坏降到最少；而烘烤面包，火焰温度可达800℃以上，即使现代技术自动控制，底火、面火也在200℃以上。2002年4月瑞典政府食品局和斯德哥尔摩大学向新闻界发表了一个重大发现，即油炸土豆片或焙烤的淀粉类食品含有浓度非常高的丙烯酰胺，而丙烯酰胺是一种神经毒素，国际癌研究所定其为致癌物，这个发现再次凸显中国传统蒸煮食品的优越性。

蒸煮食品以水（汽）为传热介质经蒸煮而熟，可以使食品中淀粉类多糖充分裂解，利于人体吸收；饺子、包子的馅料都包在面皮中，可以做到谷类与菜果、肉类的适宜组合，使主副食搭配合理，营养丰富并酸碱平衡，符合科学的膳食结构；以水（汽）为介质的烹调方式温度只在100℃左右，既可致熟食物又可消毒杀菌，避免了烧烤炸条件下生成的苯并芘、丙烯酰胺等强致癌物，保证了食品安全，另外食物的营养成分在蒸煮过程中也不至于因过氧化或水解而损失；蒸煮食品适合于中国人的肠胃与饮食习惯，符合"食饮有节""谨和五味""和于术数"的养生之道。

20世纪现代营养学诞生以来，经过对东西方烹饪的分析比较，认定东方烹饪特别是蒸煮食品有着无比的优越性。蒸煮食品无论是在食品安全、营养上，还是在饮食习惯上都最适合国人之肠胃。可以说，蒸煮食文化在中国人民的饮食结构中占有重要的位置。

三、中华传统食文化资源产业的发展现状

目前的中国食品消费市场上，充斥着与国人体质需求不一致的大量西方食品，而适合国人体质的许多优质传统食品资源却不被消费者关注，甚至存在许多消费误区。当前中国传统食品保护传承不成体系、产业链不完整、产业开发无特色，或产业开发缺失标准、产业文化内涵不深挖、产业促销不积极、市场占有份额低、健康资源导向不足、市场引领性差，导致在国人心中定位不强。比较日韩对纳豆和泡菜的用法、用量、使用频率、重视程度、产业化水平、产业链对接、文化产业对接、药理和食疗延伸等若干层面，中国传统食品产业发展上存在着诸多问题与不足。

（一）消费者的关注程度低

当前中国传统食品的加工多呈现出单打独斗、散兵游勇的状态，规模化、产业化、标准化程度低，消费者存在对传统食品食用频率低、用量少、用法单一、重视程度不够等问题，由于缺乏必要导购知识，消费者消费水平低、消费能力差。如消费者对豆豉和腐乳的消费，多是从调料角度考虑。

许多消费者对中国传统食品文化内涵不了解、健康价值不清楚，认识上存在众多误区，产品本身缺乏统一的标准，特别是针对富有中国传统特色的食品的评价体系的匮乏，导致当前中国传统食品市场引领性差、在国人心中定位不强、消费水平低、消费能力差等不足，面临极大的市场挑战。

（二）政府的关注程度弱

政府对传统食品产业的关注程度，远落后于日韩。各地差异性特点，导致政府对传统食品资源不关注或关注不均衡。在非产区、非原料区，政府往往疏于关注；在产区或原料区，政府关注程度也不一。政府的关注，往往时冷时热、缺乏持续、持久的关注态度，往往伴随招商引资项目杠杆转动，投资中有与之相关的项目，关注度往往高涨；投资力度减弱，或投资不能持久，关注度又迅速降温。政府的关注，往往以经济轴为核心，功利性、粉饰性过强，忽高忽低性过多，导致该产业时兴时衰。政府的关注，有时又呈现

出急功近利的特点，导致产业发展不成体系、产业发展时断时续，导致该产业的无序性、无规划性发展。

政府对传统食品的文化继承、传播的支持不够。当今时代，世界各民族的竞争不仅是技术经济的竞争更是文化的竞争。无论东方饮食或西方饮食都有着自己深厚的文化和社会根基，失去了这个根基就会面临危机。由于对丰富的中华食品文化缺乏了解，加上宣传不够、技术落后等原因，中国许多深受老百姓喜好的传统食品正面临失传，传统食品面临着现代食品的挑战。

传统食品产业兴盛和发展是渐进过程，需要政府加强对资源的产业化、标准化、科技化、文化化、有序化的管理力度和关注思维。政府的关注，应充分借鉴韩日经验，对该产业的发展应举一地之力，在该产业的保护与传承，应作为政府相关部门的己任。当然中国与日韩国情不同，在传统食品生产上，中国存在着原料产地多、制作技法多、生产过程多、区域差异大的特点，政府在关注该产业时，也应充分注重这些差异性。

（三）研究者的关注程度分散

研究者对中国传统食品总体上呈现越来越重视的状态。从现有的学位论文和期刊论文分析，国内对传统食品研究主要集中在资源本身的理化分析层面，侧重于食品的营养元素构成、营养成分比例等，对传统食品的科学解读评价、产业化生产、标准化要求、特色化包装、文化内涵深度挖掘、产业战略推进、国内市场占有率提升、国际市场推进等方面研究，重视程度明显不足。

有不少研究者限于专业领域偏于理化分析，有学者虽然在探索中国传统食品和文化产业的交合点，但限于多重因素，两者从理论到实践层面，始终未得到有效组合，更有少量学者甚至否定传统食品的保护与传承。恰当处理特色化与标准化、产业化与秘方保护，是众多学者研究的又一重大课题，对此进行的研究重视程度亦远不足。对传统食品综合评价研究方面，国内学者也存在自然科学与社会科学无交融的现状，跨专业研究固然有难度，但更难的是二者结合点的寻找。

中国粉丝产销量居世界首位，品质良好的龙口粉丝大部分出口到日韩等国，被推崇为健康食品，济南大学张炳文项目组的研究发现，龙口粉丝由于其独特的原料选择与工艺技术，是抗性淀粉含量最丰富的人类常食食物资源之一，抗性淀粉作为低热量组分在食物中存在，可起到与膳食纤维相似的生理功能，成为食品营养学的一个研究热点。类似的相关研究，如泡菜之乳酸菌、豆豉之溶栓激酶等等均应引起学者的关注。

（四）工艺与设备落后，经营管理水平低、品牌意识薄弱

传统食品工业化程度低，对传统食品的认识不足。部分传统食品的制作仍停留于小作坊式阶段，生产设备简陋、陈旧，加上食品机械的发展滞后以及对传统食品的认识不足，许多有价值、功能好的传统食品或因没有受到重视，或因卫生、质量、外观、方便性等不符合现代人的要求而日渐衰退消亡。

传统食品之所以成为传统，关键就在于代代相传的手工工艺。这种手工工艺虽然能保持其独特的风味，但因产量低、利润低已成为制约传统食品发展的主要因素。另外，部分传统食品产业趋同性比较严重，规模优势尚未形成导致其缺少发展后劲。部分传统食品在管理上仍习惯于家族式管理模式，缺乏创新开拓精神；在生产经营上产品因循守旧，缺乏开发新产品的意识；对设备、工艺的改进重视不够；在品牌保护和发展上意识淡薄，发展名牌产品的积极性不高。

（五）相关标准及法律法规不健全

传统食品不同于现代食品。传统食品没有现代食品的理论基础和工艺技术，是一种以师承经验型的技艺支撑的食品加工，多是家庭式或作坊式制作，缺乏标准化的工艺技术。因其相关质量标准未能及时制定及更新，导致质量得不到保障，已越来越不能适应市场发展的需求，成为传统食品发展亟须解决的问题。

　　中国药食同源的动植物资源非常丰富。据统计，中国现已查明的药材资源有 12807 种。中国人民食用过的植物和药食兼用植物不下五六千种，这是世界上其他国家所没有的。而目前确定的既是食品又是药品的资源（药食同源）仅有 101 种，这极大地束缚了传统食品的发展。事实上，很多药食同源的原料都有悠久的安全食用历史，但却没有列入药食两用原料的名单中。

原国家卫计委公布的药食同源目录（2015 版）

序号	名称	植物名/动物名	拉丁学名	使用部分
1	丁香	丁香	*Eugenia caryophyllata* Thunb.	花蕾
2	八角茴香	八角茴香	*Illicium verum* Hook. f.	成熟果实
3	刀豆	刀豆	*Canavalia gladiata*（Jacq.）DC.	成熟种子
4	小茴香	茴香	*Foeniculum vulgare* Mill.	成熟果实
5	小蓟	刺儿菜	*Cirsium setosum*（Willd.）MB.	地上部分
6	山药	薯蓣	*Dioscorea opposita* Thunb.	根茎
7	山楂	山里红	*Crataegus pinnatifida* Bge. var. *major* N. E. Br.	成熟果实
		山楂	*Crataegus pinnatifida* Bge.	
8	马齿苋	马齿苋	*Portulaca oleracea* L.	地上部分
9	乌梅	梅	*Prunus mume*（Sieb.）Sieb. et Zucc.	近成熟果实
10	木瓜	贴梗海棠	*Chaenomeles speciosa*（Sweet）Nakai	近成熟果实
11	火麻仁	大麻	*Cannabis sativa* L.	成熟果实
12	代代花	代代花	*Citrus aurantium* L. var. *amara* Engl.	花蕾
13	玉竹	玉竹	*Polygonatum odoratum*（Mill.）Druce	根茎
14	甘草	甘草	*Glycyrrhiza uralensis* Fisch.	根和根茎
		胀果甘草	*Glycyrrhiza inflata* Bat.	
		光果甘草	*Glycyrrhiza glabra* L.	

序号	名称	植物名/动物名	拉丁学名	使用部分
15	白芷	白芷	*Angelica dahurica* (Fisch. ex Hoffm.) Benth. et Hook. f.	根
		杭白芷	*Angelica dahurica* (Fisch. ex Hoffm.) Benth. et Hook. f. var. *formosana* (Boiss.) Shan et Yuan	
16	白果	银杏	*Ginkgo biloba* L.	成熟种子
17	白扁豆	扁豆	*Dolichos lablab* L.	成熟种子
18	白扁豆花	扁豆	*Dolichos lablab* L.	花
19	龙眼肉（桂圆）龙眼	*Dimocarpus longan* Lour.		假种皮
20	决明子	决明	*Cassia obtusifolia* L.	成熟种子
		小决明	*Cassia tora* L.	
21	百合	卷丹	*Lilium lancifolium* Thunb.	肉质鳞叶
		百合	*Lilium brownie* F. E. Brown var. *viridulum* Baker	
		细叶百合	*Lilium pumilum* DC.	
22	肉豆蔻	肉豆蔻	*Myristica fragrans* Houtt.	种仁；种皮
23	肉桂	肉桂	*Cinnamomum cassia* Presl	树皮
24	余甘子	余甘子	*Phyllanthus emblica* L.	成熟果实
25	佛手	佛手	*Citrus medica* L. var. *sarcodactylis* Swingle	果实
26	杏仁（苦、甜）	山杏	*Prunus armeniaca* L. var. *ansu* Maxim	成熟种子
		西伯利亚杏	*Prunus sibirica* L.	
		东北杏	*Prunus mandshurica* (Maxim) Koehne	
		杏	*Prunus armeniaca* L.	
27	沙棘	沙棘	*Hippophae rhamnoides* L.	成熟果实
28	芡实	芡	*Euryale ferox* Salisb.	成熟种仁

续表

序号	名称	植物名/ 动物名	拉丁学名	使用部分
29	花椒	青椒	*Zanthoxylum schinifolium* Sieb. et Zucc.	成熟果皮
		花椒	*Zanthoxylum bungeanum* Maxim.	
30	赤小豆	赤小豆	*Vigna umbellata* Ohwi et Ohashi	成熟种子
		赤豆	*Vigna angularis* Ohwi et Ohashi	
31	麦芽	大麦	*Hordeum vulgare* L.	成熟果实经发芽干燥的炮制加工品
32	昆布	海带	*Laminaria japonica* Aresch.	叶状体
		昆布	*Ecklonia kurome* Okam.	
33	枣（大枣、黑枣）	枣	*Ziziphus jujuba* Mill.	成熟果实
34	罗汉果	罗汉果	Siraitia grosvenorii （Swingle.） C. Jeffrey ex A. M. Lu et Z. Y. Zhang	果实
35	郁李仁	欧李	*Prunus humilis* Bge.	成熟种子
		郁李	*Prunus japonica* Thunb.	
		长柄扁桃	*Prunus pedunculata* Maxim.	
36	金银花	忍冬	*Lonicera japonica* Thunb.	花蕾或带初开的花
37	青果	橄榄	*Canarium album* Raeusch.	成熟果实
38	鱼腥草	蕺菜	*Houttuynia cordata* Thunb.	新鲜全草或干燥地上部分
39	姜（生姜、干姜）	姜	*Zingiber officinale* Rosc.	根茎（生姜所用为新鲜根茎，干姜为干燥根茎）
40	枳椇子	枳椇	*Hovenia dulcis* Thunb.	药用为成熟种子；食用为肉质膨大的果序轴、叶及茎枝
41	枸杞子	宁夏枸杞	*Lycium barbarum* L.	成熟果实
42	栀子	栀子	*Gardenia jasminoides* Ellis	成熟果实

序号	名称	植物名/动物名	拉丁学名	使用部分
43	砂仁	阳春砂	*Amomum villosum* Lour.	成熟果实
		绿壳砂	*Amomum villosum* Lour. var. *xanthioides* T. L. Wu et Senjen	
		海南砂	*Amomum longiligularg* T. L. Wu	
44	胖大海	胖大海	*Sterculia lychnophora* Hance	成熟种子
45	茯苓	茯苓	*Poria cocos*（Schw.）Wolf	菌核
46	香橼	枸橼	*Citrus medica* L.	成熟果实
		香圆	*Citrus wilsonii* Tanaka	
47	香薷	石香薷	*Mosla chinensis* Maxim.	地上部分
		江香薷	*Mosla chinensis* 'jiangxiangru'	
48	桃仁	桃	*Prunus persica*（L.）Batsch	成熟种子
		山桃	*Prunus davidiana*（Carr.）Franch.	
49	桑叶	桑	*Morus alba* L.	叶
50	桑葚	桑	*Morus alba* L.	果穗
51	桔红（橘红）	橘及其栽培变种	*Citrus reticulata* Blanco	外层果皮
52	桔梗	桔梗	*Platycodon grandiflorum*（Jacq.）A. DC.	根
53	益智仁	益智	Alpinia oxyphylla Miq.	去壳之果仁,而调味品为果实
54	荷叶	莲	*Nelumbo nucifera* Gaertn.	叶
55	莱菔子	萝卜	*Raphanus sativus* L.	成熟种子
56	莲子	莲	*Nelumbo nucifera* Gaertn.	成熟种子
57	高良姜	高良姜	*Alpinia officinarum* Hance	根茎
58	淡竹叶	淡竹叶	*Lophatherum gracile* Brongn.	茎叶
59	淡豆豉	大豆	*Glycine max*（L.）Merr.	成熟种子的发酵加工品
60	菊花	菊	*Chrysanthemum morifolium* Ramat.	头状花序

续表

序号	名称	植物名/动物名	拉丁学名	使用部分
61	菊苣	毛菊苣	*Cichorium glandulosum* Boiss. et Huet	地上部分或根
		菊苣	*Cichorium intybus* L.	
62	黄芥子	芥	*Brassica juncea*（L.）Czern. et Coss	成熟种子
63	黄精	滇黄精	*Polygonatum kingianum*Coll. et Hemsl.	根茎
		黄精	*Polygonatum sibiricum* Red.	
		多花黄精	*Polygonatum cyrtonema* Hua	
64	紫苏	紫苏	*Perilla frutescens*（L.）Britt.	叶（或带嫩枝）
65	紫苏子（籽）	紫苏	*Perilla frutescens*（L.）Britt.	成熟果实
66	葛根	野葛	*Pueraria lobata*（Willd.）Ohwi	根
67	黑芝麻	脂麻	*Sesamum indicum* L.	成熟种子
68	黑胡椒	胡椒	*Piper nigrum* L.	近成熟或成熟果实
69	槐花、槐米	槐	*Sophora japonica* L.	花及花蕾
70	蒲公英	蒲公英	*Taraxacum mongolicum* Hand. -Mazz.	全草
		碱地蒲公英	*Taraxacum borealisinense* Kitam.	
		同属数种植物		
71	榧子	榧	*Torreya grandis* Fort.	成熟种子
72	酸枣、酸枣仁	酸枣	*Ziziphus jujuba* Mill. var. *spinosa*（Bunge）Hu ex H. F. Chou	果肉、成熟种子
73	鲜白茅根（或干白茅根）	白茅	*Imperata cylindrical* Beauv. var. *major*（Nees）C. E. Hubb.	根茎
74	鲜芦根（或干芦根）	芦苇	*Phragmites communis* Trin.	根茎
75	橘皮（或陈皮）	橘及其栽培变种	*Citrus reticulata* Blanco	成熟果皮

序号	名称	植物名/动物名	拉丁学名	使用部分
76	薄荷	薄荷	*Mentha haplocalyx* Briq.	地上部分
		薄荷	*Mentha arvensis* L.	叶、嫩芽
77	薏苡仁	薏苡	*Coix lacryma-jobi* L. var. *mayuen.* (Roman.) Stapf	成熟种仁
78	薤白	小根蒜	*Allium macrostemon* Bge.	鳞茎
		薤	*Allium chinense* G. Don	
79	覆盆子	华东覆盆子	*Rubus chingii* Hu	果实
80	藿香	广藿香	*Pogostemon cablin* (Blanco) Benth.	地上部分
81	乌梢蛇	乌梢蛇	*Zaocys dhumnades* (Cantor)	剥皮、去除内脏的整体
82	牡蛎	长牡蛎	*Ostrea gigas* Thunberg	贝壳
		大连湾牡蛎	*Ostrea talienwhanensis* Crosse	
		近江牡蛎	*Ostrea rivularis* Gould	
83	阿胶	驴	*Equus asinus* L.	干燥皮或鲜皮经煎煮、浓缩制成的固体胶
84	鸡内金	家鸡	*Gallus gallus domesticus* Brisson	沙囊内壁
85	蜂蜜	中华蜜蜂	*Apis cerana* Fabricius	蜂所酿的蜜
		意大利蜂	*Apis mellifera* Linnaeus	
86	蝮蛇（蕲蛇）	五步蛇	*Agkistrodon acutus* (Güenther)	去除内脏的整体
1	人参	人参	*Panax ginseng* C. A. Mey	根和根茎
2	山银花	华南忍冬	*Lonicera confuse* DC.	花蕾或带初开的花
		红腺忍冬	*Lonicera hypoglauca* Miq.	
		灰毡毛忍冬	*Lonicera macranthoides* Hand. -Mazz.	
		黄褐毛忍冬	*Lonicera fulvotomentosa* Hsu et S. C. Cheng	
3	芫荽	芫荽	*Coriandrum sativum* L.	果实、种子

续表

序号	名称	植物名/动物名	拉丁学名	使用部分
4	玫瑰花	玫瑰	*Rosa rugosa* Thunb 或 *Rose rugosa* cv. Plena	花蕾
5、6	松花粉	马尾松	*Pinus massoniana* Lamb.	干燥花粉
		油松	*Pinus tabuliformis* Carr.	
		同属数种植物		
7	粉葛	甘葛藤	*Pueraria thomsonii* Benth.	根
8	布渣叶	破布叶	*Microcos paniculata* L.	叶
9	夏枯草	夏枯草	*Prunella vulgaris* L.	果穗
10	当归	当归	*Angelica sinensis*（Oliv.）Diels.	根
11	山奈	山奈	*Kaempferia galanga* L.	根茎
12	西红花	藏红花	*Crocus sativus* L.	柱头
13	草果	草果	*Amomum tsao-ko* Crevost et Lemaire	果实
14	姜黄	姜黄	*Curcuma Longa* L.	根茎
15	荜茇	荜茇	*Piper longum* L.	果实或成熟果穗

《按照传统既是食品又是中药材物质目录》新增物质纳入依据：

1. 人参。《原卫生部2012年第17号公告》批准人参（人工种植）为新资源食品；《中国药典》记载；基源植物和使用部分与《中国药典》记载一致。

2. 山银花。金银花列入2002年原卫生部公布《既是食品又是药品的物品名单》，金银花来源为忍冬 Lonicera japonica Thunb、红腺忍冬 Lonicerahypoglauca Miq.、山银花 Loniceraconfuse DC.、毛花柱忍冬 Loniceradasystyla Rehd.，金银花和山银花在《中国药典》中二者未分开，遵循药典的处理方法；经查阅文献和实地调研，山银花在南方种植时间悠久，在当地有食用历史，且无毒副反应报道。

3. 粉葛。《中国药典》（2005 版）为甘葛藤葛根基源之一。

4. 玫瑰花。《原卫生部 2010 年第 3 号公告》将玫瑰花作为普通食品；《中国药典》记载；基源植物和使用部分与《中国药典》记载一致。

5. 松花粉。《原卫生部 2004 年第 17 号公告》将松花粉作为新资源食品；《中国药典》记载；基源植物和使用部分与《中国药典》记载一致。

6. 布渣叶、夏枯草。《原卫生部 2010 年第 3 号公告》允许夏枯草、布渣叶作为凉茶饮料原料使用；《中国药典》记载；基源植物和使用部分与《中国药典》记载一致。

7. 当归。美国联邦法典 21CFR 182.10 欧盟食品安全局（EFSA）将当归作为香辛料（每天食用 3—15g 的当归根或 3—6g 的根粉）；日本将当归列入"源自植物或动物的天然香料名单"作为食品的香辛料使用；《中国药典》记载；基源植物和使用部分与《中国药典》记载一致。

8. 山奈、西红花、草果、姜黄、荜茇。列入《香辛料和调味品标准》（GB/T 12729.1—2008）；《中国药典》记载；基源植物和使用部分与《中国药典》记载一致。

第一章

中国茶叶

　　当前茶艺、茶道等传统文化备受世界各国消费者青睐，茶叶、咖啡、可可并称世界三大无酒精饮料，中国是世界上最早发现、利用、传播茶的国家，是茶的发源地。茶叶在生产、加工、营销、品饮等环节均浸润着文化的元素，散发着文化的气息，蕴含着科学的价值。

　　中国传统茶叶的品目繁多，命名复杂，常见的就有6000多个品种，通常遵循茶叶的色泽、发酵方式、程度和采摘季节对茶叶进行分类。按发酵的方式与程度划分成不发酵茶、半发酵茶、全发酵茶和后发酵茶：不发酵的绿茶在加工过程中需要破坏酶的活化，有制止多酚类化合物氧化的杀青过程，形成了其绿汤绿叶的特征，绿茶的发酵度为零；全发酵的红茶在制作过程中，杀青工序前有共同的促进茶叶自身酶活化的过程，使多酚类化合物氧化完全，其发酵度能够达到80%—90%；半发酵茶在茶叶本身酶系统转化的过程中，先促进、后制止，使多酚类化合物氧化不完全，发酵程度一般在30%—60%，而局部的氧化就使得其叶边红中带青，汤色橙黄；后发酵的黑茶在茶叶杀青后的发酵过程中有微生物参与进行，微生物发酵使多酚类化合物产生了复杂的结构转化，形成了新的代谢产物使茶叶本身呈黑色，其发酵度可达100%。

第一节　中国茶叶食养价值的科学评价

一、传统中医食疗对中国茶叶的评价

中医认为，茶味苦、甘、性凉，有泻下、燥湿、清热、泻火、解毒等功效。陈宗懋先生将古籍中对茶的功效记载进行了详细的分类，总结出了茶在古籍中的 24 项功效。

少睡：《神农食经》《新修本草》《千金翼方》《本草经疏》《本草拾遗》《本草纲目》等古籍记载称，茶可"令人少睡"，"不睡"。《汤液本草》称茶有"治中风昏聩、多睡不醒"的功效。

安神：《随息居饮食谱》《饮膳正要》记载茶有清心神之效，认为"心主神明"，因于心火旺盛或心气不足出现烦、闷等症状。《本草纲目》称茶可"使人神思闿爽"。

明目、清头目：《本草拾遗》《茶经》《随息居饮食谱》等文献称茶有明目功效，能治"目涩"。《汤液本草》《本经逢原》等记载茶可"清头目"。

止渴生津：《神农食经》《随息居饮食谱》《食物本草会纂》《本草纲目拾遗》等文献称茶能清胃、止渴、生津液。

清热、消暑、解毒：《本草求真》《本经逢原》《本草图解》等记载茶能清热、降火、解毒、消暑之效，且能解诸中毒。

消食、醒酒：《饮膳正要》《本草经疏》《本草图解》《本草纲目拾遗》《本经逢原》《本草纲目》等指出茶能消食，解除食积，消除胀满，能解酒食之毒，且能醒酒。

去肥腻：茶的去肥腻功效，自古受到人们的推崇。《老老恒言》载茶"饭后饮之可解肥浓"，《本草拾遗》还称茶能"去人脂"，"久食令人瘦"。因此，茶不但可解就餐时的肥腻感觉，而且能去脂减肥避免肥胖。

下气、通便：《新修本草》《食疗本草》《本草纲目拾遗》等称茶能下

气，通利肠胃，有开郁利气之效，能够利大肠，刮肠通泄。

治痢：绿茶治痢，在民间与中西医学界均有盛名。《本经逢原》《仁斋直指方》《本草别说》等文献称茶可止痢，"姜茶治痢，不问赤白冷热，用之皆宜"，"合醋治世痢甚效"，和姜醋等搭配可治疗痢疾。

利水、去痰：《本草拾遗》《本草求真》《圣济总录》等载茶能利水，治小便不通，而且有除痰、清肺等功效。

祛风解表：中医认为风邪外袭于"肌表"，遂出现"表证"，治疗的方法为"解表"。而《本草纲目》载茶能"轻汗发面肌骨清"，就指茶的祛风解表防治感冒之功效。

坚齿：《茶谱》（钱氏）称茶能"坚齿已蠹"。《东坡杂记》中也记录了漱茶防齿病的方法："每食已，辄以浓茶漱口，烦腻既去而脾胃自不知。凡肉之在齿间者，得茶浸漱之，乃消缩，不觉脱去，不烦刺挑也，而齿便漱濯，缘此渐坚密，蠹毒自已"。

益气力、延年益寿：茶的延年益寿功效自古被人称颂，《陶弘景新录》《神农食经》《千金要方》载茶能令人"有力"，《陶弘景新录》还说"茗茶轻身换骨，昔丹丘子、黄山君（古仙人）服之"。

二、中国茶叶的营养与功效组分

茶叶中碳水化合物占 25%—30%（约 10%—20% 纤维素）、蛋白质占 20%—30%、茶多酚占 20%—30%、咖啡因占 3%—5%、氨基酸占 1%—4%，以及色素、维生素、有机酸等。

（一）蛋白质

茶蛋白的含量约占茶叶干物质总量的 20%—30%。茶叶中的蛋白质绝大多数是非水溶性的，只有 1%—2% 为水溶性的，而且在制茶过程中，由于蛋白质的变性凝固，使一些蛋白的水溶性进一步降低。茶鲜叶中非水溶性蛋白质主要是谷蛋白，约占蛋白总量的 80%，其次是白蛋白、球蛋白和精蛋白等。谷蛋白类不溶于水，只溶于稀酸、稀碱溶液。谷蛋白等非水溶性蛋白质难以直接被人体消化吸收，因此，开发茶蛋白的研究较少。茶蛋白中氨基酸组成丰富、合理，含有人体所需的所有必需氨基酸。茶蛋白还具有清除超氧阴离子的功效，对预防放射治疗时引起的致突变效应有保护作用。

（二）氨基酸

茶叶中已报道的氨基酸种类有 25 种，其中茶氨酸含量最高，占氨基酸种类的 50% 以上。氨基酸是人体所必需的营养成分，和人体健康关系密切，如茶氨酸具有抗肿瘤、保护脑神经细胞和心脑血管、增强记忆力、防治糖尿病、降血压、降血脂、松弛神经、增强机体免疫力等功能；精氨酸、谷氨酸、天冬氨酸可以降低血氨，治疗肝昏迷；赖氨酸、蛋氨酸能调整或促进脂肪代谢，防止动脉粥样硬化等。

（三）维生素类

维生素家族一般分为水溶性和脂溶性两大类，其中水溶性有 B 族维生素（B_1、B_2、B_6、B_{11} 等）、维生素 C，脂溶性有维生素 A、D、E、K 等。茶叶中含有丰富的维生素类。至今在茶叶中已发现的维生素有 16 种，每 100g 干茶中约含 0.07mg 维生素 B_1，比苹果高 6 倍，比西瓜高 2 倍多，能维持神经、心脏和消化系统的正常功能。

每 100g 干茶中约含 0.07mg 维生素 B_2（核黄素），能增进皮肤弹性和视网膜的正常。维生素 B_{11}（叶酸）的含量与茶叶干重的质量分数为 $5×10^{-7}$—$7×10^{-7}$。它可以参与人体核苷酸生物合成和脂肪代谢功能。

维生素 C 含量丰富，可以防治坏血病，增加机体抵抗力，促进伤口愈合。维生素 E 的含量与茶叶干重的质量分数为 $3×10^{-4}$—$8×10^{-4}$。它是一种抗氧化剂，能阻止人体中脂质的过氧化过程，具有抗衰老效应。维生素 K 能促进肝脏合成凝血素，还能帮助身体产生一种成骨素，又叫血浆骨钙素的蛋白质。

（四）茶多酚

茶多酚又称茶鞣或茶单宁，是茶叶中多酚类物质的总称，以黄烷醇类物质（儿茶素）最为重要，主要包括儿茶素、黄酮醇及其配糖物，无色花色素，酚酸及缩酚酸。它是形成茶叶色香味的主要成分之一，也是茶叶中有药理和保健功能的主要成分，茶叶中含多酚类的物质约占干重的 15%—30%。茶多酚是茶叶中一大类组成复杂、分子量及其结构差异很大的多酚类及其衍生物混合物，以儿茶素为主的黄烷醇类化合物占茶多酚总量的 60%—80%，其中含量最高组分是 EGCG（表没食子儿茶素没食子酸酯），约占儿茶素的 50%—60%。

茶多酚是一种淡褐色至白色的无定型粉末，易溶于水、甲醇、乙醇、乙酸乙酯、冰乙酸等，不溶于苯、氯仿、石油醚。茶多酚在酸性条件下较稳定，碱性条件下易氧化聚合。相关研究发现茶多酚具有抗氧化、抗炎、抗肿瘤、抗辐射、抗高血脂、防治动脉粥样硬化和抗病毒等药理学活性。

茶多酚具有很强的消除有害自由基的作用，提高人体内酶的活性，从而起到抗突变、抗辐射、抗癌症的功效，有研究发现茶多酚能清除吸烟后残留在人体内的尼古丁，并对艾滋病病毒的抑制作用。有文献报道因为发现茶多酚对紫外线有较强吸收，所以摄取一定的茶多酚可抑制紫外线照射皮肤形成的黑色素，阻止紫外线损伤皮肤。

茶叶能够保存较长的时间而不变质，是因为茶叶中的茶多酚在起作用，其渗入有机物（主要是食品）中时，能够延长贮存期，防止食品褪色，提高纤维素稳定性，有效保护食品各种营养成分，是水果理想的保鲜剂。茶多酚在医疗保健上具有防治癌症等多种疾病和抗衰老增强免疫等功能；在农业上可抑制病原细菌，作为植物的生长促进剂；也可在化妆品中添加少量的茶多酚作保质剂。

（五）生物碱

茶叶中含有多种生物碱，大部分是嘌呤类生物碱，以咖啡碱（咖啡因）

为主，含量一般为2%—5%，并含少量的可可碱、茶碱和黄嘌呤。咖啡因碱（咖啡因，Caffeine）是一种黄嘌呤生物碱化合物，是一种中枢神经兴奋剂。大量摄入咖啡因会影响睡眠，造成焦虑、烦躁、易怒，并会影响人体运动功能，但人们由饮茶摄入少量的咖啡因则会兴奋大脑皮层，提高注意力；另一方面咖啡因还可增强警觉性和减少疲乏感，提高警惕性和维持持久的工作能力。一般成年男性每天大约消耗200mg的咖啡因，咖啡因具有强心、利尿、兴奋中枢等药理功效，作为添加剂广泛用于制药及一些高级饮料和香烟中。一瓶软饮料，例如可乐一般含有10毫克至50毫克的咖啡因；能量饮料，如红牛饮料每瓶含80毫克咖啡因。咖啡碱能兴奋神经中枢和增强心脏功能，加大大脑皮质中枢的活动，因此具有提神的作用。由于茶叶中的咖啡碱常和茶多酚成络合状态存在，所以它和游离态的咖啡碱在生理机能上有所不同。

（六）茶多糖

茶多糖是复合型杂多糖，主要有黏多糖、脂多糖和结合多糖等。茶多糖由茶叶中的糖类、蛋白质、果胶和灰分等物质组成。分离纯化后茶多糖的紫外吸收图谱表明，茶多糖中存在蛋白质，即茶多糖中多糖与蛋白质紧密结合，形成一种糖蛋白。

（七）茶色素

茶色素分为脂溶性和水溶性，是茶叶中儿茶素等多酚类及其氧化衍生物的混合物，主要成分为茶黄素类、茶红素类。其中茶黄素类具有极强的生理活性，在茶色素的药理功能中发挥着极大的作用。

三、现代营养科学对中国茶叶的评价

（一）抗菌、抗病毒作用

茶叶对于多种细菌、病毒有抑制和杀伤作用。在众多的抗菌试验中，发现茶多酚对金黄色葡萄球菌、普通变形杆菌、大肠杆菌、乳酸杆菌、肉毒杆菌、黄色弧菌、霍乱弧菌、副溶血弧菌、蜡状芽孢杆菌、肠炎沙门氏菌、绿脓杆菌、福氏痢疾杆菌、宋氏痢疾杆菌、伤寒杆菌等都具有不同程度的抑制作用和杀伤作用，茶多酚对某些细菌（如链球菌）通过产生葡酰转移酶，使不溶性葡聚糖无法形成。[1]

茶多酚具有天然、低毒、高效的抗病毒作用，能够抵抗流感病毒、轮状病毒和牛冠状病毒、人类免疫缺陷病毒（HIV）、腺病毒、EB 病毒和人乳头状瘤病毒（HPV）等致病微生物。[2]

彭慧琴等考察了茶多酚体外抗流感病毒 A_3 的作用，发现茶多酚对流感病毒 A_3 具有直接灭活和治疗作用，能显著抑制流感病毒 A_3 的繁殖，其作用随药物浓度的增加而相应增强。[3]

（二）增强机体免疫力

汪东风等研究发现，TPS 中蛋白质与多糖呈紧密结合态，TPS 是一种糖蛋白；采用不同方法制备的 TPS 对 AA 大鼠引起的脾淋巴细胞转化低下和白细胞介素-2（IL-2）分泌过低均有恢复作用，而对白细胞介素-1（IL-1）分泌过高则有抑制作用，对正常小鼠机体免疫有增强作用。[4]

胡忠泽等在 AA 肉鸡的饮水中分别加入 0%、0.2% 和 0.4% 的 TPS，发现它能显著促进肉仔鸡胸腺的生长发育（$P<0.05$），增加血清中免疫球蛋白 IgG 的含量（$P<0.05$），提高 T-淋巴细胞数和淋巴细胞转化率（$P<0.05$），增强白细胞吞噬功能（$P<0.05$），且 TPS 还能显著提高肉仔鸡血清中 SOD 活力、GSH-Px 活力和 CAT 活力（$P<0.05$），而且能明显降低血清中 MDA 含量（$P<0.05$）。[5]

---

[1]　徐芃等：《茶多酚抗氧化和抑菌机制的研究》，《中国医药导报》2008 年第 2 期。
[2]　张文明：《茶多酚的抗病毒活性研究》，《云南中医学院学报》2007 年第 6 期。
[3]　彭慧琴：《茶多酚体外抗流感病毒 A3 的作用》，《茶叶科学》2003 年第 1 期。
[4]　汪东风等：《茶叶多糖的组成及免疫活性研究》，《茶叶科学》2000 年第 1 期。
[5]　胡忠泽等：《茶多糖对肉仔鸡免疫功能和抗氧化能力的影响》，《茶叶科学》2005 年第 1 期。

（三）保护胃黏膜，改善酒精引起的肝脏损害

饮茶有保护胃黏膜，改善酒精引起的肝脏损害的作用。颜云龙研究了茶多酚干预下大鼠血浆过氧化物歧化酶、丙二醛、胃黏膜血管内皮细胞间连接，观察茶多酚抗氧化、清除自由基作用对胃肠血管内皮的保护，进一步检测胃黏膜血管内皮 VEGF 和与胃黏膜血管内皮生长关系密切的 CD34 变化情况，以及通过观察茶多酚干预情况下，缺血再灌注之胃黏膜毛细血管内皮超微结构的变化情况，探讨茶多酚对胃缺血再灌注的保护作用，发现茶多酚对因缺血再灌注导致损伤的胃黏膜具有保护作用，其主要作用途径可能是通过清除氧自由基和改善胃黏膜中血管内皮的修复实现的。①

唐袁婷观察了茶多酚对酒精性肝病动物及细胞模型过氧化物酶体增殖物激活受体 α 和核因子-κB 的表达及活性的调节作用，探讨茶多酚对酒精性肝病的保护作用及可能机制，结果显示，氧化应激与脂质过氧化参与了酒精性肝病的发生，茶多酚可能通过抗氧化作用改善体内外实验中 ALD 模型的肝脏损害；茶多酚对 ALD 的保护作用的分子机制涉及上调 PPARα 的表达及抑制 NF-κB 的活化；茶多酚对 ALD 的发生发展有一定的干预作用，而且预先、同时或者延后使用茶多酚干预体外 ALD 模型均能减轻 ALD 的病变，对肝细胞有一定的保护功效②。

（四）降脂减肥

茶叶有很好的降脂减肥作用，能够调节血脂，消解体脂，对于高脂血症、肥胖症有良好的防治作用。王丁刚等研究表明，高脂血症大鼠口服茶多糖 22.5mg/kg×10d 和 45mg/kg×10d 后，总胆固醇分别下降了 12% 和 17%，甘油三酯分别下降了 15% 和 23%，低密度脂蛋白胆固醇分别下降了 6% 和

---

① 颜云龙：《茶多酚对大鼠胃缺血再灌注损伤的保护作用及机制研究》，第四军医大学 2008 年硕士学位论文。

② 唐袁婷：《茶多酚对酒精性肝病过氧化物酶体增殖物激活受体 α 及核因子-κB 的调节作用》，重庆医科大学 2009 年硕士学位论文。

29%，高密度脂蛋白胆固醇增加了26%①。

周宁娜等研究普洱茶减肥作用的机制表明：普洱茶通过抑制糖吸收、增加脂肪排泄来减轻体重。②

Unno T等研究了茶叶儿茶酸在小鼠饮食能量中的作用，结果表明，儿茶酸通过抑制肠道中的消化酶来减少肠道组织对碳水化合物、蛋白质的吸收，加速其在粪便中排泄，从而达到减轻体重的目的。③

Maki K. C. 等将128名肥胖者随机分为2组，2组分别在进行适当锻炼的同时，试验组给予含625mg儿茶酸和含39mg咖啡的饮料，对照组则只给予含39mg咖啡饮料。治疗12周后，发现试验组与对照组的体重均下降，虽两组的体脂含量没有明显的差别，但对于腹部脂肪含量及分布，试验组明显较对照组降低，并且试验组TG下降明显。④

（五）通便、治痢

茶的通便与治痢作用与它对肠道菌群的调节有关，抑制有害菌而促进益生菌的生长。茶多酚对肠道内的细菌有十分强大的抑制作用，但它对肠道内的有益菌却起着保护作用，如能促进肠道乳酸菌的生长。王韵阳等研究了茶叶水浸液对部分肠道致病菌的抑菌作用，结果显示，普通绿茶、红茶、菊花茶、乌龙茶、黑茶、斯里兰卡红茶和砖茶水浸液对副溶血性弧菌有抑菌作用；普通绿茶、黑茶、斯里兰卡红茶和砖茶水浸液对大肠杆菌有抑菌作用；普通绿茶、红茶、乌龙茶、黑茶、斯里兰卡红茶和砖茶水浸液对鼠伤寒沙门

① 王丁刚等：《茶叶多糖的分离、纯化、分析及降血脂作用》，《中国药科大学学报》1991年第4期。
② 周宁娜等：《普洱茶减肥作用的药理学基础研究》，《中华中医药学刊》2009年第7期。
③ Unno T, et al. Dietary tea catechins increase fecal energy in rats. J Nutr Sci Vitaminol，2009（55）。
④ Maki K. C.，et al. Green tea catechins consumption enhances exercise-induced abdominal fat loss in overweight and obese adults. Nutrition and Disease，2009（12）.

菌、金黄色葡萄球菌有抑菌作用。①

（六）心血管保护

茶对冠心病及其他密切相关的高血压病、糖尿病、高脂血症等均有防治作用，还可以修复心肌损伤。很多研究已证实，茶多酚可以通过抗氧化、调脂及抗炎等作用抗动脉粥样硬化。

李鸿飞等通过建立 AS 兔模型探讨了茶多酚对动脉粥样斑块中 IgG、IgM 型免疫复合物、巨噬细胞等因素的免疫调节作用，发现 TP 能够通过其免疫调节作用抑制 IgG 及 Mφ 在斑块内的表达，并且具有一定的量效关系。②

邵翔等研究表明，静脉给予大鼠茶多酚 30s 后可出现降血压作用，还具有扩张血管作用，同时可使离体心脏收缩力增强，心排血量、冠脉流量增加。这说明 TP 可以降低外周血管阻力，直接扩张血管，还可以通过促进内皮依赖性松弛因子的形成松弛血管平滑肌，起到降血压的作用。③

马会杰等研究了茶黄素对大鼠心肌缺血—再灌注（MIR）损伤的保护作用，实验结果显示茶黄素可明显增强大鼠心肌组织中超氧化物歧化酶（SOD）活性，降低 MDA 含量，表明茶黄素可增强心肌的抗氧化能力，增强心肌对 MIR 损伤的耐受程度，减少心肌梗死面积。④

郑运江等在结扎大鼠左冠状动脉前降支致 MIR 损伤的模型基础上，观察茶多酚干预对损伤大鼠血浆中血管性血友病因子（VWF）活性及 MDA、NO 含量的影响，结果显示茶多酚能明显降低血浆 MDA 含量、VWF 活性及

---

① 王韵阳等：《茶叶水浸液对部分肠道致病菌的抑菌作用》，《青岛大学医学院学报》2011 年第 6 期。

② 李鸿飞等：《茶多酚对兔动脉粥样斑块中免疫因素的影响》，《重庆医科大学学报》2010 年第 2 期。

③ 邵翔等：《茶提取物在心血管疾病中的应用》，《现代中西医结合杂志》2005 年第 14 期。

④ 马会杰等：《茶黄素对大鼠心肌缺血—再灌注损伤的保护作用》，《现代中西医结合杂志》2009 年第 26 期。

提高 NO 含量，表明茶多酚对 MIR 损伤内皮细胞有明显保护作用。[1]

（七）保护牙齿

茶的坚齿功效与它抗菌消炎、预防牙周疾病的机理有关。牙龈缝隙中通常含有大量的细菌，其中多数为厌氧菌，如黑色的厌氧菌普氏菌属和牙龈卟啉单胞菌。研究表明，GTP 能抑制牙龈卟啉单胞菌和普氏菌的生长，能抑制牙龈卟啉单胞菌黏附到人类口腔上皮细胞，从而抑制卟啉单胞菌产生有毒的代谢产物。[2]

牙龈卟啉单胞菌能诱导牙龈上皮细胞产生强炎性介质 PGE2 及基质金属蛋白酶（MMPs）等炎症因子，MMPs 的过度表达可导致结缔组织的破坏。寇育荣等研究发现，EGCG 可抑制牙龈上皮细胞 PGE2 的分泌，有效缓解牙周炎症反应；也可抑制牙龈上皮细胞 MMP-3 的基因表达水平，减轻细胞外基质的降解，阻止细菌感染向深部组织扩散，从而延缓牙周组织的破坏。[3]

（八）抗疲劳、抗氧化作用

茶的延年益寿作用不但和前面所说的它预防多种急慢性疾病、调节胃肠功能有关，还和它的抗疲劳、抗氧化作用相关。马伟光等研究表明，普洱茶能延长小鼠转轮停留时间，提高肝脏糖原的存储，不同程度延长负重游泳的时间，从而有抗疲劳作用。[4]

延缓衰老与抗氧化、清除自由基等功能密切相关。崔旭等观察了茶多酚的抗氧化和延缓衰老作用，结果表明能延长平均寿命和最长寿命，提高

---

[1] 郑运江等：《茶多酚对大鼠心肌缺血再灌注诱导内皮细胞损伤的保护作用》，《皖南医学院学报》2004 年第 4 期。

[2] Anirban Chatterjee, et al. Green tea: A boon for periodontal and general health. Indian Soc Periodonto, 2012 (2).

[3] 寇育荣等：《绿茶多酚对牙龈上皮细胞内炎症因子的抑制作用》，《实用口腔医学杂志》2007 年第 4 期。

[4] 马伟光等：《洋参普洱茶的抗疲劳作用研究》，《食品科学》2010 年第 4 期。

SOD 活力，降低 MDA 和脂褐素含量。[1] 谢贞建等从普洱茶中提取茶多酚，研究表明普洱茶多酚具有较强的羟自由基和 DPPH 自由基清除能力。[2] 于淑池等研究了安吉白茶中的茶多酚，发现其对红细胞氧化溶血和 H_2O_2 所致的氧化溶血具有显著的抑制作用，且具有一定的抑制超氧阴离子（O_2^-）作用，对 Fe^{2+} 络合能力次之，对羟基自由基（·OH）的清除作用相对较弱。[3] 茶多酚能够延缓衰老，延长人体寿命，还具有美容护肤、防衰去皱、清除褐斑、预防粉刺、防止水肿和抗过敏等作用。[4]

第二节　中国茶的传统加工技艺

一、魏晋时期的采叶做饼

唐朝以前因为没有专门论述茶的书籍，关于茶的记述，只限于文人的吟咏，没有对茶的全面认识的文献，故难以具体考证汉、魏、六朝制茶法之究竟。北魏张揖所著《广雅》一文曰："荆巴之间，采茶叶为饼状……"由此可判断，唐以前茶作为生食生煮及晒干收藏后羹饮蔬食的方式开始转变为饼茶。人们将采来的茶叶先做成饼，晒干或烘干，饮用时，碾末冲泡，加作料调和作羹饮用。

二、唐代的蒸青饼茶

到《茶经》问世，即将制茶的器具及方法著书立论，对于制茶过程及使用器具，陆羽分两章分别论述，而对团茶的制造方法则分为采、蒸、捣、

---

[1] 崔旭等：《绿多维和茶多酚抗氧化延缓衰老作用的实验研究》，《中国老年学杂志》2005 年第 11 期。

[2] 谢贞建等：《普洱茶多酚的提取及抗氧化作用研究》，《食品与机械》2009 年第 1 期。

[3] 于淑池等：《安吉白茶茶多酚的抗氧化活性研究》，《时珍国医国药》2012 年第 5 期。

[4] 胡秀芳等：《茶多酚对皮肤的保护与治疗作用》，《福建茶叶》2000 年第 2 期。

拍、焙、穿、藏七个步骤。

采茶：采茶的时间从古至今都没有什么变化，采摘茶叶的时间约在2—4月间，采摘的天气一定是晴天，下雨天不采，即使是多云或阴天也不采。对具体采摘的要求为：肥壮如笋的芽叶，生长在有风化石碎块的土壤上，长达四至五寸，好像刚刚破土而出的薇、蕨嫩茎，清晨带着露水采摘它。次一等的芽叶（短而瘦小），发生在草木夹杂的茶树枝上。从一老枝上发生三枝、四枝、五枝的，选择其中长得挺拔的采摘。品质好的茶树多生长在野生奇岩峭壁上。

蒸茶：蒸茶目的是将新鲜茶叶软化熟化。唐代时期，蒸茶就是把采回来的新鲜茶叶放在木制或瓦制的甑上，再将甑放在加好水的釜上，甑内摆放一层竹皮做成的蒸架，新鲜的茶叶平摊在蒸架上；蒸熟后将蒸架取出即可。蒸茶对火候时机要求高，蒸久了过头了颜色就太黄，味道也变淡，蒸的时间不够就不熟，还会有一种青草味。

造茶：造茶就是将蒸熟的茶粉碎并制作成一定形状的过程。唐代造茶包括捣茶和拍茶。捣茶就是在茶菁蒸熟后，趁热快速将其放到杵臼中进行捣烂，捣得越细就越好。捣好捣烂之后把茶泥倒入茶模里面。模子大都是铁制的，木模用得不多，模子有各种形状，或圆，或方或花形，由此，团茶的形状也跟模子的形状一样有很多种。拍茶就是使茶泥紧密成型。茶模子上面放褶纹很细、表面光滑的绸布，茶泥倒入模子后必须要拍击，目的是使茶泥结构紧密、坚实、没有缝隙，待茶泥完全凝固后，拉起绸布就可以很容易取出。然后更换下一批凝固的团茶，如果水分还没有干燥，就先放到竹篓上透干。

干燥：茶叶干燥工序在唐代叫焙茶，在宋代叫过黄。焙茶就是把茶团焙干。团茶水分若未干，易发霉，难以存藏，故须焙干以利收藏。晾干后的团茶，先用锥刀挖洞，再用竹扑将已干的茶穴打通，最后用一根细竹棒将一块块的团茶穿起来，放在棚（木架）上焙干。焙炉掘地二尺深，宽二尺半，长一丈，上有低墙。焙茶的木架高一尺，分上、下二棚，半干的团茶放在下棚，全干燥后则移到上棚。

三、宋代的团茶

宋代的团茶较之唐代饼茶在制作上更加精细。如采茶时，宋徽宗《大观茶论》中写道："撷茶以黎明，见日则止。用爪断芽，不以指揉，虑气汗熏渍，茶不鲜洁。故茶工多以新汲水自随，得芽则投诸水。凡牙如雀舌谷粒者为斗品。一枪一旗为拣芽，一枪二旗为次之，余斯为下。茶之始芽萌则有白合，既撷则有乌带，白合不去害茶味，乌带不去害茶色。"指出采茶的时间在黎明太阳未出之际，而且要求采茶的手法是用手提采断芽，不能指揉掐芽。采下的茶叶分为几等，雀舌、旗枪等，这些采摘经验和茶的分级沿袭至今。

宋代蒸茶前多了洗茶的环节，为了干净，去掉茶芽上沾有的灰尘，先用干净水洗涤清洁，等蒸笼下面的水滚沸，将茶芽置于甑中蒸。宋代造茶包括榨茶和研茶，榨茶就是将蒸熟的茶榨掉水分和油膏。蒸熟的茶叶（芽）也叫"茶黄"，先将茶黄淋几次水让其冷却，冷却好了就放在小榨床上榨去水分，再放到大榨床上榨掉油膏，榨膏前应该用布包裹起来，并用竹皮捆绑，然后放在榨床上挤压，榨的过程中还要翻榨，就是榨一遍后取出搓揉，再放回榨床榨，如此反复，到完全干透为止。

干燥在宋代也叫"过黄"，是将团茶先用烈火烘焙，再从滚烫的沸水摞过，如此反复三次，最后再用温火烟焙一次，焙好又过汤出色，随即放在密闭的房中，以扇快速扇动，如此茶色才能光润，做完这个步骤，团茶的制作就完成了。

四、元代的蒸青散叶茶

宋代散茶、末茶，尚未形成单独完整的工艺，元代基本沿袭宋代后期生产格局，以制造散茶和末茶为主，出现了类似近代蒸青的生产工艺。元代王祯在《农书·卷十·百谷谱》中对当时制蒸青叶茶工序有具体的记载。即将采下的鲜叶，先在釜中稍蒸，再放到筐箔上摊晾，而后趁湿用手揉捻，最后入焙烘干。中国蒸青绿茶的制作工艺在元代已基本定型。在蒸青团茶的生产中，为了改善苦味难除、香味不正的缺点，逐渐采取蒸后不揉不压，直接烘干的做法，将蒸青团茶改造为蒸青散茶，保持茶的香味，同时还出现了对散茶的鉴赏方法和品质要求。

五、明代的炒青散叶茶

使用蒸青方法，存在香味不够浓郁的缺点，于是出现了利用干热发挥茶叶优良香气的炒青技术，明代以后逐渐代替蒸青技术成为制茶的主要方法。

明代制茶以散茶、末茶为主，但贡茶沿袭宋制，饮茶保持烹煮习惯，团饼茶仍占相当比例。明洪武初，诏罢造龙团贡茶，团饼茶除易边马外，不再生产。时散茶独盛，制茶时杀青由蒸改为炒。作为唐宋时期为主导性的"蒸青"制茶法至明代已为"炒青"制茶法取代，并逐渐成为占主导性的制茶技术。明代张源《茶录》、陈师《茶考》、屠隆《茶说》、闻龙《茶笺》等专著中都有记载。怎样才能使茶保持"色泽如翡翠"，明代已经有了比较成熟的生产经验。由于社会对于炒青散茶的名茶需求日益高涨，这就要求"炒青"茶除制作技术提高之外，其茶叶原料也必须"鲜嫩"。

关于"采茶"，明人罗廪《茶解》说，采茶"须晴昼采，当时焙"，意思是采茶必须在晴朗的白天进行，而且要及时加工，否则"色香味俱减"。对于采摘的茶叶，因易萎凋，所以要放在竹筒器中，而不能置于瓷器和漆器中，更"不宜见风日"。及至炒时，对"新采"之茶，要"拣去老叶及枝梗、碎屑"。至于名茶如松萝茶，其制法则更为考究。如在"采茶"时，除采摘茶芽外，还必须对茶芽进行挑拣，"取叶腴津浓者，除筋摘片，断蒂去尖"，然后才可以炒制。

炒制茶对于火候是十分关键的技术要点之一。明人张源曾在《茶录》中作了翔实的记述，此时"炒青"制法技术的理论总结已经系统化，标志着明代"炒青"茶日渐盛行并逐渐取代前朝"蒸青"茶。当然，这种变革与明朝统治正式宣布废团茶兴叶茶有着直接的关系，由于朝廷的诏令，散叶茶盛行，而自明代炒青绿茶广泛推行以后，炒青绿茶的工艺不断改进，各地开始出现各具特色的炒青绿茶。①

第三节　中国茶叶的历史文化

一、中国茶叶的发展历史

植物学与考古学研究证明，早在几十万年前在中国西南部就已有山茶科植物茶树的存在了。唐代陆羽《茶经》称，茶树在"巴山峡川有两人合抱者"，说明在唐代中期，中国的川东、鄂西一带已分布有许多野生古老大茶树。目前，已在全国 10 个省区近 200 处发现有野生大茶树，有的地区甚至成片分布，如云南思茅地区镇源县千家寨的原始森林中就发现野生大茶树群落数千亩，其中一株大茶树树龄约有 2700 年。另外，云南西双版纳巴达大黑山、云南勐海南糯山均有古茶树林存在。

茶是中国原始先民在寻求各种可食之物、治病之药的采集过程中被发现的，先为药用，以后才发展为食用和饮用。唐代陆羽《茶经》："茶之为饮，发乎神农氏，闻于鲁周公"，引用《神农食经》指出茶的功效："茶茗久服，令人有力悦志。"陆羽认为茶之饮用，发源于史前的神农时代，神农是中国 5000 年前发明农业的传说人物，相传"神农尝百草，日遇七十二毒，得茶而解之"。

---

① 尧水根：《中国制茶方法的衍变及其与"食药饮"关系的探讨》，《农业考古》2013 年第 5 期。

（一）唐代以前

据史籍记载，公元前11世纪商末周初以后，中国已有种茶、产茶的迹象，东晋常璩《华阳国志·巴志》称：周武王灭纣后，巴族地方出产的"……丹、漆、茶、蜜……皆纳贡之"，其地"园有芳蒻香茗"。《华阳国志·蜀志》载："什邡县，山出好茶"；又载："南安、武阳，皆出名茶。"

《尔雅》是中国秦汉间的一部字书，其释木第十四"槚，苦茶"，可能是关于茶的最早阐释。西汉王褒《僮约》记录了王褒和家奴订立的劳役内容，其中王褒详细规定的日常劳务中，有"烹茶尽具"和"武阳买茶"这样两句，可见西汉时已有茶叶市场和饮茶习俗了。

成书于三国魏的《广雅》中有这样的记载："荆巴间采茶作饼，成以米膏出之。若饮先炙令赤，捣末置瓷器中，以汤浇覆之，用葱姜芼之。其饮醒酒，令人不眠。"可见，茶之最早进入饮食，正如后来陆羽所说是从加入葱、姜、橘皮等物煮而作茗饮或羹饮，形同煮菜饮汤，用来解渴或佐餐，饮食兼具，还不是单纯的饮品。

三国两晋时从文献中所见的重要茶叶产地，几乎全部都在巴蜀和荆楚二地。至南朝时地域范围有所扩展。如《桐君录》所载："西阳（今湖北黄冈县东）、武昌、晋陵（今江苏常州）皆出好茗。"陆羽在《茶经》引梁·刘孝绰《谢晋安王饷米等启》中记载："传诏李孟孙宣教旨，垂赐米、酒、瓜、笋、菹、脯、酢、茗八种。"这说明，茶在这时已和米、酒一类，成为人们寻常的饮食之一。

（二）唐代大发展

进入唐代以后，茶叶生产迅速发展，茶区进一步扩大。仅陆羽《茶经》就记载有43个州产茶，另据其他史料补充记载，还有30多个州也产茶，因此统计结果，唐代已有约80个州产茶。产茶区域遍及现今的四川、陕西、湖北、河南、安徽、江西、浙江、江苏、湖南、贵州、广西、广东、福建、云南 14 个省区。也就是说,唐代的茶叶产地达到了与中国近代茶区大约相当的局面。随着产茶区域的扩大,饮茶习俗也随之迅速普及。

唐代中期成书的《膳夫经手录》记载:"茶,古不闻食之,近晋、宋以降,吴人采其叶煮,是为茗粥。至开元、天宝之间,稍稍有茶,至德、大历遂多,建中以后盛矣。"封演在其《封氏闻见记》中也说:"古人亦饮茶耳,但不如今人溺之甚;穷日尽夜,殆成风俗,始自中地,流于塞外。"北方也开始流行饮茶,正如《膳夫经手录》所说:"今关西、山东、闾阎村落皆吃之,累日不食犹得,不得一日无茶。"

茶叶品质精良的名品也大量涌现,如唐代李肇《国史补》就列举了 21 种当时著名的茶叶,有剑南的蒙顶石花茶、小方茶、散芽茶,湖州的顾渚紫笋茶,东川的神泉小团茶、昌明兽目茶,峡州的碧涧茶、明目茶、芳蕊茶、茱萸寮茶,福州的方山露芽茶,夔州的香山茶,江陵的楠木茶,湖南的衡山茶,岳州的邕湖含膏茶,常州的义兴紫笋茶,婺州的东白茶,睦州的鸠坑茶,洪州的西山白露茶,寿州的霍山黄芽茶,蕲州的蕲门团黄茶等。其他还有一些史料和诗篇都记载了一些当时的名茶,据统计,唐代生产的主要茶叶名品有 150 多种。

唐代贞观十五年(641 年)唐太宗李世民将文成公主下嫁吐番松赞干布,同时带去了茶叶,也传去了饮茶技艺,自此西藏也开始普及饮茶。唐德宗贞元年间(785—805 年)茶马互市,即以茶换马的茶马交易开始实施。唐顺宗永贞元年(805 年),日本来唐留学僧人将中国的茶叶、饮茶技艺和茶种传入日本。

1.《茶经》

陆羽的《茶经》系统地总结了唐代以前劳动人民有关茶叶的丰富经验,用客观忠实的科学态度,对茶树的原产地、茶树形态特征、适宜的生态环境,以及茶树的栽培、茶叶采摘、加工方法、制茶工具、饮茶器皿和饮用方法、茶叶产地分布和品质鉴评等都作了形象生动的描述和深刻细致的分析。

《茶经》共分三卷，十章，七千多字。第一卷：一之源，讲茶的起源、茶的性状、名称和品质；二之具，谈采茶、制茶的用具；三之造，论述茶叶的种类和采制方法；第二卷：四之器，介绍煮茶、饮茶的器皿；第三卷：五之煮，讲沏茶的方法、各地水质的品第；六之饮，谈饮茶的风习及饮茶的历史；七之事，征引历代文献，叙述古今有关茶的故事；八之出，谈各地所产茶叶的优劣；九之略，阐述在深山、野寺、泉洞边、岩洞里等特殊环境下造茶、煮茶可以省略的一些加工过程和茶具、茶器；十之图，教人用绢分写《茶经》全文加以悬挂，以便目见而记用。

陆羽《茶经》的内容十分丰富，按照现代茶叶科学来说，涉及植物学、生态学、生物学、选种学、栽培学、植物生理学、生化学、药理学、制茶学、审评学、地理学、水文学、民俗学、史学、文学等多种学科的知识，的确是一部古代的"茶叶百科全书"。

2. 茶书、茶画、茶诗

唐代以前没有专门的茶书，自陆羽《茶经》问世以后，著茶书者日渐增多。陆羽本人还著有《茶记》和《顾渚山记》。此外，张又新著有《煎茶水记》、温庭筠著有《采茶录》等。唐代的诗词作品甚多，不少诗人饮茶作诗，创作出了不少美妙动人的诗句，如李白的《答族侄僧中孚赠玉泉仙人掌茶》、卢仝的《七碗茶歌》、白居易的《山泉煎茶有怀》、袁高的《茶山诗》……都是茶文化的精彩篇章。

以茶为题材的书画，如阎立本的《萧翼赚兰亭图》描绘了煮茶的情景，周昉的《调琴啜茗图卷》描绘了宫廷妇女品茗听琴的悠闲生活。另外，张萱的《煎茶图》、周昉的《烹茶图》等，都是唐代饮茶风俗的真实写照。

3. 中国茶道的创建与发展

唐代茶文化的形成与饮茶的普及是分不开的，上自帝王将相，下至乡间庶民，茶叶已成为"比屋之饮"。各阶层人士的茶会和以茶会友的习俗逐渐形成了文人茶道、寺院茶道、宫廷茶道和平民茶道。其中最能反映宫廷茶道奢华至极的是唐懿宗咸通十四年至十五年（873—874 年）以供奉佛骨的一套金银茶具，其在 1987 年于陕西省扶风县法门寺塔基出土，这套茶具包括烘茶的笼子、碾茶的碾子、筛茶的茶罗、贮茶的龟盒、贮盐的盐台、调饮的坛子、火筴、果盘、秘色茶碗、琉璃茶碗等，茶具制造之精巧，用料之考究，充分反映了皇帝至高无上的地位。

"茶道"一词最早出现在皎然的《饮茶歌诮崔石使君》诗句中："孰知茶道全尔真，唯有丹丘得如此"。封演在《封氏闻见记》中也提到，陆羽《茶经》设茶具二十四事，远近倾慕，常伯熊又因鸿渐之论广润色之，"于是茶道大行"。唐代茶道烹饮技艺的主流是"煮茶法"（即煎茶法）。陆羽《茶经》中总结的煮茶法包括：准备烹饮器具（煮茶釜、水勺、碗、瓢、筷子、火筴、水囊、茶巾等）和材料（火炭、净水、盐、茶等），经烤饼茶、碎茶、碾茶、筛茶、煮水、放盐、投茶、旋搅，育成带泡沫的茶汤，分茶汤、奉茶和饮茶。

唐代茶道除陆羽为代表的技艺型茶道外，还有以常伯熊为代表的风雅茶道和以皎然、卢仝、赵州和尚为代表的修行类茶道。陆羽茶道，讲究的是如何按照一定的程式煮好茶，类似现今的工夫茶艺；常伯熊是在陆羽的基础上把煮茶饮茶过程各方面广为润色，使煮茶活动富含艺术情趣和文化品位，富于观赏性和艺术美感，类似现今的茶道表演；修行类茶道是借助于煮茶饮茶，使思想升华或达到参禅修行的美妙理想境界，如卢仝《七碗茶歌》中所说的六碗茶饮后就到达"通仙灵"的境界，类似现今的"佛茶"。

（三）宋元时期

1. 茶叶生产和贡茶的发展

到了宋代以及后来的元代，茶区继续扩大，制茶技术得以改进，贡茶和御茶的精益求精促进了名茶的发展，饮茶更加普及。斗茶之风盛行，文人墨客的推波助澜，塞外的茶马交易和茶叶对外贸易逐渐兴起。

宋代贡茶重心南移，宋太平兴国二年（977 年）开始在建安郡（现福建建瓯）北苑设立贡茶院。其规模之大、动员役工之浩繁、团饼茶制造之精细都远远超过唐代顾渚贡茶院。宋代贡茶制造厂以焙为单位计算，据统计有1336焙。宋子安《东溪试茶录》中记载的建安官焙有32所，至宋徽宗宣和（1119—1125年）时，北苑贡茶数量达到47100片。宋代团饼贡茶做工精细，表面纹饰有龙有凤，名称多有吉祥之意，种类达40多品目，真可谓"龙团凤饼，名冠天下"。北苑贡茶的采制技艺比唐代顾渚紫笋的制法又考究了许多，据宋赵汝砺《北苑别录》（1186年）介绍，基本过程是：采茶、拣茶、蒸茶、洗茶、榨茶、搓揉、再榨茶再搓揉反复数次、研茶、压模（造茶）、焙茶、过沸汤、再焙茶过沸汤反复数次、烟焙、过汤出色、晾干，经过十几道工序才制成。

2. 茶道与斗茶

宋代品茶技艺有了很大的发展，同样是饮用团饼茶为主，但改"煮茶"为"点茶"。点茶的程序包括烤茶、碾茶、筛茶、煮水、温茶碗、点茶（泡茶）、分茶、品茶等过程。点茶与煮茶最大的不同是将磨碎的茶粉放在大碗或小碗中用沸水边冲泡边搅拌，直至茶汤表面形成厚厚的泡沫为止，然后连茶带汤一起喝。这种饮茶方式传至日本，后来就演变成现今的日本"抹茶道"。

所谓斗茶，是宋代的一种泡茶比赛风俗，其鉴别泡茶质量区别胜负的标准，除了茶汤香味外，着重看茶汤表面泡沫的多少和持久的程度，泡沫多而持久者（宋时称"咬盏"）为胜。泡沫通常是绿白色的，因此要求茶碗为深色釉，以形成反差便于欣赏茶汤。为此，当时建州出产的黑釉"兔毫盏""油滴盏""豹斑盏"等十分珍贵。宋代斗茶之风十分盛行，民间有斗茶之风，皇室也常有斗茶活动，宋徽宗赵佶就喜欢斗茶。

3. 茶书、茶画、茶诗

宋代、元代饮茶风尚盛行，文人著茶书者也多，据现存文献统计，宋代、元代时期茶书有25种。其中最引人注目的是宋徽宗赵佶，著有《大观茶论》茶书一册，这是中国历代仅有的一位亲自著有茶书的皇帝。《大观茶论》内容系统全面，尤其是对点茶的方法交代得十分具体。除《大观茶论》外，还有赵汝砺写的记载北苑贡茶的《北苑别录》、审安老人编写的图文并茂的《茶具图赞》、熊蕃写的《宣和北苑贡茶录》、宋子安的《东溪试茶录》等。

宋代、元代书画家以茶为内容创作的茶书画作品也不少，有刘松年的《卢仝煮茶图》《撵茶图》《茗园赌市图》《斗茶图卷》，钱选的《卢仝煮茶图》，赵孟頫的《斗茶图》，赵原的《陆羽烹茶图》等。这些作品都是宋代元代茶文化的瑰宝。宋代诗人所作的茶诗，数量之多不亚于唐，仅陆游一人就曾写下300多首茶诗，苏东坡也写过70多首茶诗词。此外欧阳修、黄庭坚等许多诗人都留下了许多美妙的有关茶的诗篇。苏东坡的"欲把西湖比西子""从来佳茗似佳人"两句诗，流传至今，引用甚广。

（四）明清时期

1. 茶叶种类的变革与发展

明代以前的唐代和宋代都是以生产团饼茶为主，贡茶更是如此。到了明代，一些茶区生产的散叶茶品质优良，又省工省时。因此明太祖朱元璋于洪武二十四年（1391年）发布了一道诏令，"罢造龙团，惟采芽茶以进"，从此要求进贡的茶叶改为散茶。这项改革，在一定程度上促进了名优散叶茶的发展。同时，明代生产的茶类也开始多样化，除蒸青茶以外，也有炒青茶，还产生了黄茶、白茶和黑茶。明末清初还出现了乌龙茶、红茶和花茶。明清时期，随着茶叶生产的发展和制茶技术的不断创新，各地名优茶迅速发展。龙井茶、黄山毛峰、碧螺春等一大批名茶不断涌现出来。

2. 茶具和饮茶技艺的发展

明嘉靖至万历年间（1522—1620年），紫砂艺人的紫砂茶具作品不断创新，制壶四大名家（董翰、赵梁、元畅、时朋）和时大彬等高手的作品，工艺精巧，造型优美，诗书意妙，不少紫砂茶具的作品流传至今已成为中国茶文化的瑰宝。明清时期，由于散叶茶的大量发展，名优茶的大量增加，饮茶技艺也随之发展成多样化。其中最显著的发展是改"点茶"为"泡茶"，以壶泡、杯泡和盖碗泡为主。小壶小杯品饮乌龙茶的工夫茶法，绿茶与花茶的盖碗茶法，还有藏族酥油茶、维吾尔族奶茶等少数民族多种多样的饮茶习俗，形成了中华民族饮茶习俗多元化的特征。明清时期由于饮茶相当普及，全国各地各式各样的茶馆林立。尤其是北京、南京、上海、成都、杭州、广州等大都市，上茶馆饮茶消遣的风气十分浓厚。

　　3. 茶书、茶画和茶诗

　　明清时熟知茶事的文人著有茶书 60 余部，钱椿年的《茶谱》、许次纾的《茶疏》、罗廪的《茶解》、张源的《茶录》、鲍承荫的《茶马政要》、陆廷灿的《续茶经》等都是颇有影响的茶书。

　　明清时茶诗也不少，明代的徐渭、文徵明、黄宗羲、唐寅等；清代的曹廷栋、曹雪芹、郑板桥、高鹗、陆廷灿、顾炎武等都作过不少茶诗。众多诗人之中还有清代乾隆皇帝爱新觉罗·弘历曾数次下江南，4 次到过龙井茶产地，观看采茶制茶，品尝龙井茶，每次都作诗一首，并封龙井茶为御茶，至今在杭州龙井村狮峰山下尚保存有乾隆皇帝所封的"十八棵御茶"。

二、中国茶的诗词、对联

（一）茶诗

答族侄僧中孚赠玉泉仙人掌茶

唐　李白

常闻玉泉山，山洞多乳窟。

仙鼠如白鸦，倒悬清溪月。

茗生此中石，玉泉流不歇。

根柯洒芳津，采服润肌骨。

丛老卷绿叶，枝枝相接连。

曝成仙人掌，似拍洪崖肩。

举世未见之，其名定谁传。

宗英乃禅伯，投赠有佳篇。

清镜烛无盐，顾惭西子妍。

朝坐有馀兴，长吟播诸天。

咏茶十二韵

唐　齐己

百草让为灵，功先百草成。甘传天下口，贵占火前名。

出处春无雁，收时谷有莺。封题从泽国，贡献入秦京。

嗅觉精新极，尝知骨自轻。研通天柱响，摘绕蜀山明。

赋客秋吟起，禅师昼卧惊。角开香满室，炉动绿凝铛。

晚忆凉泉对，闲思异果平。松黄干旋泛，云母滑随倾。

颇贵高人寄，尤宜别匮盛。曾寻修事法，妙尽陆先生。

六羡歌

唐　陆羽

不羡黄金罍，不羡白玉杯；

不羡朝入省，不羡暮入台；

千羡万羡西江水，曾向竟陵城下来。

一七令·茶

唐　元稹

茶。

香叶、嫩芽。

慕诗客、爱僧家。

碾雕白玉、罗织红纱。

铫煎黄蕊色、碗转曲尘花。

夜后邀陪明月、晨前命对朝霞。

洗尽古今人不倦、将至醉后岂堪夸。

走笔谢孟谏议寄新茶

唐　卢仝

日高丈五睡正浓，军将打门惊周公。

口云谏议送书信，白绢斜封三道印。

开缄宛见谏议面，手阅月团三百片。

闻道新年入山里，蛰虫惊动春风起。

天子须尝阳羡茶，百草不敢先开花。

仁风暗结珠琲瓃，先春抽出黄金芽。

摘鲜焙芳旋封裹，至精至好且不奢。

至尊之馀合王公，何事便到山人家。

柴门反关无俗客，纱帽笼头自煎吃。

碧云引风吹不断，白花浮光凝碗面。

（二）茶联

以茶为题材的对联，是中国楹联宝库中的一枝夺目鲜花。茶对联、茶店对联、茶庄对联、茶文化对联、茶楼对联、茶馆对联等，都是茶联。相传最早始于五代后蜀主孟昶在寝门桃符板上的题词，自唐至宋，饮茶兴盛，又受文人墨客所推崇。

汲来江水烹新茗，买尽青山当画屏。

扫来竹叶烹茶叶，劈碎松根煮菜根。

墨兰数枝宣德纸，苦茗一杯成化窑。

雷言古泉八九个，日铸新茶三两瓯。

山光扑面因潮雨，江水回头为晚潮。
从来名士能评水，自古高僧爱斗茶。

楚尾吴头，一片青山入座；
淮南江北，半潭秋水烹茶。

采向雨前，烹宜竹里；
经翻陆羽，歌记卢仝。

松涛烹雪醒诗梦；竹院浮烟荡俗尘。

泉香好解相如渴；火候闲平东坡诗。

龙井泉多奇味；武夷茶发异香。

喜报捷音一壶春暖；畅谈国事两腋生风。

九曲夷山采雀舌；一溪活水煮龙团。

雀舌未经三月雨；龙芽新占一枝春。

瑞草抽芽分雀舌；名花采蕊结龙团。

陆羽谱经卢仝解渴；武夷选品顾渚分香。

素雅为佳松竹绿；幽淡最奇芝兰香。

幽借山巅云雾质；香凭崖畔芝兰魂。

翠叶烟腾冰碗碧；绿芽光照玉瓯青。

泉从石出情宜冽；茶自峰生味更圆。

一杯春露暂留客；两腋清风几欲仙。

玉碗光含仙掌露；金芽香带玉溪云。

花间渴想相如露；竹下闲参陆羽经。

细品清香趣更清；屡尝浓酽情愈浓。

熏心只觉浓如酒；入口方知气胜兰。

剪取吴淞半江水；且尽卢仝七碗茶。

龙井云雾毛尖瓜片碧螺春；银针毛峰猴魁甘露紫笋茶。

客至心常热；人走茶不凉。

尘滤一时净；清风两腋生。

诗写梅花月；茶煎谷雨春。

清泉烹雀舌；活水煮龙团。

玉盏霞生液；金瓯雪泛花。

香分花上露；水吸石中泉。

诗写梅花月；茶煎谷雨春。

四大皆空，坐片刻无分尔我；
两头是路，吃一盏各自东西。

从哪里来，忙碌碌带身尘土；
到这厢去，闲坐坐喝碗香茶。

为名忙，为利忙，忙里偷闲，且喝一杯茶去；
劳心苦，劳力苦，苦中作乐，再倒一杯酒来。

附：中国茶叶分类（GB/T 30766-2014）

本分类原则以生产工艺、产品特性、茶树品种、鲜叶原料和生产地域进行。

1. 范围

本标准规定了茶叶的术语和定义、分类原则和类别。

本标准适用于茶叶的生产、科研、教学、贸易、检验及相关标准的制定。

2. 术语和定义

下列术语和定义适用于本文件。

2.1　茶叶 tea

以茶树（Camelliasinensis L. O. kunts）的芽、叶、嫩茎为原料，以特定工艺加工的、不含任何添加剂的、供人们饮用或食用的产品。

2.2　杀青 enzymeinactivation

采用一定温度，将茶鲜叶中的酶失去活性；或称将酶钝化的过程。

2.3　发酵 Enzymaticreaction

运用茶鲜叶中的酶，使茶鲜叶的多酚物质进行氧化、聚合的过程。

2.4　渥堆 pile-fermentation

将茶叶打堆后，通过加温、加温的条件，促使其中的微生物缓慢发酵的过程。

3. 分类原则

以生产工艺、产品特性、茶树品种、鲜叶原料和生产地域进行分类。

4. 类别

4.1　绿茶 Green Tea

以茶树的芽、叶、嫩茎为原料，经杀青、揉捻、干燥等生产工艺制成的产品。

4.1.1　以杀青工艺和产品特性进行分类

4.1.1.1　炒热杀青绿茶

杀青工艺采用金属导热方式制成的产品。

4.1.1.2　蒸汽杀青绿茶

杀青工艺采用蒸汽导热方式制成的产品。

4.1.2　以干燥工艺和产品特性进行分类

4.1.2.1　炒青绿茶

干燥工艺主要采用炒或滚的方式制成的产品。

4.1.2.2 烘青绿茶

干燥工艺主要采用烘的方式制成的产品。

4.1.2.3 晒青绿茶

干燥工艺主要采用日晒的方式制成的产品。

4.1.3 以茶树品种和产品特性进行分类

4.1.3.1 大叶种绿茶

采用大叶种茶树的鲜叶加工制成的产品。

4.1.3.2 中小叶种绿茶

采用中小种茶树的鲜叶加工制成的产品。

4.2 红茶 Black Tea

以茶树的芽、叶、嫩茎为原料，经萎凋、揉（切）、"发酵"、干燥等生产工艺制成的产品。

4.2.1 以生产工艺和产品特性进行分类

4.2.1.1 红碎茶

采用揉切加工等特定工艺制成的颗粒（或碎片）形红茶产品。

4.2.1.2 工夫红茶

采用揉捻加工等特定工艺制成的条形红茶产品。

4.2.1.3 小种红茶

采用揉捻加工等特定工艺（或经熏松烟）制成的条形红茶产品。

4.2.2 以茶树品种和产品特性进行分类

4.2.2.1 大叶种工夫红茶

采用大叶种茶树的鲜叶加工制成的条形红茶产品。

4.2.2.2 中小叶种工夫红茶

采用中小叶种茶树的鲜叶加工制成的条形红茶产品。

4.3 黄茶 Yellow Tea

以茶树的芽、叶、嫩茎为原料，经杀青、揉捻、闷黄、干燥等生产工艺制成的产品。

4.3.1　以鲜叶原料和产品特性进行分类

4.3.1.1　芽型

采用茶树的单芽或一芽一叶初展加工制成的产品。

4.3.1.2　芽叶型

采用茶树的一芽一叶或一芽二叶初展加工制成的产品。

4.3.1.3　大叶型

采用茶树的一芽多叶加工制成的产品。

4.4　白茶 White Tea

以茶树的芽、叶、嫩茎为原料，经萎凋、干燥等生产工艺制成的产品。

4.4.1　以鲜叶原料和产品特性进行分类

4.4.1.1　白毫银针

采用茶树的单芽或一芽一叶初展加工制成的产品。

4.4.1.2　白牡丹

采用茶树的一芽一叶或一芽二叶初展加工制成的产品。

4.4.1.3　贡眉

采用茶树的一芽二叶或多叶加工制成的产品。

4.5　乌龙茶 Oolong Tea

以茶树的芽、叶、嫩茎为原料，经萎凋、摇青、杀青、揉捻、干燥等特定工艺制成的产品。

4.5.1　以生产地域、茶树品种和产品特性分类

4.5.1.1　闽南乌龙茶

采用福建闽南地区的特定茶树品种、经特定的加工工艺制成的颗粒形产品。

4.5.1.2　闽北乌龙茶

采用福建闽北地区的特定茶树品种、经特定的加工工艺制成的条形产品。

4.5.1.3　广东乌龙茶

采用广东潮州、梅州地区的特定品种、经特定的加工工艺制成的条形产品。

4.5.1.4　台式（湾）乌龙茶

采用台湾地区的特定品种、或以福建地区的特定品种、经台湾传统加工工艺制成的（小）颗粒形产品。

4.5.2　以茶树品种和产品特性分类

4.5.2.1　铁观音

采用铁观音茶树品种的芽叶、经特定的加工工艺制成的颗粒形产品。

4.5.2.2　黄金桂

采用黄金桂茶树品种的芽叶、经特定的加工工艺制成的颗粒形产品。

4.5.2.3　色种

采用色种等茶树品种的芽叶、经特定的加工工艺制成的产品。

4.5.2.3　大红袍

采用大红袍茶树品种的芽叶、经特定的加工工艺制成的产品。

4.5.2.4　肉桂

采用肉桂茶树品种的芽叶、经特定的加工工艺制成的产品。

4.5.2.5　水仙

采用水仙茶树品种的芽叶、经特定的加工工艺制成的产品。

4.5.2.6　单枞

采用单枞的茶树品种的芽叶、经特定的加工工艺制成的产品。

4.6　黑茶 Dark Tea

以茶树的芽、叶、嫩茎为原料，经杀青、揉捻、渥堆、干燥等生产工艺制成的产品。

4.6.1　以生产地域和产品特性分类

4.6.1.1　湖南黑茶

湖南地区的茶树鲜叶经杀青、初揉、渥堆、复揉、干燥等工序而制成的产品。

4.6.1.2　四川黑茶

四川地区的茶树鲜叶经杀青、揉捻、渥堆、干燥等工序而制成的产品。

4.6.1.3　广西黑茶

广西地区的茶树鲜叶经杀青、揉捻、渥堆、干燥等工序而制成的产品。

4.6.1.4　普洱茶

云南滇西南地区的大叶种茶树鲜叶经杀青、揉捻、日晒、渥堆、干燥等工序而制成的产品。

4.7　花茶 Flower Tea

以茶叶为原料，经整型、加香花窨制等生产工艺制成的产品。

4.7.1　以生产工艺和产品特性分类

4.7.1.1　茉莉花茶

采用绿茶为原料，经加工成级型坯后，由茉莉鲜花窨制（含白兰鲜花打底）而成的产品。

4.7.1.2　白兰花茶

采用绿茶为原料，经加工成级型坯后，由白兰鲜花窨制而成的产品。

4.7.1.3　珠兰花茶

采用绿茶为原料，经加工成级型坯后，由珠兰鲜花窨制而成的产品。

4.7.1.4　桂花茶

采用绿茶为原料，经加工成级型坯后，由桂花鲜花窨制而成的产品。

4.7.1.5　玫瑰花茶

采用红茶为原料，经加工成级型坯后，由玫瑰鲜花窨制而成的产品。

4.8　紧压茶 Brick Tea

以茶叶为原料，经筛分拼配、汽蒸（渥堆）、压制成型等特定工艺制成的产品。

4.8.1　以加工特点及产品特性分类

4.8.1.1 黑砖茶

采用黑毛茶为主要原料，经筛分、拼配、蒸汽沤堆、压制定型、干燥等特定工艺制成的产品。

4.8.1.2 花砖茶

采用黑毛茶为主要原料，经筛分、拼配、蒸汽沤堆、压制定型、干燥等特定工艺制成的产品。

4.8.1.3 茯砖茶

采用黑毛茶为主要原料，经筛分、拼配、蒸汽沤堆、压制定型、干燥等特定工艺制成的产品。

4.8.1.4 沱茶

采用晒青毛茶为主要原料，经筛分、拼配、蒸汽压制定型、干燥等特定工艺制成的产品。

4.8.1.5 紧茶

采用晒青毛茶为主要原料，经筛分、渥堆、拼配、蒸汽压制定型、干燥等特定工艺制成的产品。

4.8.1.6 七子饼茶

采用晒青毛茶为主要原料，经筛分、渥堆（或不渥堆）、拼配、蒸汽压制定型、干燥等特定工艺制成的产品。

4.8.1.7 康砖茶

采用川南边茶为主要原料，经筛分、渥堆、拼配、蒸汽压制定型、干燥等特定工艺制成的产品。

4.8.1.8 金尖茶

采用川南边茶为主要原料，经筛分、渥堆、拼配、蒸汽压制定型、干燥等特定工艺制成的产品。

4.8.1.9 青砖茶

采用老青茶为主要原料，经筛分、拼配、蒸汽压制定型、干燥等特定工艺制成的产品。

4.8.1.10 米砖茶

采用红茶的碎末茶为主要原料，经蒸汽压制定型、干燥等特定工艺制成的产品。

4.9 袋泡茶 Teabag

以茶叶为原料，经加工形成一定的规格后，用过滤材料包装而成的产品。

4.9.1 以产品特性分类

4.9.1.1 袋泡绿茶

采用绿茶为原料，经特定的过滤材料包装而成的产品。

4.9.1.2 袋泡红茶

采用红茶为原料，经特定的过滤材料包装而成的产品。

4.9.1.3 袋泡乌龙茶

采用乌龙茶为原料，经特定的过滤材料包装而成的产品。

4.9.1.4 袋泡花茶

采用花茶为原料，经特定的过滤材料包装而成的产品。

4.9.1.5 袋泡黑茶

采用黑茶为原料，经特定的过滤材料包装而成的产品。

4.9.1.6 袋泡白茶

采用白茶为原料，经特定的过滤材料包装而成的产品。

4.9.1.7 袋泡黄茶

采用黄茶为原料，经特定的过滤材料包装而成的产品。

4.10 粉茶 Dust Tea

采用茶叶为原料，经特定工艺加工形成一定粉末细度的产品。

4.10.1 以产品特性分类

4.10.1.1 抹茶

采用一定品种和规格的蒸青绿茶，经特定设备和工艺研磨制成的具有一定粉末细度的产品。

4. 10. 1. 2　茶粉

采用茶叶为原料，经特定设备和工艺研磨制成的具有一定粉末细度的产品。

第二章

中国黄酒

中国黄酒属于酿造酒，在世界酿造酒中占有重要的一席，酿酒技术独树一帜，是东方酿造产品的典型代表。黄酒是以谷物为原料、由多种微生物参与酿制而成的发酵原酒，用小曲、麦曲、红曲、淋饭酒母作为糖化、发酵剂，经数月发酵制成。由于黄酒没有经过蒸馏，酒精含量一般低于20%，保留了发酵过程中产生的各种营养成分和活性物质，具有极高的营养功能价值。按糖分含量可将黄酒分为五类：含糖量<1.00g/100mL 的为干黄酒；含糖量在 1.00—3.00g/100mL 之间的为半干黄酒；含糖量在 3.00—10.00g/100mL 之间的为半甜黄酒；含糖量在 10.00—20.00g/100mL 之间的为甜黄酒；含糖量>20.00g/100mL 的为浓甜黄酒。

第一节　中国黄酒食养价值的科学评价

一、传统中医食疗对中国黄酒的评价

中医认为酒辛、甘、苦、大热，能通血脉，健脾胃，行药势、散寒、矫味矫臭。《名医别录》谓酒"味苦甘辛大热大毒，主行药势，杀百邪，恶毒气，通百脉，厚肠胃……"

《五十二病方》：马王堆三号汉墓出土的医书《五十二病方》因列有 52

种病而得名，是中国现存最古老的医学方书。在书中记载的治疗方剂 280 首中黄酒配方的内外服用方剂就有 30 余例。

《神农本草经》：成书于东汉，是中国现存最早的本草专著。《神农本草经》记载的炮制方法，已经有了"酒煮""酒浸"的记载，说明了酒在中医药中早已应用，并有了功效的明确认识。

《伤寒论》：东汉末年医圣张仲景撰写的《伤寒论》系统地阐述了多种外感疾病及杂病的辨证论治，理法方药俱全，是中国医学史上具有划时代的意义，其中方药被誉为经方。《伤寒论》中曾多处提到黄酒，记录了黄酒的应用和功效价值，在中药的浸泡、煎熬、冲服过程中均可应用。如经方"炙甘草汤"中："用酒七升、水八升；当归四逆汤加吴茱萸生姜，汤的煎法用酒水各六升。"

《金匮要略》：它是东汉张仲景原撰《伤寒杂病论》的组成部分之一，为论述内科杂病为主的中医临床经典著作，在杂症篇方剂中，用黄酒做药引的占到约三分之一。

《千金方》：全称《备急千金要方》，是唐代医家孙思邈所著的综合性临床医著，该书集唐代以前诊治经验之大成，对后世中医影响很大。该书收录了药酒方 80 余例，涉及养生、内科、外科、妇科等多个方面。

《本草纲目》：记载了"黄酒味甜、半甜、微辣，可入药"，黄酒的功效是"主行药势，杀百邪恶毒，气通血脉、厚肠胃、润肌肤、散寒湿气、养脾扶肝，除风下气，热饮甚良"。"少饮则和血行气，壮神御风，消愁遣兴……"并称"酒能引诸经与附子相同，导引它药，可以通行一身之表。"《本草纲目》中详载了 69 种药酒。

《本草从新》：作者为清代吴仪洛，共十八卷，载药 720 种，该书记载黄酒的功效："酒大热有毒，辛者能散，苦者能降，甘者居中而缓，厚者尤热而毒，淡者利小便，用为向导可以通行一身之表，引药至极高之分。"酒的饮用方法也有讲究："热饮伤肺，温饮和中，少饮者和血行气，壮神御寒，辟邪逐秽，暖水脏，行药势。过饮则耗神伤血，损胃烁精，动火生痰，发怒助欲，致生湿热诸病。"

二、黄酒的营养与功效组分

（一）蛋白质

黄酒蛋白质含量较其他酒类更加丰富，其蛋白质的形式绝大部分是肽和氨基酸，很容易被机体吸收利用。黄酒含 21 种氨基酸，其中 8 种人体必需氨基酸种类齐全。

研究显示，绍兴加饭酒的蛋白质含量约为 16g/L，相当于啤酒中蛋白质的 4 倍，红葡萄酒的 80 倍。绍兴加饭酒中所含有的必需氨基酸含量也明显高于啤酒和葡萄酒[①]。林峰等把流动注射技术引入 Bradford 蛋白质测定法，采用 Sepadex G-100 凝胶层析柱分离黄酒中的蛋白质，从而直接测定蛋白质的含量和分子量分布，该研究的结果显示成品酒中蛋白质含量为 5.32g/L，由生酒加热杀菌所得到的熟酒中蛋白质的含量为 6.86g/L，蛋白质分子量分布的曲线谱图，可监控和预测黄酒的品质[②]。

（二）无机盐及微量元素

黄酒中已检测出钙、镁、钾、磷、铁、铜、锌、硒等 18 种无机盐。人体缺镁时，易发生血管硬化、心肌损害等疾病，而黄酒中镁的含量 200—300mg/L，比红葡萄酒高 5 倍，比白葡萄酒高 10 倍，能很好地满足人体需要。锌对于人体的糖类、脂类和蛋白质等多种代谢和免疫调节过程有重要作用，绍兴元红酒含锌 8.5mg/L，而啤酒仅为 0.2—0.4mg/L，干红葡萄酒 0.1—0.5mg/L。

硒作为谷胱甘肽过氧化酶的重要组成成分，能够消除体内产生过多的活

---

① 谢广发：《黄酒的功能性成分与保健功能》，《酿酒》2008 年第 5 期。
② 林峰等：《流动注射光度法测定黄酒中蛋白质的含量和分子量分布》，《分析化学》2005 年第 10 期。

性氧自由基，有抗癌、抗衰老、增强免疫力、保护心血管的作用。绍兴元红酒及加饭酒中含硒 $10—12\mu g/L$，约为水果蔬菜的 2 倍，比红葡萄酒高约 12 倍，比白葡萄酒高约 20 倍，且极易被人体吸收和有效利用。另外，黄酒还有能够保护心血管功能的丰富的钾和钙。

（三）维生素

黄酒中的维生素来自原料（糯米、小麦、黍米）和酵母的自溶物。黄酒中的 B 族维生素含量远高于啤酒和葡萄酒，古越龙山加饭酒中的 V_{B1} 为 $0.49—0.69mg/L$、V_{B2} 为 $1.50—1.64mg/L$、V_{PP} 为 $0.83—0.86mg/L$、V_{B6} 为 $2.0—4.2mg/L$。此外还含 $V_C 5.71—43.20mg/L$（随贮存期而降低）。这些维生素促进生长和代谢，维护神经、消化、循环、泌尿等各系统的正常功能、抗癌、美容等功能。[1]

（四）γ-氨基丁酸（GABA）

γ-氨基丁酸能够促进人脑中葡萄糖的代谢，乙酰胆碱的合成，降低血氨；还有抗惊厥，修复受损脑细胞，抗压抑，稳定情绪等功能，是一种重要的抑制性神经递质，参与多种代谢活动，具有降低血压、改善脑功能、增强记忆、抗焦虑、高效减肥及提高肝、肾机能的作用。[2]

黄酒中富含 γ-氨基丁酸，谢广发等采用 OPA-FMOC 柱前衍生 HPLC 法对黄酒中的 GABA 含量进行了测定，该研究显示，古越龙山绍兴黄酒中的 GABA 含量为 $167—360mg/L$。[3]

谢广发等还运用 Y-型电迷宫探讨了绍兴黄酒对大鼠学习记忆能力的影响。结果显示，黄酒可以显著增强正常大鼠的学习和记忆能力，推断这可能与黄酒中含有较高含量的 γ-氨基丁酸和生物活性肽等成分有关，这些物质

① 谢广发：《绍兴黄酒功能性组分的检测与研究》，江南大学 2005 年硕士学位论文。
② 王家林等：《黄酒中生物活性成分的探讨》，《酿酒科技》2011 年第 7 期。
③ 谢广发等：《黄酒中的 γ-氨基丁酸及其功能》，《中国酿造》2005 年第 3 期。

可以改善动物或人的学习记忆能力。①

（五）活性肽

黄酒平均含氮物质含量为 5.32g/L，具有良好的生物活性。谷胱甘肽是由谷氨酸、半胱氨酸和甘氨酸结合而成的三肽，在人体内的生化防御体系中起重要作用，具有抗自由基、抗衰老、抗氧化、抗过敏、美白肌肤、治疗眼角膜病及改善性功能等多方面的生理功能，对放射物引起的白细胞减少症有保护作用，能促进体内有毒物、重金属、致癌物排出体外，保护细胞膜免受氧化损伤。俞剑燊等研究了和酒（一种保健黄酒）中营养成分对酒精性肝损伤的影响，结果表明，其中起作用的主要成分为谷胱甘肽。②

孟如杰通过大孔树脂，离子交换层析，凝胶过滤层析，反相层析，得到具有一定抗氧化活性的多肽样品，分子量为 600Da，氨基酸组成分析表明，黄酒多肽的抗氧化性来源于肽链中的精氨酸、亮氨酸、赖氨酸等③。

戴军等将黄酒中的肽类组分进行大孔吸附树脂柱层析和高效凝胶过滤色谱及反相色谱的多步提取纯化和抑制血管紧张素转换酶活性抑制肽（ACE）活性试验，并利用基体辅助激光解吸电离飞行时间串联质谱分析和液相色谱—电喷雾电离四极杆—飞行时间串联质谱联用分析鉴定出了黄酒中 4 种抑制血管紧张素转换酶活性抑制肽（ACE）氨基酸序列，它们分别是 VEDGGV、PST、NT 和 LY。④

（六）多酚

多酚具有预防癌症、心血管疾病、变异性疾病等功能。黄酒中的多酚主要来源于原材料中多酚的溶出以及酒曲中微生物的代谢产物。雷萍等采用毛细管电泳—电化学方法检测了黄酒中多酚物质，同时采用该方法分离测定了

① 谢广发等：《绍兴黄酒对大鼠学习记忆力的影响》，《酿酒科技》2007 年第 5 期。
② 俞剑燊等：《和酒中营养成分对酒精性肝损伤的影响》，《中国酿造》2007 年第 3 期。
③ 孟如杰：《黄酒中抗氧化活性物质的研究》，江南大学 2008 年硕士学位论文。
④ 戴军等：《绍兴黄酒中 ACE 活性抑制肽的分离分析》，《分析测试学报》2006 年第 4 期。

黄酒中表儿茶素、芦丁、金丝桃甙、山萘酚、绿原酸、槲皮素等多种生物活性成分的含量，分别为 3.90×10^{-5} g/L、8.09×10^{-5} g/L、2.96×10^{-5} g/L、3.98×10^{-5} g/L、1.46×10^{-4} g/L 和 8.59×10^{-5} g/L。[1]

孟如杰利用大孔树脂分离黄酒中的总酚和多肽物质，测定抗氧化性，分析表明黄酒的抗氧化性主要来源于其中含有的多酚物质，对这三种主要酚类（儿茶酚、没食子酸、丁香酸）的抗氧化活性测定，表明这三种酚类都有很强的抗氧化性，是黄酒抗氧化性的主要来源[2]。

陈金娥等利用 DPPH 法和水杨酸法对其抗氧化性进行了检测。结果表明，多酚类物质具有抗氧化功能，且黄酒清除自由基的能力与其含量成正比。[3]

郑校先等用福林酚法测定了黄酒中的总酚含量，研究显示黄酒中含有的酚类物质达 249μg/ml，而且黄酒有较强的抗氧化能力、清除 DPPH 自由基能力。[4]

叶杰等采用分光光度法测得黄酒中的总多酚含量为 0.929mg/ml。[5]

阙斐等对 3 种保健黄酒的总抗氧化能力、清除 DPPH 自由基能力进行了测定，并利用 HPLC 法鉴定出黄酒中含有 10 种酚类物质，它们的含量与黄酒的抗氧化能力呈正相关。[6]

（七）低聚糖

低聚糖是由 2—10 个单糖分子聚合而成的化合物，能降低血液中胆固醇和甘油三酯的含量，有利于双歧杆菌等益生菌的增殖，改善胃肠功能。黄酒中含有较丰富的功能性低聚糖，古越龙山加饭酒中异麦芽糖、潘糖、异麦芽

① 雷萍等：《毛细管电泳-电化学方法检测黄酒中多酚物质》，《酿酒科技》2008 年第 11 期。
② 孟如杰：《黄酒中抗氧化活性物质的研究》，江南大学 2008 年硕士学位论文。
③ 陈金娥等：《不同品种黄酒中多酚含量及抗氧化性研究》，《酿酒科技》2008 年第 4 期。
④ 郑校先等：《黄酒的抗氧化活性研究》，《酿酒科技》2009 年第 10 期。
⑤ 叶杰等：《Folin-ciocalteu 法测定黄酒中总多酚含量》，《福建轻纺》2006 年第 11 期。
⑥ 阙斐等：《保健黄酒抗氧化活性及其中酚类物质的比较》，《中国酿造》2008 年第 11 期。

三糖等三种异麦芽低聚糖的含量约为 7g/L。①

三、现代营养科学对中国黄酒的评价

（一）抗氧化性

自由基或氧化剂可将细胞和组织分解，影响代谢功能，引发各类健康问题。因此消除体内过多的氧化自由基，对于多种相关疾病如心血管病、糖尿病、癌症、老年痴呆等都能起到预防作用。黄酒的抗氧化活性主要来自于其中所含有的酚类物质、活性肽和具有抗氧化性的矿物质、维生素，如硒和维生素 E 等。叶杰采用 $Na_2S_2O_3$-I_2 滴定法、TBA 法、DPPH 法，检测了闽江老酒、青红酒和沉缸酒的延缓脂质氧化、抑制自由基链反应的进行、清除自由基等相关抗氧化活性指标，并对红曲黄酒的抗氧化、延缓衰老的机理进行了探讨。②

Fei Que 等研究分析了绍兴黄酒的总抗氧化活性和自由基清除率，结果显示黄酒具有较强的抗氧化功效。③

（二）预防心脑血管疾病

心血管疾病已经成为危害中老年人健康的第一杀手。黄酒具有扩张血管改善血液循环，降低血压、胆固醇的作用。谢广发等的动物实验研究显示，黄酒浓缩物对高血脂大鼠，具有降血清胆固醇的作用。④

张蓉真等采用凝胶过滤色谱柱将福建老酒的样品分离成 5 个主要组分，其中含肽类物质显示出较强的 ACE 抑制活性，该组分进一步分离纯化，发现其中分子量为 1100 和 450 的组分具有 ACE 抑制活性，其 IC（50）分别为

---

① 谢广发：《绍兴黄酒功能性组分的检测与研究》，江南大学 2005 年硕士学位论文。

② 叶杰：《福建黄酒中生理活性组分的研究》，福州大学 2006 年硕士学位论文。

③ Fei Que, Antioxidant activities of five Chinese rice wines and the involvement of phenolic compounds, Food Research International, 2006 (39).

④ 谢广发等：《黄酒对高血脂大鼠血清总胆固醇含量的影响》，《中国酿造》2006 年第 2 期。

2. 8 及 8. 1μg Protein/ml。[1]

（三）增强免疫力

黄酒具有免疫调节功效，这与黄酒中所含有的丰富的矿物质、维生素、活性肽、低聚糖等物质密切相关。倪赞研究了黄酒对小鼠免疫功能的影响，结果显示，黄酒能显著提高小鼠的脾指数及体液免疫功能和非特异性免疫机能。[2]

（四）改善胃肠功能

黄酒能够改善肠道微生态环境，有利于双歧杆菌等益生菌的增殖，降低肠内 pH 值，抑制沙门氏菌和腐败菌的生长，从而使胃肠功能得到改善。另外，研究显示，黄酒还具有增强记忆能力、美容养颜等作用。

第二节　中国黄酒的传统加工技艺

黄酒的生产工艺有淋饭法、摊饭法、喂饭法等，淋饭酒是将米饭蒸熟后采用冷水淋冷，淋饭酒的味道不及摊饭酒醇厚，多用作生产摊饭酒的酒母。摊饭酒是将蒸好的饭摊在竹簟上冷却后和曲、酒母混合发酵而成。喂饭酒需要分批加饭，多次发酵制成，分批加饭能够使酵母不断得到新的营养，从而持续旺盛。另外，还有摊饭法和喂饭法相结合的方法等。

一、黄酒的风味要素

（一）自然环境

黄酒的生产与其地理位置密切相关，不同的地域，其微生物、水质、土壤、气候、空气等资源条件都有所不同。传统的黄酒生产多采用自然引种制

---

[1]　张蓉真等：《福建老酒中血管紧张素转换酶抑制物质的分离鉴定》，《福州大学学报（自然科学版）》1996 年第 6 期。

[2]　倪赞：《中国黄酒保健功能的研究》，浙江大学 2006 年硕士学位论文。

酒曲，谷物黄酒发酵。各地区自然生态环境不同，其微生物的种群也不同，所产酒曲和酒也不同。南方适宜于酿制稻米黄酒，如绍兴酒、龙岩沉缸酒、福建红曲酒，北方适宜于酿制黍米黄酒，如山东即墨老酒、大连黄酒。不同的自然生态环境，其酿酒所用水质也不同。黄酒酿造用水是糖化发酵作用的重要媒介，水质的好坏直接影响黄酒的风味和质量，对所产酒具有重要影响。

（二）原辅料

相同的原料因气候、产地不同，其产品质量与出酒多少也不相同；不同的酿酒原料对黄酒产品风味质量有明显的影响。

（三）糖化发酵剂

制造糖化发酵剂的原料以小麦、大米、米粉或麦麸等为原料。黄酒酿造应用的糖化发酵剂主要分为麦曲、小曲、米曲、麸曲等。传统生麦曲是将小麦轧碎后加水拌匀踏成砖形曲坯，经自然培养微生物而成的一种含多种菌类和酶系的复合糖化发酵剂，主要含有霉菌、酵母菌和细菌。传统小曲在黄酒生产中的作用既是糖化剂，又是酒精发酵剂。小曲是在米粉生料上培养的微生物，而米曲则是在整粒熟饭上培养的微生物。

黄酒生产中所用的米曲有红曲、乌衣红曲和黄衣红曲。麸曲是以麸皮为原料，蒸熟后接入纯种霉菌或其他曲菌培制而成的。麸曲对原料分解彻底，出酒率高，但产生的香味物质相应偏少，因此所酿酒缺乏幽雅、浓郁、丰富、协调感。另外酶制剂如 α-淀粉酶、糖化型淀粉酶及酸性蛋白酶等也常用于黄酒酿造中，其应用可降低酒中的固形物含量，口味清爽，出酒率高。

（四）酸浆水

在传统黄酒酿造中，采用浸泡新糯米的浆水作配料，依靠酸性浆水产生微酸性环境，抑制产酸菌繁殖，从而防止酿酒时发生酸败。在黄酒发酵醪中添加酸浆水的作用主要是：①浆水中含有的有机酸，在发酵中起到"以酸制酸"的作用；②浆水中含有丰富的氨基酸和生长素等，为酵母菌提供营养源，保证酵母繁殖和酒醪发酵旺盛；③浆水中有益成分参与发酵、酯化等，是形成黄酒独特风味的因素之一。

（五）发酵及贮存容器

黄酒发酵所采用发酵容器有陶缸、陶坛、瓷砖或环氧树脂涂布的水泥发酵池等。新工艺黄酒发酵采用大漆涂层铁罐和不锈钢罐。采用陶缸、陶坛为发酵设备的好处在于避免发酵醪中水分渗漏，保证发酵正常进行；还有就在于隔绝酒曲微生物之外的其他菌种干扰，使酒醪在发酵时充分利用酒曲微生物进行生长繁殖，主酵与后酵，产酒生香；陶缸、陶坛也有一定的通透性及表面存在的多种金属离子对微生物的生长和代谢反应都有一定的影响。采用何种材质及其结构形状大小，对于黄酒产品的风味质量都有直接影响，这是由于发酵酒醪和容器内壁接触材质中所栖息的微生物及溶入性物质参与酿酒发酵，从而带来各种类型黄酒的不同风味。

传统黄酒的贮存容器是陶坛或陶缸。由于陶坛、缸的分子间大于空气分子，虽然采用密封贮存，但空气能够透过孔隙渗入坛、缸内，其中氧与酒液中的多种化学物质发生缓慢的氧化还原反应，促进酒的陈化。此外，陶土具有与高岭土类似作用，能够对蛋白质浑浊的液体起到澄清作用，陶坛、缸中所含一些金属元素，如 Fe、Cr、Pd 等在陶土高温烧结后，形成高价态，在黄酒装入陶坛、缸中密封后，形成自然的氧化催化剂，把醇类物质氧化成有机酸，并进一步反应转化芳香酯。正是陶坛、缸独特的"微氧环境"，坛、缸内的酒液经融合、氧化、催化作用，促使黄酒在贮存过程中陈化老熟，越陈越香。

二、中国黄酒的生产工艺（以绍兴酒为例）

用淋饭法酿出来的酒醅（未经煎榨的半成品）作酒母，而用摊饭法来完成酿制过程。

（一）淋饭酒

淋饭酒一般在农历"小雪"以前开始生产，其工艺流程如下：

淋饭酒母　　水

↓　　　　　↓

糯米→过筛→加水浸渍→蒸煮→淋水→搭窝→冲缸→开耙发酵→灌坛后发酵→淋饭酒

经过20℃左右的养醅发酵，即可作为摊饭酒的酒母使用，醅量比例大概占1/90，就能完成发酵，此时，酵母菌在18℃—20℃的酒精中仍能繁殖，这在酒类发酵中是罕见的。养醅发酵至30℃左右，经压榨、煎煮，即成淋饭酒。

（二）摊饭酒

摊饭酒，又称大饭，就是正式酿制的绍兴酒。原料是当年的精糯米，一般在农历"大雪"前后就开始酿制。其工艺流程如下：

水、麦曲、酒母、浆水　灌坛　加色

↓　　　　　　　↓　　　↓

糯米→过筛→浸渍→蒸煮→摊冷→落缸→前发酵→后发酵→压榨→澄清→煎酒→成品

摊饭酒的酿制工艺较繁，也较难，它是复式发酵，就是边糖化边发酵，同时进行。其间的搅拌冷却俗称"开耙"，是整个酿制工艺中较难控制的一项关键性技术，一般由经验丰富的老师傅把关。摊饭酒的前后发酵时间达30d左右。如果控制得当，酒内各种成分适当，风味优厚，最为上乘。

（三）榨酒和煎酒

榨酒一般在农历正月初开始，此时的摊饭酒醅已趋成熟。压榨就是把发酵醅中的酒和糟粕予以分离的操作方法，一般沿用木榨，压榨出来的酒液称为生清（又叫生酒），还含有少量的固形物（即渣滓或酒脚），必须放入缸内或水泥池内，加入糖色，搅匀静置2—3d进行沉淀，然后取上清液煎酒。

煎酒是酿酒的最后一道工序，目的是将生酒中的微生物杀死和破坏残存的酶，使酒的成分基本固定下来，防止成品酒在贮存期间酸败变质。

第三节　中国黄酒的历史文化

一、中国黄酒的起源与历史

从考古成就推测，中国的黄酒酿造开始于距今 7000—8000 年的裴李岗文化时期与 4000 年前的龙山文化时期之间。在浙江余姚的河姆渡文化遗址（距今 6000—7000 年）中，出土了大量人工栽培的水稻的谷粒、秆叶及可用于酿酒和饮酒的陶器，当时的陶器中已有"斝"，这种器具在古代是饮酒器。

（一）自然发酵阶段

中国谷物酿酒的起源之时是采用自然"曲蘖"谷芽或发霉谷物作糖化剂来酿酒，所酿成的黄酒风味属于自然形成的原始酒，是酒度很低的醴酒。《礼记·内则》中有"稻醴清糟，黍醴清糟，粱醴清糟，以酏为醴"，说明中国先秦时期的谷物酿酒水平比较低下，酿酒方法以自然发酵为主。

（二）麦曲的发明

春秋，秦汉时期发明了米粉曲和块曲（麦曲），从而提高了酿酒的产量和品质，也造就了黄酒风味的形成，但此时的黄酒属生酒，还没有煎煮和贮存。

（三）稻米制药、生麦制曲、黄酒煎煮、泥封、贮存的应用

到了宋、清时期，制酒曲和酿酒技术有明显的进步和提高。宋《北山酒经》清《调鼎集·酒谱》都有详细记载和论述：①从宋朝时开始对黄酒使用煎酒、灌坛、封口；到清代，对黄酒荷叶密封，黄泥定型，贮存老熟。②采用早稻米，添加中草药，以陈酒曲作引子制造白药。③制麦曲以小麦为主，大麦为辅，生料制曲，自然培养，低中温成曲。④对酿酒技术的完善，

提高和进步（包括原料选择、浆水的应用、制曲、发酵、开耙、压榨工艺技术的控制等），经过以上 4 项要点可以证实到宋、清时期是中国黄酒工艺和风味的定型。

二、中国黄酒的传说典故

传说虽各不相同，但都大致说明酿酒早在夏朝或者夏朝以前就已存在。

（一）仪狄造酒说

仪狄造酒说认为，夏禹时期的仪狄发明了酿酒。《吕氏春秋》中就载有"仪狄作酒"之说，《战国策》中有"昔者，帝女令仪狄作酒而美，进之禹，禹饮而甘之，曰：'后世必有以酒亡其国者'，遂疏仪狄，而绝旨酒"。成书于战国至西汉的《世本》中记录了仪狄造酒的种类："仪狄始作酒醪，变五味，少康作秫酒。"

（二）杜康造酒说

杜康造酒说认为，夏朝（前21世纪—前16世纪）第 6 位帝王少康是酒的发明者。《说文解字》（东汉）有"古者少康初作箕帚，秫酒。少康，杜康也"。曹操《短歌行》中"何以解忧，唯有杜康"的诗句，让杜康造酒说广为流传。

据晋代《酒诰》中记载："酒之所兴，肇自上皇，或云仪狄，一曰杜康。有饭不尽，委以空桑，郁积成味，久蓄气芳，本出于此，不由奇方。"可见酿酒方法源自自然环境中的粮食发酵。随着农耕的发展，粮食获得丰收后有吃不完的余粮，储藏在枯树干的树洞中，放久了粮食由于自然发酵成酒，有了独特的芳香气味，在此基础上产生了人工酿酒的方法。

（三）源自黄帝时期

《黄帝内经》：其中的《素问·汤液醪醴论》中关于醪醴的记载："黄帝问曰：为五谷汤液及醪醴奈何？岐伯对曰：必以稻米，炊之稻薪，稻米者完，稻薪者坚。帝曰：何以然？岐伯曰：此得天地之和，高下之宜，故能至完：伐取得时，故能至坚也"。这段文字记载了用五谷为原料制作酒的过程和目的。

三、中国黄酒名品

（一）绍兴加饭酒

绍兴酒在历史上久负盛名，在历代文献中均有记载。清代是绍兴酒的全盛时期，酿酒规模在全国堪称第一。绍兴酒行销全国，甚至还出口到国外。绍兴酒几乎成了黄酒的代名词。目前绍兴黄酒在出口酒中所占的比例最大，产品远销世界各国。绍兴加饭酒在历届名酒评选中都榜上有名，加饭酒，顾名思义，是指在酿酒过程中，增加酿酒用米饭的数量，相对来说，用水量较少。加饭酒是一种半干酒，酒度15%左右，糖分0.5%—3%。酒质醇厚，气郁芳香。此外，还有元红酒、善酿酒、香雪酒等酒，都具有很高的品质。

（二）福建龙岩沉缸酒

龙岩沉缸酒，历史悠久。在清代的一些笔记文学中多有记载，这是一种特甜型酒。酒度在14%—16%，总糖可达22.5%—25%。龙岩沉缸酒的酿法集中国黄酒酿造的各项传统精湛技术于一体，该酒在1963年、1979年、1983年三次荣获国家名酒称号。龙岩酒用曲多达4种，有当地祖传的药曲，其中加入30多味中药材；有中国最为传统的散曲，作为糖化用曲；有白曲，这是南方所特有的米曲；红曲更是龙岩酒酿造必加之曲。酿造时加入药曲、散曲和白曲，先酿成甜酒酿，再分别投入著名的古田红曲及特制的米白酒，长期陈酿。龙岩酒有不加糖而甜、不着色而艳红、不调香而芬芳三大特点。酒质呈琥珀光泽、甘甜醇厚、风格独特。

（三）即墨老酒

即墨老酒产于山东即墨，古称"醪酒"。即墨老酒是黄酒中的珍品，其酿造历史可上溯到2000多年前，有正式记载是始酿于北宋时期。其风味别致、酒色红褐、盈盏不溢、醇厚爽口，有舒筋活血、补气养神之功效，深得古今名人赞许。清代道光年间即畅销全国各地。据《即墨县志》记载：公元前722年，即墨地区已是一个人口众多、物产丰富的地方。这里土地肥沃，黍米高产（俗称大黄米），米粒大、光圆，是酿造黄酒的上乘原料。当时，黄酒称"醪酒"，作为一种祭祀品和助兴饮料，酿造极为盛行。即墨黄酒中尤以"老干榨"为最佳，其质纯正，便于贮存，且愈久愈良。后据即墨"老干榨"历史久远、久存尤佳的特点，为便于同其他地区黄酒的区别，遂改称"即墨老酒"。

第三章

中 国 醋

　　醋古称醯、酢、苦酒、酸、米醋等，中国是最早酿醋的国家，至少有3000年的历史。早在公元前1058年《周礼》一书中，便有关于酿醋的记载。酿造食醋指单独或混合使用各种含淀粉、糖或酒精的物料经微生物发酵酿制而成的液体酸味调味品，以各种谷类或薯类为主要原料制成，是中国醋的最主要类别，一般意义上的传统酿造醋就是指的谷物醋，主要包括：

　　陈醋：以高粱为主要原料，用大曲固态（或固稀）发酵，成醅熏制，后熟陈酿而成。但"老陈醋"比"陈醋"陈酿期长，有"夏日晒、冬捞冰"的过程，使酿制的醋色泽棕褐、味清香、质浓稠，有酯香和熏香味，酸味醇厚柔和、久放无沉淀、不变质。

　　香醋：以糯米为主要原料，小曲为发酵剂，采用固态分层醋酸发酵，经陈酿而成的粮谷醋，如著名的镇江香醋，是采用优质糯米经过20多道工序制成，产品香味浓郁、酸甜不涩、久存不坏。

　　麸醋：以麸皮为主要原料，采用固态发酵工艺酿制而成的粮谷醋，在四川各地较为普遍，其中以保宁麸醋最为著名。麸醋色泽黑褐，无沉淀，香气芬芳，酸味浓厚稍带鲜味。

　　米醋：以大米（糯米、粳米、籼米）为主要原料，以麸曲为糖化剂，经高温糖化，固态或液态发酵工艺酿制而成的粮谷醋。米醋色泽为琥珀色，酸度较高而无刺激感，香味浓。

熏醋：著名的山西熏醋，是以优质高粱为原料，利用大曲和快曲做糖化剂，将固态发酵成熟的全部或部分醋醅，置入瓷缸内，加盖。外部用火加热熏烤成为熏醅，再经浸淋而成的粮谷醋。成品醋色泽红棕发亮，浓度适当，醋香浓郁，绵酸爽口。

第一节　中国醋食养价值的科学评价

一、传统中医食疗对中国醋的评价

陶弘景：酢酒为用，无所不入，愈久愈良。酢酒不可多食之，损人肌脏耳。

《本草再新》：生用可以消诸毒，行湿气；制用可宣阳，可平肝，敛气镇风，散邪发汗。

《本草经解》：入足少阳胆经、足厥阴肝经。杀邪毒。

《本草新编》：入胃、脾、大肠，尤走肝脏。

《随息居饮食谱》：开胃，养肝，强筋，暖骨，醒酒，消食，下气辟邪，解鱼蟹鳞介诸毒。

《本草备要》：散瘀，解毒，下气消食，开胃气。

《本草拾遗》：破血运，除症决坚积，消食，杀恶毒，破结气，心中酸水痰饮。

《本草衍义》：产妇房中，常以火炭沃醋气为佳，酸益血也。

《本草纲目》：散瘀血。治黄疸、黄汗。大抵醋治诸疮肿积块，心腹疼痛，痰水血病，杀鱼肉菜及诸虫毒气，无非取其酸收之意，而又有散瘀、解毒之功。

《本草汇言》：醋，解热毒，消痈肿，化一切鱼腥水菜诸积之药也，林氏曰，醋主收，醋得酸味之正也，直入厥阴肝经，散邪敛正，故藏器方治产后血胀、血晕，及一切中恶邪气，卒时昏冒者，以大炭火入熨斗内以酽米醋沃之，酸气遍室中，血行气通痰下，而神自清矣。凡诸药宜入肝者，须以醋拌炒制。应病如神。又仲景《金匮要略》治黄汗，有黄耆白芍桂枝苦酒汤；谭氏治风痰，有石胆散子，俱用米醋入剂，专取其敛正气，散一切恶水血痰之妙用也。

《本草经疏》：醋惟米造者入药，得温热之气，其味酸，气温无毒。酸入肝，肝主血，血逆热壅则生痈肿，酸能敛壅热，温能行逆血，故主消痈肿。其治产后血晕，症块血积，亦此意耳。散水气者，水性泛滥，得收敛而宁谧也。杀邪毒者，酸苦涌泻，能吐出一切邪气毒物也。

《本草求真》：米醋，酸主敛，故书多载散瘀解毒，下气消食。且同木香磨服，则治心腹血气诸痛；以火淬醋入鼻，则治产后血晕；且合外科药敷，则治症结痰癖、疸黄痈肿；暨口漱以治舌疮；面涂以散损伤积血，及杀鱼肉菜草诸毒。至醋既酸（收），又云能散痈肿者，以消则内散，溃则外散，收处即是散处故耳。

《名医别录》：杀邪毒。

《别录》：消痈肿，散水气，杀邪毒。

《释名》：措置食毒。

《医林篡要》：杀鱼虫诸毒，伏蛔。

《医林篡要》：泻肝，收心。治卒昏，醒睡梦；补肺，发音声；杀鱼虫诸毒，伏蛔。

《日华子本草》：治产后妇人并伤损，及金疮血运；下气除烦，破症结。治妇人心痛，助诸药力，杀一切鱼肉菜毒。

《罗氏会约医镜》：治肠滑泻痢。

《伤寒杂病论》：少阴病，咽喉生疮，不能言语，声不出者，苦酒汤主之。

《千金·食治》：治血运。

《千金方》：治鼻血出不止。

二、中国醋的营养与功效组分

（一）有机酸

以固态发酵食醋为例，食醋含有 4%—10% 的总酸，其成分主要是醋酸（乙酸），此外还有乳酸、柠檬酸、苹果酸、丙酮酸、琥珀酸、葡萄糖酸、酒石酸、α-酮戊二酸、甲酸、丙酸等多种有机酸。其中，以乙酸为主的挥发酸约占总酸含量的 70%—80%。食醋中的有机酸主要来自于原料、制曲及发酵过程中的微生物的作用。

（二）糖类

食醋中含有的主要糖类物质为葡萄糖、麦芽糖等，此外还含有甘露糖、阿拉伯糖、核糖、木糖、山梨醇、糊精、蔗糖等。

（三）氨基酸

食醋含有 2% 以上的蛋白质，富含 18 种氨基酸，其中包括人体必需的 8 种氨基酸。食醋中的氨基酸来自微生物对原料中蛋白质的分解和微生物自身的溶解。氨基酸是合成蛋白质的主要成分，也是人体活动的能源物质之一。

（四）维生素和矿物质

食醋中含有钙、磷、镁、铁、锌、铜等矿物质以及维生素 B_1、维生素 B_2、尼克酸、维生素 C 等多种维生素。这些物质是人体生长发育、生理代谢中必不可少的。

（五）芳香成分

食醋的芳香成分虽然含量极少，但种类相对较多，达到 14 种以上，主要以各种酯类如乙酸乙酯、乙酸戊酯、乙酸异丁酯、乙酸异戊酯等为主，这些香气成分对食醋的风味起到重要的影响。

（六）川芎嗪

食醋中含有川芎嗪，它是在酿造食醋的过程中产生的，且会随着食醋陈放时间的延长，其含量也会有所增加。因此，陈酿期越长的食醋，其保健价值越高，消费者可将陈酿期作为判断食醋质量的一项标准；另一方面，由于劣质假醋直接由冰醋酸和食品添加剂调配而成，不含川芎嗪成分，食品监管部门也可将川芎嗪的含量作为判断食醋质量的一项指标。

川芎嗪主要药理作用：可提高红细胞的变形能力，改善脑组织缺血缺氧和减轻脑水肿；可阻止血栓形成，有效减轻脑缺血再灌注损伤；一种钙离子拮抗剂，减缓缺血性脑血管损伤中的细胞死亡；减轻自由基损伤；阻止神经细胞的凋亡，发挥神经保护作用；对中枢神经系统具有一定的镇静抑制作用等。

三、现代营养科学对中国醋的评价

（一）解毒、杀菌功能

食醋的主要成分为醋酸，还含有少量的葡萄糖酸、柠檬酸、苹果酸、乳酸、葡萄糖酸、α-酮戊二酸、甲酸、丙酸、丁酸、琥珀酸、酒石酸等有机酸成分。这些非离子化的亲脂性分子，可以渗入到微生物细胞膜内，破坏膜传递过程，并在细胞内解离而增加酸性，产生阳离子，以达到去毒的效果。

熊平源等采用微量稀释法，发现 pH4.42—5.38 的食醋对消化道致病菌与呼吸道致病菌均有抑制作用。1∶20 食醋（pH=4.42）能抑制金黄色葡萄球菌、白色念珠菌；1∶40 食醋（pH=4.81）能有效抑制大肠杆菌、蜡样芽胞杆菌、粪肠球菌、阴沟肠杆菌；1∶80 食醋（pH=5.38）对伤寒沙门氏菌、铜绿假单胞菌、白喉棒状杆菌、肺炎克雷伯氏菌等 8 种细菌有抑制作用。①

杨转琴等通过滤纸片法和液体培养比浊法对食醋的抑菌效应进行了评

---

① 熊平源等：《食醋对 15 种病原菌最低抑菌浓度测定》，《武汉科技大学学报（自然科学版）》2000 年第 3 期。

价，发现食醋对黑曲霉、黄曲霉有抑制作用。①

　　鲁晓晴等发现，食醋原液对副溶血性弧菌作用 5min、50%食醋作用 15min，杀灭率均为 100%。②

　　张超英等采用悬液定量杀菌试验及现场消毒试验方法，对食醋消毒效果进行观察。结果发现，食醋对金黄色葡萄球菌、大肠杆菌、白色念珠菌和自然菌有极强的杀灭效果，且性能稳定。③

　　王韵阳等应用悬液定量杀菌试验方法进行实验。结果发现，体积分数 12.5%的食醋对金黄色葡萄球菌作用 10min，杀灭率为 100%。④

　　李成菊利用平板沉降法采样培养法，对食醋消毒母婴同室病房空气的效果进行观察。结果发现，母婴同室病房使用食醋熏蒸法进行空气消毒可降低病房菌数。⑤

　　葛新等发现，食醋对大肠埃希菌、鼠伤寒沙门菌、福氏志贺菌、奇异变形杆菌、肺炎克雷伯氏菌均有明显抑制作用，其效果随总酸含量增加而增强。⑥

　　杨凡等将对 ICU 100 例实施早期肠内营养的患者，采用常规肠内营养后鼻饲食醋 20mL，连续 10d，发现腹泻发生率大大降低，说明食醋对肠道菌群有着良好的调节作用。⑦

　　胡秀容等对食管癌术后非细菌性腹泻的病人给予食用食醋，可有效地减

① 杨转琴等：《大蒜提取液及食醋抑菌作用的研究》，《食品科学》2008 年第 1 期。

② 鲁晓晴等：《大蒜液和食醋对副溶血性弧菌杀灭效果的试验研究》，《中国消毒学杂志》2007 年第 1 期。

③ 张超英等：《食醋杀灭细菌的性能及效果观察》，《齐鲁医学杂志》2007 年第 3 期。

④ 王韵阳等：《大蒜食醋复方溶液对金黄色葡萄球菌杀灭效果的研究》，《中国消毒学杂志》2011 年第 3 期。

⑤ 李成菊：《食醋熏蒸法对母婴同室病房空气消毒效果的观察》，《中国消毒学杂志》2013 年第 4 期。

⑥ 葛新等：《食醋对肠道杆菌抑菌作用的观察》，《实用预防医学》2005 年第 1 期。

⑦ 杨凡等：《ICU 患者肠内营养加入少量食醋预防腹泻》，《护理学杂志》2013 年第 4 期。

少腹泻，对病人术后的恢复起到了较好的作用。[①]

万桂香等对 20 例带状疱疹患者采用适量食醋、大活络 1 丸、六神丸 10 粒调和成糊状，外敷于疱疹处，每日 3—4 次，停服止痛药物，疗程二周。结果发现，食醋、大活络丸、六神丸外敷治疗带状疱疹，能显著缓解疼痛，加速疱疹消退，改善患者精神状况。[②]

在临床应用中还发现，食醋可防治流行性腮腺炎，外涂可治疗手足癣、皮肤病等。体外试验研究发现，0.125%—0.25% 乙酸与原头蚴接触后可在 2—3min 内出现皮层起泡杀虫作用，起刺，皮层分离，溶解及虫体发暗，钙粒减少等形态结构变化。5—10min 内可达到 100% 杀死原头蚴的效果。

（二）开胃消食功能

食醋能促进胃液分泌，对乙醇引起的大鼠胃损伤也具有一定的保护功能。食醋中的酸性物质还可溶解食物中矿物质等营养物质，增强其吸收能力。低浓度的醋酸是胃的温和刺激剂，可以防止胃在强刺激物质下所引起的胃损伤。另外，食醋有改善肝炎患者食欲不振的作用。

食醋含有挥发性的有机酸和氨基酸等小分子物质。这些挥发性物质通过人的鼻腔时，会刺激人嗅觉细胞中的嗅感神经。嗅感神经由于刺激而发生脉冲，传递到大脑的中枢系统，经过大脑的神经系统调节，使得消化系统机能亢进，促进胃液、唾液等的大量分泌，提高胃液和唾液的浓度，提高食欲，促进食物在人体内的消化。

（三）保肝、解酒功能

食醋的解酒护肝功效在中医书籍中均有记载。现代研究发现，当人饮酒后，约有 20% 的酒精被胃吸收，其余则在肠内慢慢被吸收，再送至肝脏，

① 胡秀容等：《食醋治疗食管癌术后腹泻病人的临床观察及护理》，《中华现代护理杂志》2003 年第 11 期。
② 万桂香等：《食醋、大活络丸、六神丸外敷治疗带状疱疹疗效观察》，《现代中医药》2005 年第 6 期。

肝脏会将酒精分解成乙醛，然后经氧化分解产生醋酸和水。

食醋除了主要成分醋酸外，还含有乳酸、苹果酸、琥珀酸、丙酮酸、柠檬酸等多种有机酸，包括自身不能合成、需从外界环境摄取的 8 种必需氨基酸在内的多种氨基酸，以及维生素等多种肝脏所需要的营养物质。食用后，营养物质被充分吸收转化，其转化合成的蛋白质对肝脏组织损伤有修复作用，并可提高肝脏解毒功能、促进新陈代谢，增强肾脏功能和利尿，促使酒精从体内迅速排出，从而达到保护肝脏的目的。因而，饮酒的同时饮用食醋，能降低血液中酒精的浓度，避免或减轻醉酒出现。

张凤等在对成年家兔灌肠实验中，发现等渗性食醋灌肠的家兔，其肠黏膜细胞形态正常，微绒毛排列整齐，细胞连接紧密，说明食醋具有良好的护肠功能。[1]

临床上，张凤兰在常规治疗的基础上对重症肝炎患者进行食醋保留灌肠，发现食醋能减少肠源性内毒素血症的发生，降低血氨，促进肝细胞的修复，改善肝功能，提高重症肝炎患者的存活率。[2] 陆启琳等对肝硬化合并肝性脑病 Ⅱ 期的患者治疗中，采用食醋保留灌肠方法治疗，总有效率达 90%。[3] 另有报道，食醋对急性传染性肝炎的治疗效果也很显著；用大剂量的维生素 C 辅以食醋，对肝硬变肝昏迷具有很好的治疗效果，19 例病人在 24—48 小时内均达到肝昏迷完全清醒标准。

（四）抗氧化、抗衰老功能

1956 年，英国 Harman 提出自由基学说。此学说认为，在生命活动过程中不断产生的自由基，可损伤细胞核及线粒体 DNA，可使生物大分子、细胞器、生物膜、细胞等发生氧化损伤。生物膜脂质过氧化、蛋白质交联变性

---

[1] 张凤等：《肝性脑病食醋灌肠导致肠黏膜屏障损伤及改进方法》，《天津医药》2013 年第 9 期。

[2] 张凤兰：《食醋保留灌肠治疗重型肝炎的疗效观察》，《医学理论与实践》2011 年第 8 期。

[3] 陆启琳等：《食醋灌肠治疗肝性脑病方法探讨》，《中国中医药现代远程教育》2010 年第 24 期。

等氧化损伤的逐渐累积，会导致各种人体正常细胞和组织的损坏，从而引起多种疾病，如心脏病、心脑血管疾病、老年痴呆症、帕金森病和肿瘤等。

现代研究表明，食醋中含有的多种化合物，如酚类、黄酮类化合物、不饱和脂肪酸、游离氨基酸、维生素、生物碱等，是自由基的清除剂。其中，酚类和黄酮类化合物是食醋清除自由基的主要成分，具有良好的抗氧化能力。

动物实验证实，食醋能显著降低小鼠血浆、肝脏和皮肤组织的 MDA 水平，增强 SOD、GSH-Px 的活性。日本研究发现，黑醋中含有的二氢阿魏酸（DFA）和二氢芥子酸（DSA）能直接清除 DPPH·自由基，对铜离子引起的低密度脂蛋白（LDL）氧化反应有抑制作用且与浓度有关。摄取黑醋可以抑制体内氧化损伤，对动脉硬化有抑制作用。

国内研究发现，中国的粮食醋具有一定的抗氧化性能，甚至有些食醋的抗氧化和清除自由基的能力高于目前市场上常用的一些合成抗氧化剂，如 BHT 等。食醋生产过程中，发酵和美拉德反应共同作用产生的川芎嗪，可抗自由基、降低肝病患者体内的脂质过氧化物，影响血浆中 SOD 的含量。湘西原香醋对 O_2^-·的清除能力低于维生素 C，山西老陈醋的清除活性比没食子酸和维生素 C 的都高。

过氧化脂质的增多是导致皮肤细胞衰老的主要因素。随着年龄的增长，人体内的过氧化脂质不断增加，而与此同时，皮肤的新陈代谢功能逐渐减退，色素类物质积聚在皮肤表面，形成乌斑，皮肤的张力和弹性丧失，皱纹和松弛部分增加。实验证明，经常食用食醋能抑制和降低人体衰老过程中过氧化脂质的形成，使机体内的过氧化脂质水平下降，从而延缓衰老，增加寿命。

食醋中所含的有机酸、甘油和醛类物质可以平衡皮肤的 pH 值，控制油脂分泌；食醋的微酸性对人体皮肤有柔和的刺激作用，使血管扩张，加快皮肤血液循环，有益于清除沉积物，使皮肤光润。

（五）降胆固醇、降血压功能

食醋中含有丰富的钾、锌等微量元素和维生素，含有可促进心血管扩张、冠状动脉血流量增加、产生降压效果的三砧类和黄酮成分，对高血压、高血脂及脑血栓的动脉硬化等多种疾病有防治作用。

食醋中含有的多酚类物质，既具有预防癌症、高血压、心脏病等作用，也可保护维生素 C 不被破坏，维生素 C 能促使胆固醇经肠道随粪便排泄，从而降低胆固醇含量。食醋生产发酵过程中产生的川芎嗪和外环二肽，还能显著促进细胞内胆固醇流出，并能明显激活 LXR 受体，具有较好的降血脂功效。

临床报告显示，让高血压或者心血管病患者每天服用 20mL 食醋，半年后，血液中总胆固醇、中性脂肪含量大大降低，而血流介导的动脉舒张功能未有显著变化。[①]

动物实验也证实粮食醋、水果醋均能降低实验动物（大鼠）血清的 LDL-胆固醇浓度，提高 HDL-胆固醇的量，显著提高 HDL-C/TC 比值，降低动脉硬化指数，有助于抗动脉粥样硬化和降血脂作用。

高血压容易引起脑血管障碍、缺血性心脏病、肝硬化症等，是动脉硬化的重要因子。研究显示自发性高血压大鼠（SHR）长期食用食醋的影响，与对照组大鼠相比，食醋能明显降低血压和血管紧张肽原酶的活性。食醋中维生素 C 和尼克酸能扩张血管，促进胆固醇排泄，增强血管的弹性和渗透力。另外，食醋还能促进体内钠的排泄，改善钠的代谢异常，从而抑制体内盐分过剩所引起的血压升高。

（六）活血化瘀功能

"醋制"是中药炮制中重要的炮制方法，中医临床常用醋与药物共制，用于疾病的治疗。中医认为酸入肝，肝主血。许多疾病由肝经不舒引起，醋

---

① 章国洪等：《论食醋功能及产品多样化现状》，《中国调味品》2013 年第 3 期。

味酸，专入肝经，能增强药物疏肝止痛作用，并能活血化瘀、疏肝解郁、散瘀止痛。如常见的妇科用药醋柴胡、醋当归、醋白芍等，治疗月经不调、崩漏带下等妇科疾病。中医伤科配制外敷药，也离不开醋，外用具有活血散瘀之功效。

血栓的形成是引发内瘘闭塞的最主要原因。谢萍等将 60 例维持性血液透析的患者随机分为试验组和对照组。试验组日间热敷后用食醋浸泡新鲜马铃薯片外敷内瘘血管处，2 小时更换 1 次，每日 2 次，夜间用喜疗妥外涂内瘘处；对照组常规护理。在 6 个月和 12 个月后观察内瘘血管情况。结果发现，实验组内瘘发生硬化闭塞的概率明显低于对照组，说明用食醋浸泡马铃薯后外敷联合喜疗妥外涂，具有良好的预防动静脉内瘘硬化闭塞的效果。①

（七）止血功能

高传英等在临床上发现，云南白药加食醋外敷治疗静脉输液所致的人皮肤损伤，效果明显，且可缩短创面愈合时间。② 王秀红用如意金黄散加食醋外敷治疗静脉留置针输液渗漏处，显效率为 91.18%，明显高于对照组52.94%。③ 另有研究发现，食醋溶液灌肠能降低食管胃底静脉曲张破裂出血。

（八）消痈功能

痈的病名首见于《内经》，其记录"营气不从，逆于肉理，乃生痈肿"，有"内痈"与"外痈"之分。内痈由饮食不节，冷热不调，寒气客于内，或在胸膈，或在肠胃，寒折于血，血气留止，与寒相搏，壅结不散，热气乘之造成。外痈是一种发生于皮肉之间的急性化脓性疾患，包括现代医学的急性淋巴结炎、蜂窝组织炎等，其病因病机多由于外感六淫及过食膏粱厚味，

① 谢萍等：《食醋马铃薯联合喜疗妥预防动静脉内瘘硬化闭塞的疗效观察》，《当代护士》2012 年第 5 期。
② 高传英等：《云南白药加食醋治疗输液所致皮肤损伤》，《护理学杂志》2006 年第 10 期。
③ 王秀红：《如意金黄散加食醋对新生儿静脉输液渗漏的治疗》，《临床护理杂志》2014 年第6 期。

内郁湿热火毒或外来伤害、感受毒气等，引起邪毒壅塞，致使机体营卫不和，经络阻塞，气血凝滞，发生痈肿。

中国在现代医学中，常将食醋用于治疗外科的一般炎症。如中成药中的新癀片、双黄连粉针，均可用食醋调匀，外敷于患处，具有消痈散结之功效。用云南白药加食醋调敷，可明显减轻注射疫苗后红肿、硬结的不良反应。研究显示，柴胡疏肝散加减内服配合中药浸醋外搽治疗乳腺增生，疗效明显优于普通治疗方案，有较好的临床治疗效果。另有研究发现，无蒸煮薏苡醋、玉米醋含有抗肿疡（肿疡，谓疮未出脓者）活性物质；蒸煮薏苡醋未见此活性，蒸煮玉米醋的抗肿疡活性仅为无蒸煮玉米醋的 25%。

（九）抗肿瘤功能

食醋具有抗肿瘤的功能。对保宁醋生产原料进行分析显示，麸皮具有高铜低镉的特征。用多种中草药制成的药曲，含有丰富的铜、锌、锰、钼、钴等微量元素，这些微量元素具有抗癌作用、消减黄曲霉致癌成分的作用。保宁醋中含有一种酶，可以抑制镉和真菌的协同致癌作用。有关专家认为，食醋中含有大量的醋酸、乳酸、琥珀酸、葡萄酸、苹果酸、氨基酸等，经常食用，可以有效地维持人体内 pH 值的平衡，从而起到防癌抗癌的作用。①

有研究报道，给患有恶性肿瘤模型的老鼠喂饲适量的醋液，连续服用 10 天，肿瘤有明显的改善。有研究发现在试管中加入液态米醋会诱导人体白细胞的凋亡，抑制癌细胞的繁殖，移植了肠癌细胞的老鼠喂食含 3% 米醋沉积物的饲料，可有效减小癌细胞体积，减小量超过 34%。②

动物实验表明，食醋能有效减少腹水型荷瘤鼠（ICR-Sarcoma180 系癌细胞）腹腔肿瘤。孙振卿在应用煤焦沥青（CTP）烟气吸入法诱发小鼠肺癌瘤的同时，给予食醋蒸汽吸入进行干预试验，结果发现，吸入食醋蒸汽能

---

① 张战国：《食醋功能特性的研究与分析比较》，西北农林科技大学 2009 年硕士学位论文。
② 唐青等：《醋的保健功能及其制品的研究现状》，《中国微生态学杂志》2010 年第 10 期。

够降低由于吸入煤焦沥青烟气所致小鼠肺癌发生率。①

王勉采用长期高醋膳食生活条件下的大鼠血清培养人肺腺癌细胞 A549，研究长期饲醋条件下动物血清对肺腺癌细胞 A549 增殖活性、凋亡及 Survivin 蛋白表达水平的影响。长期饲醋，能抑制肺腺癌细胞 A549 的增殖，增强人肺腺癌细胞 A549 的凋亡，减低人肺腺癌 A549 细胞 Survivin 蛋白的表达水平。②

陈醋有强烈的破坏和分解亚硝酸盐的作用，能抑制嗜碱性细菌的生长和繁殖，可调节体液的 pH 值，提高免疫力，促进副肾皮质激素的分泌，起到有效抗癌防癌的作用。

（十）强筋健骨功能

食醋有助于预防骨质疏松症。日常膳食中加入食醋，可以促进小肠对钙的吸收，有助于预防骨质疏松症。食醋的 pH 值低，有利于食物中 Ca 的溶解和溶出，增大钙的溶解度和吸收率。食醋中主要成分醋酸，也是肠道微生物产生的主要短链脂肪酸之一。这些短链脂肪酸能影响肠道功能和代谢，与肠道中钙的吸收有关。短链脂肪酸的混合物如醋酸、丙酸和丁酸与大鼠盲肠和大肠中高钙吸收有关。

动物实验表明，食用食醋蛋的老鼠比普通食物组的骨骼强度高。将低钙饲喂的大鼠，切除卵巢，喂食食醋，发现食醋可增加钙的溶解性，提高小肠对钙质吸收率，降低由于卵巢切除而引起的骨转化，故食醋可预防骨质疏松症。醋能防止维生素 C 的破坏，利于肌体的吸收利用。维生素 C 能活化体内多种酶和激素，延缓衰老，并有阻断致癌物质亚硝基化合物生成的效用。人体实验表明，灌输醋酸于大肠末梢、直肠能增进钙的吸收，有助于预防骨

---

① 孙振卿：《煤焦油沥青烟气致小鼠肺癌及食醋蒸汽阻断作用的实验研究》，承德医学院 2007 年硕士学位论文。

② 王勉：《长期饲醋 SD 大鼠血清诱导人肺腺癌细胞 A549 凋亡及对其 Survivin 表达影响的实验研究》，承德医学院 2010 年硕士学位论文。

质疏松症。

（十一）缓解疲劳

正常情况下，人的体液呈中性或弱碱性。经过激烈运动或劳动，或食用大量酸性食品，体内会积聚大量乳酸。乳酸是导致人体疲劳的主要因素。乳酸在体内的清除主要是通过乳酸脱氢酶转变为丙酮酸。丙酮酸通过三羧酸循环被彻底氧化分解，生成二氧化碳和水。

食醋的主要成分醋酸可直接被小肠吸收，进入血液后随血液循环送到各组织细胞。大部分的醋酸与草酰乙酸反应合成柠檬酸，少量的醋酸可在肝脏中与 CoA 结合生成乙酰 CoA。乙酰 CoA 和柠檬酸都是三羧酸循环的底物，它们的增多可促进三羧酸循环的进行，减少乳酸、丙酮酸的堆积，达到消除疲劳的作用。

四、醋的调味功能

醋是最古老、最大众化的调味品，在烹调中应用极为广泛，常与甜味、咸味并存，形成菜肴独特的味道，正如我们俗话所说的"无醋不成味"，古人称之为"食总管"。

（一）赋味调节

食醋的主要成分是醋酸，可提供丰富的酸味。食醋中含有多种氨基酸，各具呈味功能，使醋的味道鲜美、柔和、可口。除了赋予食物酸味以外，食醋还可与其他调味品组成复合味，同时可以调节甜味、咸味、辣味和鲜味的强弱，压咸提鲜，降低辣味，丰富和改善菜肴的口味，增加特殊风味。许多名菜都以食醋为主要调味料，如北京名菜醋椒鱼、杭州名菜西湖醋鱼、无锡名菜糖醋排骨、广西名菜醋血鸭、镇江名菜香醋排骨等。

（二）护色增色

烹调过程中，有些蔬菜如紫甘蓝、茄子等富含花青素，在偏碱性环境下容易变色发黑；土豆等切配后会因酶促褐变颜色发生变化。食醋可以防止原料变色，以保持原料本色。除白醋外，其他醋还均可赋予菜点红棕色或琥珀色。加少许醋，可使其保持鲜艳红亮。

（三）增香

食醋在发酵生产过程中，产生了大量鲜味和香味物质，烹饪过程中加入，会产生一种特殊而诱人的芳香气味。

（四）去腥解腻

食醋可去腥、膻、臊、臭等异味，降低油脂肥腻，提味爽口，增进食欲。烹调油腻食物时加点醋，或吃饺子时蘸点醋，可减少油腻感。在鱼类烹饪时，鱼肉因为含三甲胺等物质而产生腥味，三甲胺为碱性物质，加入醋后，可中和三甲胺，除掉腥味。羊肉中含有较多的挥发性脂肪酸，呈现浓烈的膻味，醋中含有醇类物质，可与脂肪酸发生酯化反应，生成具有香气的低分子酯类物质。

（五）利于煮软

有些动物性原料，如牛肉久煮不易软化，加入适量食醋，可以使牛肉纤维软化，从而使肉质柔嫩，味道也更加可口鲜美，并能缩短加热时间。对于一些韧、硬的肉类或海带、大豆等原料，食醋也是一种较好的软化剂。腌肉时加入少许醋，可以防止肉类的水分脱失，避免肉质变得干涩难入口。而且腌制过程中，醋会渗入肉内，软化肉质，这样烹调之后的肉吃起来更软嫩可口。

（六）促进脆嫩

在烹制细嫩的蔬菜原料时加点醋，可防止蔬菜失去脆性，令菜肴脆嫩爽口，并能保持较长时间。在炸、烤肉类时抹上醋和怡糖等，还能增加制品的酥脆度。

（七）增加营养

瓜果蔬菜类富含维生素 C，是维生素 C 的重要来源，维生素 C 不耐热、易氧化、对碱敏感，但在酸性环境中较稳定。因此，在制作瓜果蔬菜类菜肴时，加入适量的醋，不仅可以减少维生素 C 的损失，还能软化蔬菜中的纤维素，从而提高菜肴的营养价值。食醋的 pH 值低，可以把 Ca、Mg 等的盐类从不溶性状态变为可溶性状态，促进钙的吸收，因而，在烹制带骨的肉类原料、鱼类、贝类时加入适量的醋，能使骨、刺软化，促进原料中的钙、磷、铁等矿物质的溶解，增加营养价值。

第二节　中国醋的传统加工技艺

贾思勰在《齐民要术》中详细记载了 23 种制醋方法，主要以麦曲（即黄衣）作糖化剂和发酵剂。从原料来看，大多是用谷物酿制食醋。"黄衣"即是现在所说的米曲霉。关于黄衣曲的制备，在《齐民要术》的记载如下："作黄衣法：六月中，取小麦，净淘讫，于瓮中以水浸之。令醋。漉出，熟蒸之。槌箔上敷席，置麦于上，摊令厚二寸许，预前一日刈藊叶薄覆。无藊叶者，刈胡枲，择去杂草，无令有水露气；候麦冷，以胡枲覆之。七日，看黄衣色足，便出曝之，令干。去胡枲而已，慎勿扬簸。齐人喜当风扬去黄衣，此大谬：凡有所造作用麦貌者，皆仰其衣为势，今反扬去之，作物必不善矣。"

贾思勰叙述的做醋法中，有 15 种方法是描述黄河中下游地区的制醋工艺过程。其中，大麦酢法比较典型。大麦酢法：七月七日作。若七日不得作者，必须收藏取七日水，十五日作。除此两日则不成。于屋里近户里边置瓮。大率小麦貌一石，水三石，大麦细造一石——不用作米则利严，是以用造。簸讫，净淘，炊作再馏饭。掸令小暖如人体，下酿，以杷搅之，绵幕瓮口。三日便发。发时数搅，不搅则生白醭，生白醭则不好。以棘子彻底搅之：恐有人发落中，则坏醋。凡醋悉尔，亦去发则还好。六七日，净淘粟米五升，米亦不用过细，炊作再馏饭，亦掸如人体投之，杷搅，绵幕。三四日，看米消，搅而尝之，味甜美则罢；若苦者，更炊二三升粟米投之，以意斟量。二七日可食，三七日好熟。香美淳严，一盏醋，和水一惋，乃可食之。八月中，接取清，别瓮贮之，盆合，泥头，得停数年。未熟时，二日三日，须以冷水浇瓮外，引去热气，勿令生水瓮中。若用黍、秫米投弥佳，白、苍粟米亦得。在整个制醋过程中，强调了原料处理和水分、温度、酸度、酒精度、卫生等的条件控制以及成醋的保存方法等，这些都是传统制醋工艺中最重要的部分。①

第三节　中国醋的历史文化

一、中国醋的"醋"字解析

最早与醋有关的字是"醯"［xī］，以后有"酢"［音 zuò, cù］、"苦酒"等称呼。西周时，"醋"被称为"醯"。东汉许慎在《说文解字》中写到"醯，酸也。"汉刘熙《释名·释饮食》中载"醯，瀋也。宋鲁人皆谓汁为瀋。"《论语·公冶长》中有"或乞醯焉，乞诸其邻而与之"。其下注疏："醯，醋也。"《左传·昭公二十年》："和如羹焉，水、火、醯、醢、盐、梅。以烹鱼肉。"西汉史游在《急就（救）篇》中载"芜荑盐豉醯酢酱。"

西汉至隋朝的古籍中，"酢"的称呼较为普遍。东汉崔寔《四民月令》中有"四月四日作酢；五月五日亦可作酢。"《诗经》中称醋亦为"酢"。《诗经·大雅·行苇》中有"或献或酢。"《诗经·小雅·瓠叶》记有"酌言酢之。"《礼记·郊特性》中亦有"大飨，君三重席而酢焉。"郑玄笺："进酒于客曰献，客答之曰酢。"北魏贾思勰的《齐民要术》中也多用"酢"字："酢，今醋也。"《大宋重修广韵》解释说："酢，浆也，醋也。"

两晋南北朝时，醋常被称为"苦酒"。汉刘熙在《释名·释饮食》中有"苦酒淳毒其者酢且苦也。"《名医别录》中陶弘景注醋曰："以有苦味，俗

---

① 倪莉：《〈齐民要术〉中制醋工艺研析》，《自然科学史研究》1997 年第 4 期。

呼为苦酒。"唐梅彪《石药尔雅》卷上《释诸药隐名》："酢，一名苦酒"。《北堂书钞》中记载有："食经云作卒成苦酒，其法取黍米一解，以热粥浇其上，二日便成酢。""吴地志云吴王筑城以贮醯醢，今俗人呼为苦酒城。"王三聘《古今事物考》卷中也称其苦酒"魏中书监刘放曰，官贩苦酒，与百姓争锥刀之利，请停之。苦酒盖醋也。"《食经》中载有"作大豆千岁苦酒法。"唐朝以后开始使用"醋"字，并延续至今。

二、中国醋的历史与起源

殷商时代，古人在利用梅制作梅浆以后，偶然发现粟米也可制成酸浆，"熟炊粟饭，乘热倾在冷水中，以缸浸五七日，酸便好用。如夏月，逐日看，才酸便用"。在制成酸浆的基础上，又加上曲，做成苦酒："取黍米一斗，水五斗，煮作粥。曲一斤，烧令黄，破，著瓮底。土泥封边，开中央，板盖其上"。利用曲发酵的酸浆实际上已是早期的醋。

《物原类考》记载，"酱成于盐，周时已有醋，一名苦酒，周时称醯（xī），汉始称醋。"《物原》食原中第七，四十条中记有"殷果作醋，周公作酱芥辣。"据史料记载"西周出现了'公室制醋作坊'，做醋的奴隶最多时已有140多人"，开始了醋的生产。

《周礼》中记载"醯人，奄一人、女醯二十人、奚四十人四十人……凡酒浆之酒醴，亦如之……""醯人掌共五齐，七菹（zū）"。"醯人"就是皇家专管制醋的官。

《周官精义·天官家宰》中说"王举，则共醯物六十瓮"。

《礼记》记载"宋襄公葬其夫人醯醢百瓮"。

春秋战国时代已有专门酿醋的作坊，《论语》中也有醋的记载。据史载，春秋时期吴国曾筑一城，专门贮存醯醢，后人称为"苦酒城"。

汉代以后，醋开始走进寻常百姓家。东汉时期著名的《四民月会》记载了醋的酿造最佳时间为"四月四日"和"五月五日"。《史记·货殖列传》中记述，汉初通邑大都每年都会酿醋上千瓮："酰一岁千酿，醯酱千瓨。"

随着酿造方法的改进和人们对醋认识的发展，酿醋业有了较快的发展。公元6世纪中叶，酿醋已有了较为科学的方法。北魏农学家贾思勰在《齐民要术》中，介绍了243种食醋酿造方法。从原料处理、生产日期、工艺流程以及生产周期等方面系统总结了当时生产食醋的理论和技术。其中谷物醋利用根霉、米曲霉做糖化剂，原料经过糖化、酒化、醋化进行发酵，这是中国独特的制醋技术，中国酿醋也进入了"制曲酿醋"技术的发展时期，开创了中国酿造陈醋的先河。

唐朝时，制醋业有了较大发展，醋的种类也较为丰富。据唐朝《新修本草》记载，当时的醋有"米醋、麦醋、糖醋、曲醋、糟醋、汤醋、桃醋和葡萄、大枣等等诸杂果醋"。清朝学者钱泳在《记事珠》中说"唐世风贵重桃花醋"。唐代有了葱醋鸡、醋芹等以醋为主要调味品的菜肴。五代时，酿造技术又有了进一步发展。王仁裕在《玉堂闲话》中载有"齐州有一富家翁，郡人呼曰刘十郎，以鬻醋油为业。"《四时纂要》中提出"米醋""暴米醋""麦醋""暴麦醋"等酿造方法。

宋朝时，食醋即有民间酿制，也有官府酿制，各州普遍设有醋库、醋坊酿醋买卖食醋，醋已成为生活必备品之一。山西酿醋业遍布城乡，太行、吕梁这些偏僻地区也出现了"家家有醋缸，人人当醋匠"的盛况。

宋徽宗时，常下诏令："卖醋毋得越郡城五里外，凡县、镇、村并禁。"宋徐铉撰《稽神录》亦有"建康……有卖醋人某者"的故事。南宋时都城临安府以醋为主要调味的菜肴大为增加，著名的"西湖醋鱼"相传也是宋代名菜。宋吴自牧《梦粱录》中记载："盖人家每日不可阙者，柴米油盐酱醋茶"，醋已成为开门七件事之一。在宋朝时，"醋"字被广泛使用。宋陈鼓年在《广韵》中说："酢浆也，醋也"。

明清时，中国的酿醋技术进入高峰，醋的品种众多，是中国酿醋史上的鼎盛时期。明代，酿醋常识已普及百姓之家，并有大曲、小曲和红曲之分。徐光启的《农政全书》中载有"作酢法""秫米神酢法"等百姓酿醋的详细方法。公元1377年，朱元璋的孙子朱济焕创建了著名醋坊"益源庆"，专门为宫廷酿制食醋。李时珍在《本草纲目》中记载，当时已生产出了"米醋、糯米醋、小麦醋、大麦醋、饧醋"等品种。

　　明朝戴牺在《养馀月冷》中记载，当时已有"陈酿老米醋、莲花醋、小麦醋"。袁枚《随园食单》中论佐料时说："善烹调者，酱用伏酱，先尝甘否。油用香油，须审生熟。酒用酒酿，应去糟粕。醋用料醋，须求清冽。"清朝时的黄河流域，醋坊林立，各地根据自己的口味、消费习惯、材料的不同，创造出多种富有地方特色的制醋工艺。

　　《中国实业志·山西省》一书中，说山西人"嗜醋，凡小康人家，皆自酿造……惟皆自酿自用"。清初顺治年间，山西王来福创办了"美居和"作坊，采用夏伏晒、冬捞冰方法，并在"淋醋"工序之前增加了"熏制"工艺，改白醋为熏醋，创造了至今名扬天下的"山西老陈醋"，另有镇江香醋、四川保宁鼓醋、福建永春老醋、江浙玫瑰醋、北京熏醋、上海米醋、丹东白醋、益元庆陈醋、辽宁喀左陈醋、山东洛口醋等一批名醋，也都是诞生或成形于明清时代。

三、中国醋的诗词歌赋

（一）诗词

宋　陆游

挽住征衣为濯尘，阆州斋酿绝芳醇。

莺花旧识非生客，山水曾游是故人。

遨乐无时冠巴蜀，语音渐正带咸秦。

平生剩有寻梅债，作意城南看小春。

明　唐寅

柴米油盐酱醋茶，般般都在别人家。

岁暮清闲无一事，竹堂寺里看梅花。

宋　苏东坡

芽姜紫醋炙银鱼，雪碗擎来二尺余。

王村醋香浓似酒，藏窖陈浆独风流。

佚名

奉军金厄王村醋，香君高汤玉馔间。

昨夜把盏倾壶饮，今晨仍思味酸闲。

忠信乡醋长日饮，春色无处不精神。

红谷小米众粮酿，王村玉液古不今。

远山秋影雁横飞，与客携壶上翠微。

尘世难逢开口笑，王村醋香送君归。

但将酩酊酬贵客，酸香情浓似落晖。

古今往来临王村，谁人不带新醋归。

《明清笔记》："书画琴棋诗酒花，往时件件不离他。而今七事都变更，柴米油盐酱醋茶。"

元杂剧《刘行首》："教你当家不当家，及至当家乱如麻。早起开门七件事，柴米油盐酱醋茶。"

清嘉道间，有俗曲集名《白雪遗音》内录，《酸甜苦辣》分咏四种滋味"物美青杏陈醋拌，酸上加酸。冰糖白糖加上蜜钱，甜的更甜。山豆根儿苦，大黄黄柏加黄连，苦不可言。生姜辣秦椒，胡椒独头蒜，辣的实在全。"

（二）谚语与歇后语

久在山西住，哪能不吃醋。

五味盐为上，调和醋当先。

姜是老的辣，醋是陈的酸。

宁饮三千酢，不见崔弘度。

家有二两醋，不用去药铺。

山西人的嘴——爱吃醋

醋泡的蘑菇——坏不了

提着醋瓶要饭——穷酸

胳膊肘里灌醋——酸溜溜

一分钱一壶醋——又酸又贱

酱油店里打架——争风吃醋

一打醋，二买盐——两得其便

陈醋缸里加冰块——瞧你那寒酸样

醋是随饭吃的药，更是顿顿吃的饭。

四、中国醋的民间传说

（一）"醋"字来历的传说

1. 以年月命名

相传商朝殷纣王为给妲己治病，在都城朝歌修建"摘心（星）楼"，要取忠心耿耿的丞相比干的七巧玲珑心，食用人心需一种山泉水和高粱的酒浆做药引。纣王号令天下臣民进献，晋阳官员将该地产的高粱酒进献。这些制酒工匠同运输挑夫日夜兼程赶往朝歌。不料天热路远，未出太行山，挑夫大多中暑病倒，挑的酒溢出一股异味。打开酒坛，拆开泥封，不料，闻到一股诱人的醇香味，尝了尝，酸甜沁心。这工匠大喜，逃回家后，照此法又做了些，请乡邻们品尝，人人赞不绝口。后晋阳官员闻之，索取一坛献于纣王，纣王以为是酒，不料却酸得要命，喝后"唏嘘"不止。妲己问这东西的名字时，这官员灵机一动，便以"唏"命名之，因此物出自山西，用器皿而流入朝歌，便以"醯"记之。

汉朝，陈平、周勃诛杀吕后，拥立生于长安，长于晋阳的刘恒为汉文帝，醯便成为宫廷指定贡品。有一次晋阳官员奉送贡品入宫，照例拜见文帝母薄太后。太后听到宫女们称醋为"醯子""老醯"觉得不悦耳，于是想将醯改个名字。文帝便命官员起个名字。一个学士奏道："今年癸酉年，今天腊月二十一日，将年月一和，即为'醋'字。"文帝听后龙心大悦，御笔亲书"醋"字，贴于盛醋的大缸，从此，醯就改为"醋"了。

2. 以人名命名

陈酉，山西梗阳（今清徐县人）人氏，山西陈王府"百味堂"掌味师。陈酉首创"廿一日成醋法"。当时，以陈酉之名与"廿""一""日"组成"醋"字，后世人称陈酉为"醋仙"。

3. 以时间命名

相传，酒的发明者杜康的儿子黑塔跟杜康学习酿酒技术。黑塔由于贪玩，忘记了存放在大缸内的酒糟。酒糟经过 21 天的发酵变成了酸水。黑塔就把二十一日加"酉"字来命名这种酸水，于是就有了"醋"了。

（二）醋的传说

1. 刘伶之妻造醋说

据民间传说，说造醋始于晋刘伶之妻吴氏。刘伶为竹林七贤之一，嗜酒如命，曾作《酒德颂》，自称"惟酒是物，焉知其余"。吴氏认为，嗜酒既耽误事又伤身体，于是想尽办法阻止刘伶饮酒。她在酿酒时将盐梅酸辣之物投入酒中，使酒酸烈幽香，于是就产生了醋。

2. "虞公断腥醋"传说

虞公是春秋时虞国的国王，平日不善朝政，以喜美食而著称。当时，势力较强的晋国欲吞灭虢国，但交通受阻无法实施。晋国大臣向晋献公提议，如能借虞国之道，灭虢国便不费吹灰之力。晋献公于是派人送厚礼于虞公，虞公应允了晋国的要求，晋国遂成功"借道"而灭虢国。晋献公灭虢后，顺手牵羊，回头便灭掉了虞国。在政治方面十分糊涂的虞公，对食醋酿造却有着很深的研究。失去王位之后，他潜心研究晋国地理，利用晋地粱秫繁多、汾水充盈之优势，造出了断鱼腥、去猪臊、除羊膻的食醋。这在当时被视为"神奇"，也被后世传为佳话。

3. "吃醋"的传说

"吃醋"是妒忌的同义词和比喻语。据传，这个典故出自唐朝的宫廷。唐人笔记《朝野金载》记有一段故事：宰相房玄龄的夫人好嫉妒，唐太宗有意赐房玄龄几名美女作妾，房不敢受。太宗知是房夫人执意不允，便召玄龄夫人令曰："若宁不妒而生，宁妒而死。"意思是，若要嫉妒就选择死，并给她准备了一壶毒酒。房夫人面无惧色，当场接过"毒酒"便一饮而尽，"宁死而妒"。其实，李世民给她喝的只是一壶醋。李世民给这位房夫人开了个玩笑，于是就有了"吃醋"之典。从此，便把"嫉妒"和"吃醋"融合起来，"吃醋"便成了嫉妒的比喻语。

4. 老子造醋

传说公元前515年，在周景王驾崩后的周室，由于多年内部战乱纷争，57岁的老子因为没有管理好周室典籍而自归故里。公元前509年，63岁的老子又被当朝天子敬王姬匄召回周都重修典籍。二次入京，老子在周都洛邑见到了20年前曾有一面之识的故交孔子，二人相见甚是喜悦，从相识、阔别到各国时势、周朝礼章等相谈甚欢，垂为挚交。当孔子谈及周都洛邑缺乏森林，金、木、水、火、土五行缺木时，老子直言也正虑此事，只是尚无良策。孔子由五行联想到五味，苦、辛、酸、甘、咸，说酸味可补五行中木的缺少，对人体大为有益。老子一听，很为高兴。不负知己相托，决定选址造醋。要酿佳醋，须有好水。孔子指着周围碧波荡漾的菏泽泉水，感慨地说道，用此佳泉酿醋，莫非天意。于是，老子决定造醋。经过九九八十一次实验，老子带领仆人终于造出了醋，人们大喜。由于当时醋的酿造工艺还不成熟，时间又长，所以量极微少，只能作为贡品献于宫廷，寻常百姓极难吃到，偶尔有人吃到了，甚是幸运，均夸极妙神品。加之醋又有许多药用和保健功能，对人体某些疾病有一定的防治作用，人们便将醋神化成神仙之物，又由老子之造，老子后世又被仙化，故醋的神秘色彩也就更浓一些了，有人间仙醋之称。

5. 贵妃醋

传说杨贵妃爱吃荔枝，"一骑红尘妃子笑，无人知是荔枝来"。南方快马接力加鞭，将荔枝送至长安，讨贵妃的欢心。只是产荔枝的时节很短，杨贵妃想常吃荔枝那是没法办到的事。聪明过人的太监看到嫔妃们爱吃醋，个个美得容光焕发，从中受到启发，便用陈荔枝泡醋，再加蜂蜜，然后加冬天深储的冰块，硬是弄出一杯口感独特的冰醋饮来，喝得贵妃娘娘朱唇轻抿百媚生，乐得皇帝笑开颜。既满足了杨贵妃对荔枝的渴望，又滋润了贵妃之美。又传安史之乱时，杨贵妃流亡到日本，并把御治杨贵妃的醋秘方也带到了日本，后来日本人又把它传到了韩国。当时，日、韩人仰慕贵妃之美，便饮用贵妃醋解相思相恋之愁。因此，日韩饮醋之风盛行至今，贵妃醋也得以广为流传。

6. 清徐醋的传说

明朝永乐十九年，有江苏武进县官吏杨玉携带家眷，随晋王到太原府上任，不久便受命到羊方口一带催收公粮。杨玉来到羊方口，见这里汾潇二河并流而不合，羊方口夹在其中，有"二龙戏珠"之趣，故而认定："此乃宝地也。"随后便举家迁往羊方口定居，并让其子杨恕办起了醋坊，以供晋王府食用。由于杨恕经营有方，又有官府保护，不到几年就把醋坊办得生意兴隆，财源滚滚，从此，杨房村便有"酿醋宝地"之称。到了清代，杨房村先后出现了数十家远近闻名的酿醋作坊。相传清顺治年间，一天早上，鸡初叫，"顺泰号"醋坊的小伙计到龙王庙井边挑水，见一条白蛇，长数丈，粗若水桶，尾卷鼓楼柱，头伸井漕中，正忙于饮水。小伙计受惊逃走，告之掌柜，掌柜听完大喜道"白蛇就是龙神，同我等共饮一井水，发迹不远矣"。掌柜亲手蒸就了五个"莲花大供"，到龙王庙拜祀，后来，"顺泰号"果然发迹了。1914 年，龙王庙井水枯干，醋井再度向北挪位，地点选在"武家维"（即水塔老陈醋公司所在地），水井出水后，水质极佳，酿醋极好，大小醋坊相继开办，清徐醋业由此开始蓬勃发展起来。

7. 武则天饮醋疗疾

相传，女皇武则天在东都洛阳，有次龙体欠安，常常腹胀气滞，不思饮食，御医们想尽了办法也未能奏效，有位御医因此还被砍了头。后来，有一道士进献洛阳小米陈醋，武则天吃后胃口大开，龙体转安。从此以后，武则天御膳时总要放上一壶米醋。此习惯传于民间，洛阳宴席开始先上一大碗米醋，以开胃解酒，流传至今。

8. 白居易赞醋留诗篇

相传白居易闲居履道里时，因其住所与寺院相邻，且与寺僧来往甚密，互有馈赠。一日神秀长老执酢到履道里与乐天品茶闲叙酢之神效，兴致之时，神秀向乐天索句，乐天以酢研墨，挥毫书就："长生殿上竞争传，老来齿衰嫌茶淡。无契之处谁相依，疾酢倍觉酸胜甜"，这首藏头诗暗藏"长老无疾"四字，喻指神秀长老因经常食酢而能长寿健康。

五、中国酿造醋名品

中国微生物学鼻祖、著名微生物学家方心芳先生，曾在多部著作中明确指出："中国之醋最著名者，首推山西醋与镇江醋。镇江醋酽而带药气，较山西醋稍逊一筹，盖上等山西醋之色泽、气味皆因陈放长久，醋之醋身起化学作用而生成，初非人工而伪制，不愧为中国名产。"

（一）山西老陈醋

山西老陈醋素有"天下第一醋"的盛誉。山西老陈醋是以高粱麸皮为主要原料，以稻壳和谷壳为辅料，以大麦、豌豆为原料制作的大曲作为糖化发酵剂，经酒精发酵后采用固态醋酸发酵，再经熏醅、陈酿等工艺酿造而成的食醋。其色泽棕红，有光泽，体态均一，较浓稠；酸、浓、鲜、香，回味绵长。①

山西老陈醋的生产至今已有3000余年的历史，它的发祥地是太原清徐县。清顺治年间，介休县有个"通德如"醋坊，创办人叫王来福。王来福到对以前的酿醋工艺进行了大胆的改革、创新，"冬捞冰，夏伏晒"，使酿出的醋"绵酸醇厚、陈香悠久、甜洌鲜美、回味无穷"，人们食后纷纷称赞，四处传颂，说王来福"酿了神醋"，而被别人误听为是"酿老陈醋"，后来，人们干脆把这种香如老酒的醋叫作"老陈醋"。因为"了"与"老"在晋方言中是同音的。1924年，在巴拿马国际博览会上，清徐老陈醋获得优质商品一等奖。2008年，"美和居老陈醋酿制技艺"被认定为"国家级非物质文化遗产"，山西老陈醋集团董事长郭俊陆被认定为"美和居老陈醋酿制技艺"国家级传承人。2011年，山西老陈醋集团成为全国调味品行业唯一、山西省唯一的"国家级非物质文化遗产生产性保护示范基地"。

（二）镇江香醋

《中国医药大典》记载："醋产浙江，杭绍二县为最佳，实则以江苏镇江为最。"是以优质糯米为主要原料，采用传统的"固态分层"发酵工艺，经过酿酒、制醅、淋醋等三大工艺过程，利用天然多菌种混合发酵工艺，40多道工序，需50—60天才能酿造出来。镇江香醋是中国的四大传统名醋之一，以"恒顺牌"镇江香醋为典型代表，产品独具"酸而不涩，香而微甜，色浓味鲜，愈存愈鲜"的特点。② 清朝道光二十年（1840），丹徒西彪村人

---

① 赵静等：《山西老陈醋》，《中国标准导报》2015年第10期。
② 许伟：《镇江香醋醋酸发酵过程微生物群落及其功能分析》，江南大学2011年博士毕业论文。

朱兆怀开设酒坊生产百花酒，取字号"朱恒顺糟坊"，寓意"永久顺遂"。当时恒顺百花酒兼具香、甜、苦、辣、醇之特色，被清廷定为贡品。1850年，恒顺开始生产香醋和酱，其中采用固态分层发酵生产的"镇江香醋"，独具"酸而不涩，香而微甜，色浓味鲜，愈存愈醇"之特色，后作坊更名为"朱恒顺酱醋糟坊"。1910年5月，中国历史上第一次堪称世界级的博览会在南京举办，恒顺送展的香醋被评为金牌奖。2006年，恒顺香醋生产采用的特殊"固态分层发酵"工艺被国务院列入首批"国家级非物质文化遗产保护名录"，"恒顺"香醋品牌获中国原产地保护，为中国驰名商标。

（三）四川麸醋

四川麸醋创始于明清之际，主要产地在四川阆中，以保宁所产的麸醋最为有名。四川麸醋是以麸皮、小麦、大米为主要原料，以药曲（砂仁、杜仲、花丁、白蔻、母丁等70多种中药材）加黑曲为糖化发酵剂，经熟料或生料固态糖化、酒精发酵、醋酸发酵同池进行发酵生产，并加以9次秒糟的独特工艺酿制而成。麸醋色泽黑褐，具有醋香浓郁、酸味浓厚、色泽浓稠和回味甜美等特点，还有其独特的功能性和药理作用[①]。

（四）永春老醋

2009年，福建永春老醋获批国家地理标志产品保护。永春老醋起源于福建永春，创始于北宋时期，又名乌醋或福建红曲醋，是以优质糯米、高级红曲、白糖、芝麻等为原料，以独特的生产配方，采用分次添加，液体发酵，并经过多年（三年以上）陈酿后精制而成，是福建传统名特调味佳品，色泽棕黑，酸而不涩、酸中带甜、香气独特。相传宋宁宗时，永春湖洋庄夏在学士院兼太子侍读，一次太子患腮腺病，庄夏用家乡的老醋将其医好，此事传到了宋宁宗耳中，得到赞赏，宁宗皇帝平日龙体欠佳，

---

① 缪杰等：《四川麸醋的功能性》，《江苏调味副食品》2005年第7期。

常腹胀气滞，食欲不振，经庄夏介绍食用永春老醋好，龙体转安，从此以后，宁宗皇帝御膳时总要备一壶永春老醋，永春老醋由此扬名，成为传统特产①。

———————

① 辜燕萍：《永春老醋产业发展策略研究》，福建农林大学 2013 年硕士学位论文。

第四章

中国豆豉

豆豉与腐乳、酱油、豆酱并称为中国四大传统发酵豆制品，已有两千多年的历史。豆豉以黑豆、黄豆为原料，利用微生物发酵制成，被中国原卫生部定为第一批药食兼用资源，如中成药银翘解毒片、羚翘解毒片中均含有豆豉。按发酵用微生物种类的不同，豆豉分为米曲霉型豆豉、毛霉型豆豉、根霉型豆豉与细菌型豆豉。

米曲霉型豆豉：应用米曲霉酿造豆豉是中国最早、最广泛采用的一种工艺。《食经》《齐民要术》等历代文献记载的作豉法，大都是米曲霉型豆豉。以广东阳江豆豉、湖南浏阳豆豉最为出名。利用米曲霉完成制曲后，加入一定的食盐、醪糟、蒸馏酒等进行后发酵，产品一般以咸豆豉的形式出现，主要用于加工风味豆豉等调味品。曲霉菌的培养温度比毛霉菌高，生产时间长，可一年四季生产。一般制曲温度在26℃—35℃之间。[1]

毛霉型豆豉：毛霉型豆豉是四川、重庆的特产，在全国同类产品中，产量最大且最富有特色，主要以永川豆豉、潼川豆豉为代表。成曲以总状毛霉为主，兼有纤维酶活力高的其他霉菌和少量细菌。生产原料处理与米曲霉型

---

① 蒋立文等：《纯种米曲霉发酵与自然发酵豆豉挥发性成分比较》，《食品科学》2010 年第 24 期。

豆豉相同。天然制曲，常温发酵，制曲周期长，只能在冬春季节生产。成品醇香浓郁，富于酯香，油润化渣。纯种毛霉经过耐热驯化，用于接种制曲，周期可缩短至 3—4 天。

根霉型豆豉：印度尼西亚等东南亚一带广泛食用"摊拍"，是以大豆为原料，利用根霉制曲发酵的食品，以田北（或天培）豆豉为代表。田北豆豉在印度尼西亚有数百年的历史，是爪哇岛中部、东部居民的日常传统副食品，它是把大豆脱皮蒸煮，接种根霉菌，培养温度 28℃—32℃，发酵温度为 32℃左右。

细菌型豆豉：俗称水豆豉，主要是云南、贵州、山东一带民间制作的家常豆豉。山东临沂的"八宝豆豉"和被药典收录的淡豆豉都是细菌型豆豉的典型代表。日本的"拉丝豆豉"也属于细菌型豆豉。用于此类豆豉发酵的菌种是枯草芽孢杆菌。一般是将煮熟的黑豆或黄豆盖上稻草或南瓜叶，使细菌在豆表面繁殖，出现黏质物时，即为制曲结束之时。

第一节　中国豆豉食养价值的科学评价

一、传统中医食疗对豆豉的评价

《本草纲目》：豆豉调中下气，治伤寒温毒发斑。其豉调中下气最妙。黑豆性平，作豉则温。既经蒸署，故能升能散；得葱则发汗，得盐则能吐，得酒则治风，得薤则治痢，得蒜则止血；炒熟则又能止汗，亦麻黄根节之义也。

《食品集》：豆豉味甘咸，无毒，主解烦热，调中发散通关节，香烈腥气。

《本草经疏》：豉，惟江右谈者治病。味苦寒无毒，然详其用，气应微温。盖黑豆性本寒，得蒸晒之气必温，非苦温则不能发汗、开腠理、治伤寒头痛、寒热及瘴气恶毒也。苦以涌吐，故能治烦躁懑闷，以热郁胸中，非宣剂无以除之，如伤寒短气烦躁，胸中懊憹，饿不欲食，虚烦不得眠者，用栀子豉汤吐之是也。又能下气调中辟寒，故主虚劳、喘吸，两脚疼冷。

《本草汇言》：淡豆豉，治天行时疾，疫疠瘟瘴之药也。王绍隆曰：此药乃宣郁之上剂也。凡病一切有形无形，壅胀满闷，停结不化，不能发越致疾者，无不宣之，故统治阴阳互结，寒热迭侵，暑湿交感，食饮不运，以致伤寒寒热头痛，或汗吐下后虚烦不得眠，甚至反复颠倒，心中懊憹，一切时灾瘟瘴，疟痢斑毒，伏痧恶气，及杂病科痰饮，寒热，头痛，呕逆，胸结，腹胀，逆气，喘吸，脚气，黄疸，黄汗，一切沉滞浊气搏聚胸胃者，咸能治之。倘非关气化寒热时瘴，而转属形藏实热，致成痞满燥实坚者，此当却而谢之也。

《本经疏证》：治烦躁懑闷，非特由于伤寒头痛寒热者可用，即由于瘴气恶毒者亦可用也。盖烦者阳盛，躁者阴逆，阳盛而不得下交，阴逆而不能上济，是以神不安于内，形不安于外，最是仲景形容之妙，曰反复颠倒，心中懊憹。惟其反复颠倒，心中懊憹，正可以见上以热盛，不受阴之滋，下因阴逆，不受阳之降，治之不以他药，止以豆豉栀子成汤，以栀子能泄热下行，即可知豆豉能散阴上逆矣。

《别录》：主伤寒头痛寒热，瘴气恶毒，烦懑闷，虚劳喘吸，两脚疼冷。

《药性论》：治时疾热病发汗；熬末，能止盗汗，除烦；生捣为丸服，治寒热风，胸中生疮；煮服，治血痢腹痛。

《日华子本草》：治中毒药，疟疾，骨蒸；并治犬咬。

《珍珠囊》：去心中懊憹，伤寒头痛，烦躁。

《本经逢原》：淡豆豉，入发散药，陈者为胜，入涌吐药，新者为良。以水浸绞汁，治误食鸟兽肝中毒。

《罗氏会约医镜》：安胎孕。

《肘后方》：伤寒有数种，今取一药谦疗。若初觉头痛，肉热，脉供，起一、二日，便作此加减葱豉汤。葱白一虎口，豉一升，锦裹，以水三升，煮取一升，顿服取汗。若不汗更作，加葛根三两，不汗更作，加麻黄三两，去节。诸名医方皆用此，更有加减法甚多。今江南人凡得时气，必先用此汤服之，往往便瘥。

《开宝本草》：古今方书用淡豆豉治病最多，江南人喜做淡豆豉，凡得外感时气，先用葱豉汤服之去汗，往往便愈。

陶弘景：中豉，食中之常用，春夏天气不和，蒸炒以酒渍服之，至佳。暑热烦闷，冷水渍饮二、三升。依康伯法，先以醉、酒溲蒸曝燥，麻油和，又蒸曝，凡三过，乃末椒、干姜屑合和以进食，胜今作油豉也。患脚人恒将其酒浸以渫薄脚皆瘥。好者，出襄阳、钱塘，香美而浓，取中心弥善也。

二、中国豆豉的营养与功效组分

豆豉在酿造过程中，由于微生物酶的作用，消除了大豆中的营养抑制因子，提高了营养素的利用率。豆豉含有丰富的蛋白质、脂肪和碳水化合物，以及人体所需的多种氨基酸、矿物质和维生素等营养成分。

（一）氨基酸与肽

大豆含有人体不能合成而必须从食物摄取的 8 种必需氨基酸，除蛋氨酸外，含量均较多、较平衡，特别是赖氨酸含量高。但是，大豆中含有的胰蛋白酶抑制剂可以抑制小肠中胰蛋白酶的活力。整粒大豆食用时，其蛋白质消化率仅为 60% 左右。豆豉酿造过程中，在蛋白酶、肽酶等的作用下，蛋白质被水解为多肽、三肽、二肽和氨基酸。近年研究表明，低分子量的肽类，可以不经消化直接被人体吸收，速度比游离氨基酸还快，且具有独特的生理活性：降胆固醇、降血压、抗氧化、提高运动员的肌肉能力、提高免疫、调节胰岛素、促进脂肪代谢及抗氧化等作用[1]。氨基酸除可形成蛋白质外，还对调节人体代谢平衡表现出重要的作用。游离的氨基酸食入后，可以直接被肠黏膜吸收，这对消化力减退的老人、消化不良的儿童和消化功能障碍患者

---

[1] 孙森等：《豆豉、纳豆及天培的研究进展》，《中国调味品》2008 年第 3 期。

是十分有利的。

（二）脂类

大豆脂肪中不饱和脂肪酸含量达 80% 以上。大豆脂肪中含有两种必需脂肪酸：亚油酸和亚麻酸。其中，亚油酸平均达 50.8%，亚麻酸平均为 6.8%。含有 1.8%—3.2% 的磷脂。

（三）维生素与矿物质

豆豉与原料熟化豆相比，其维生素 B_1、B_2 的含量有明显提高；维生素 A、E 的含量基本不变。在发酵生产过程中，由于微生物的作用，还产生了一定量维生素 B_{12}，这是大豆原本不含有的成分。维生素 B_{12} 是人体内核酸合成、红血球细胞合成所必需的成分，有预防恶性贫血的生理功能。

大豆的矿物质含量丰富，但是大都以植酸盐的形式存在，因而，大豆中 70%—80% 的磷不易被人体利用，约有 60% 被排出体外；钙约有 70%—80% 不被人体吸收，残留在粪便中；铁的吸收率仅为 7%。植酸还与锌结合形成不溶性盐而使其利用率下降。

在豆豉加工过程中，微生物分泌产生活性植酸酶，将植酸水解成肌醇和磷酸盐，[1] 植酸含量减少 15%—20%，矿物质的可溶性可增加 2—3 倍，利用率可增加 30%—50%。

（四）大豆异黄酮

大豆异黄酮是一类类黄酮物质，由于具有一定的雌性激素作用，又被称为"植物雌激素"。大豆异黄酮具有清除自由基、抗真菌及真菌毒素、抗血管收缩、抗溶血因子等生物学活性，在抗肿瘤、抗氧化、防治毛细血管脆化等方面起着重要的作用。

大豆中天然存在的大豆异黄酮共有 12 种，通常为 β-糖苷形式，称为异

---

① 宋永生等：《豆豉加工前后营养与活性成分变化的研究》，《食品工业科技》2003 年第 7 期。

黄酮糖苷。糖苷经酶解或酸碱水解可以脱去糖基，其基本母核称为异黄酮贰元。研究表明，游离的贰元比糖苷具有更广泛的生物学活性。

在豆豉发酵过程中，微生物分泌产生的 β-葡萄糖苷酶将异黄酮糖苷几乎完全水解为异黄酮贰元，游离型异黄酮的含量明显提高，糖苷型异黄酮的含量明显降低。因此，豆豉发酵过程大大提高了大豆异黄酮的保健功能。[1]

（五）大豆低聚糖

低聚糖具有独特的双歧杆菌增殖特性，因此又称为双歧因子，具有改善人的消化系统功能、降低血压和血清胆固醇、降低有毒产物以及增强机体免疫力、延缓衰老等生理功能。大豆中天然存在的低聚糖为棉籽糖、水苏糖等，可促进肠道内有益菌如双歧杆菌的增加，改善人体的各项生理功能。但是，由于在单胃动物和人的消化道内没有水解 α-1, 6 半乳糖基链的 α-半乳糖苷酶，因而，绝大部分的棉籽糖和水苏糖不能被吸收，这两种低聚糖在大肠内积累，被厌氧微生物发酵会产生胃胀气。

豆豉在发酵过程中，低聚糖的形成有两大途径：一种是微生物产生的糖苷转移酶通过转糖基作用合成低聚糖；另一种是微生物产生的内切半纤维素酶类，如半乳聚糖酶、甘露聚糖酶、木葡聚糖酶、木聚糖酶等，水解半纤维素类多糖产生低聚糖。豆豉在发酵过程中产生的 α-半乳糖苷酶能够水解棉籽糖和水苏糖，从而改善低聚糖的生理功能。

豆豉中已发现的低聚糖有低聚果糖、蔗果三糖、低聚半乳糖、低聚异麦芽糖以及低聚木糖等。[2] 低聚果糖主要是由蔗果三糖的 3 种异构体在果糖基转移酶的作用下形成的；低聚半乳糖是由 β-半乳糖苷酶转糖基作用形成的。

（六）大豆多肽

豆豉经微生物作用后，水溶性蛋白的含量提高了 3—6 倍，低分子与中

---

① 庞庆芳：《豆豉溶栓酶的分离纯化及酶学性质研究》，山东农业大学硕士学位论文，2006 年。
② 孙森等：《豆豉、纳豆及天培的研究进展》，《中国调味品》2008 年第 3 期。

分子肽的含量提高了 3—8 倍，α-氨基酸态氮的含量提高了 100 多倍。① 豆豉中肽类的含量多于氨基酸。大豆多肽食入后，从胃到肠的移动速度和在小肠的吸收率都比氨基酸快，更宜于病人。大豆多肽能促进脂肪代谢，有效地减少体脂，同时，保持骨骼肌重量不变，还能降低血清胆固醇、增强肌肉运动力、加速消除肌肉疲劳。此外，大豆多肽有促进微生物（如乳酸菌、双歧杆菌等）生长发育和活跃代谢的作用，而氨基酸和大豆蛋白均无此功能。

（七）豆豉溶栓酶

1987 年，日本学者须见洋行首次在日本传统食品纳豆中发现具有溶栓功能的成分，命名纳豆激酶。该酶具有较强的溶栓能力，且安全性极强。中国研究者从细菌型豆豉中分离纯化出一种具有较强纤溶活性的丝氨酸蛋白酶，命名为豆豉纤溶酶。急性毒性试验发现：豆豉纤溶酶各剂量组给小鼠灌胃后，任何剂量水平均无明显毒性表现。② 用不同剂量的豆豉纤溶酶灌胃家兔，结果发现剂量为 150—300mg/kg 时，具有抑制家兔动脉血栓形成及溶解血栓作用；大、中剂量的豆豉纤溶酶提取液能明显减少家兔动脉血栓的重量，溶解动脉血栓，小剂量的提取液可以预防血栓形成。③

作为新型的纤溶酶，豆豉溶栓酶具有较高的纤溶活性以及良好的抗凝、溶栓作用，不溶解血细胞，不引起内出血，体内半衰期长，可通过消化道直接吸收等优点，无论开发为抗血栓药物或是预防血栓病的保健食品，都具有十分重要的意义，有望被开发成为新一代溶栓、防栓药物及保健品。

（八）褐色色素类

褐色色素也称蛋白黑素或类黑精，是大豆蛋白质或其分解产物多肽类与

---

① 王希春：《固态发酵高溶栓活性豆豉及其抗氧化特性的研究》，江南大学硕士学位论文，2007 年。
② 阎家麒等：《豆豉纤溶酶的纯化及其性质研究》，《药物生物技术》2000 年第 3 期。
③ 刘宇峰等：《豆豉纤溶酶保健功能食品的研制》，《大豆通报》2000 年第 2 期。王金英等：《豆豉抗栓作用的研究》，《生物技术》1997 年第 5 期。

还原糖之间发生美拉德反应的产物，呈水溶性，在酸性或碱性条件下很容易被水解，但不被消化酶降解。褐色色素分子内保持有稳定的抗自由基结构，能捕集溶液中的自由基，具有较强的清除羟自由基、抗氧化活性。它还有类似食物纤维功能、调节血糖及抑制 EFG 活性等功能。

（九）核苷酸和核苷

微生物菌体中含有丰富的核酸，它是由许多个核苷酸组成的高分子化合物。豆豉发酵时，由于菌体的自溶作用，菌体内的核酸酶催化水解核酸，生成核苷酸或核苷和磷酸。核苷酸和核苷是细胞机能调节的重要物质，对治疗急慢性肝炎、肾炎、肌肉萎缩、脑动脉硬化，以及改善骨髓造血机能、使白细胞回升，均有显著疗效。

三、现代营养科学对中国豆豉的评价

（一）抗氧化能力

氧化应激被认为是造成许多慢性病如心血管疾病、糖尿病、癌症的重要原因。György 等人首先从天培中分离出了抗氧化物质，认为黄豆甙元、染料木黄酮和 6，7，4′-三羟基-2-异黄酮三种异黄酮是主要的抗氧化物质。Esaki 等人在曲霉型豆豉中分离出两种新的抗氧化异黄酮：8-羟基黄豆甙元（8-OHD）和 8-羟基染料木黄酮（8-OHG）。也有研究者发现了其他的抗氧化物质，如 3-羟基邻氨基苯甲酸、大豆多肽、非透析类黑精、维生素 E、氨基酸等。

研究发现，纳豆粗提取物的抗氧化能力与维生素 E 相当或更好，强于 2，6-二叔丁基对甲酚（BHT）、特丁基-4-羟基茴香醚（BHA）和维生素 C。曲霉型豆豉提取物的抗氧化活性与 BHA 相当，高于维生素 E。

豆豉加工工艺对其抗氧化性会产生影响。张炳文[1]等人的研究表明，发

---

[1]　张炳文等：《发酵处理对大豆制品中异黄酮含量与组分的影响》，《食品与发酵工业》2002年第 7 期。

酵处理基本上不改变豆豉中异黄酮的总含量，但游离型大豆异黄酮的含量会明显提高，这有助于提高豆豉的抗氧化活性。另有研究发现，浸泡、蒸煮对大豆抗氧化能力的影响不大，菌种的选择对豆豉的抗氧化能力有很大影响。

（二）降血压

高血压是一种以动脉收缩压或舒张压升高为特征的临床综合征，它常引起心脑肾并发症，是诱发动脉硬化、心肌梗死、脑卒中等心血管疾病的主要危险因子。

豆豉的降血压功能主要源于其具有血管紧张素转换酶（ACE）抑制活性多肽。ACE 抑制多肽分为三大类：①抑制型，与 ACE 预混合保温后，IC_{50}值不变；②底物型，被 ACE 水解，抑制活性下降；③前药型，需被 ACE 或肠胃蛋白酶水解才能转化为真正的抑制剂。

我国研究者从全国收集 10 多种豆豉，冻干并测定其水提物的 ACE 抑制活性，发现豆豉对 ACE 具有很强的抑制效果。张建华[1]研究发现，与自然发酵豆豉曲相比，埃及曲霉纯种发酵豆豉曲的 ACE 抑制剂活性较高，其抑制活性不受 ACE 作用的影响，在肠胃蛋白酶作用后，其活性会进一步提高，为前药型抑制剂。

日本科学家用遗传高血压症的 SHR 鼠所进行动物试验，分为含纳豆 28％的饲料试验组、蒸熟大豆为饲料的对照组，进行降血压效果比较。结果发现，对照组的血压逐步上升，达到 33.3kPa 附近；而纳豆饲料组的血压在试验开始后稍下降，以后的上升只达到 26.7kPa，降血压的效果很明显。

（三）降血糖

糖尿病是一种常见的分泌代谢型疾病，是一组由遗传和环境因素相互作用而引起的临床综合征。α-葡萄糖苷酶抑制剂作为治疗Ⅱ型糖尿病的有效

---

[1]　张建华：《曲霉型豆豉发酵机理及其功能性的研究》，中国农业大学博士毕业论文，2003 年。

药物，已备受关注。许多研究已证明豆豉具有降血糖功能。研究证实，曲霉型豆豉的水溶性提取物对小鼠肠内 α-葡萄糖苷酶有抑制作用，口服后可明显降低人和小鼠进食后的血糖，长期服用（60d）效果更明显，且无不适反应，对非胰岛素依赖型糖尿病的治疗有潜在的价值①。也有研究认为，豆豉中的多糖类物质或者具有糖链结构的成分可能是抑制 α-葡萄糖苷酶的主要物质。

国内外学者还探讨了豆豉的降血糖机制及影响因素。大豆异黄酮的降糖作用机制，可能是通过抑制胰岛细胞凋亡、提高免疫功能等途径促进胰岛 β-细胞功能恢复。② 豆豉液及其多糖的降血糖机制可能具有拜糖平样的作用特性和药效机理，并兼有那格列奈样的作用特性。0.1g 豆豉与 $2.14×10^{-3}$ g 拜糖平产生相近的抑制率，抑制率为 38.41%。③

豆豉中降血糖活性因子的产生与其发酵条件、微生物、辅料等因素均可能相关。豆豉水提取物的 α-葡萄糖苷酶抑制活性与样品中糖类物质成分含量的多少密切相关。高分子量的多糖对 α-葡萄糖苷酶活性的影响最明显，其次是低分子量的糖，中等分子量的糖影响小。

（四）抗老年痴呆症

老年性痴呆症是以进行性痴呆为特征的大脑退化性疾病，是最常见的与年龄有关的神经衰退症。老年性痴呆症患者大脑内神经递质乙酰胆碱的缺失，是导致疾病的关键原因。

乙酰胆碱酯酶（ACHE）会催化乙酰胆碱裂解，造成乙酰胆碱缺失，从而导致神经信号传递失败。目前，老年痴呆症的药物治疗主要是通过抑制

---

① 张建华：《曲霉型豆豉 ACE 抑制功能的研究》，中国食品科学技术学会第四届年会论文摘要集，2005 年。
② 黄进等：《大豆异黄酮的降血糖活性研究》，《食品科学》2004 年第 1 期。
③ 郭瑞华等：《豆豉及其多糖对 α-葡萄糖苷酶抑制作用的研究及豆豉中降糖有效成分的初步分析》，《中药材》2005 年第 1 期。

ACHE，以提高患者体内乙酰胆碱的水平。研究发现，[1] 豆豉中含有抑制 ACHE 的活性成分，有预防老年性痴呆症的功能。研究还表明，提取条件会影响豆豉 ACHE 的抑制能力。豆豉的乙醇提取物具有最高的 ACHE 抑制能力，而豆豉的水提取物没有 ACHE 抑制能力。用乙醇提取时，豆豉抑制 ACHE 的能力随乙醇浓度、固液比值的减小而增大，提取时间对豆豉 ACHE 的抑制能力没有影响；浸泡和蒸煮工艺不能提高大豆的 ACHE 抑制能力；不同菌种发酵豆豉的 ACHE 抑制能力具有很大差异，加盐会降低豆豉的 ACHE 抑制能力。

（五）抗辐射

毛峻琴等的研究表明，淡豆豉提取物能明显减轻 $^{60}Co\gamma$ 射线引起的小鼠外周血白细胞、红细胞、血小板等指标的减少和体质量减轻，显著提高股骨骨髓有核细胞数，明显改善辐射受损的脾脏、胸腺、小肠和睾丸的超微结构和增加萎缩的胸腺、脾脏等指数，对低剂量 $^{60}Co\gamma$ 辐射损伤小鼠具有明显的保护作用。[2]

四、五味调和，须之而成——豆豉的调味评价

用于调味的豆豉主要是咸豆豉。汉代刘熙《释名·释饮食》一书中，誉豆豉为"五味调和，须之而成"。豆豉虽然不是主要的调味原料，但在调味品中必不可少。北魏贾思勰在《齐民要术》中记载有 70 条豆豉用于烹调的方法，而酱用于烹调的仅有 7 条。

西汉中期，吃豉如吃盐。那时的商人是把盐与豉同卖的，一斗盐，一斗豉，合称"一合"。豆豉用于烹调，以豉汁使用，始见于东汉末。刘熙的《释命》称豉汁为王味调和者。三国时魏曹植有诗"煮豆持作羹，漉

---

[1] 邹磊等：《豆豉提取物对乙酰胆碱酯酶的抑制能力》，《食品科学》2006 年第 3 期。

[2] 毛峻琴等：《淡豆豉提取物对急性辐射损伤小鼠的保护作用》，《解放军药学学报》2014 年第 2 期。

豉以为汁"。

豉汁的制法有两种，一种是先制成豆豉，再漉豉以为汁。明李时珍《本草纲目》有造豉汁法。"十月至正月，用好豉三斗。清麻油熬令烟断，以一升拌豉，蒸过、摊冷、晒干。拌再蒸，凡三遍。以白盐一升捣和，以汤淋三四斗，入净釜。下椒、姜、葱、桔丝同煎。三分减一，贮于不津器中，香美绝胜也。"另一种方法是直接用大豆制成豉汁。孟诜《食疗本草》中有陕州豉汁制法。"其法以大豆为黄，每一斗加盐四升，椒四两。春三日，夏二日，冬五日，即成。"豉汁逐渐演变，发展成为今日的酱油，如福建的琯头豉油，日本的溜酱油等。

豆豉佐餐，食用人群广泛，古籍中多有记载。如《礼记·内则炮豚之法》云"调之以醯醢"。三国吴谢承《后汉书》载"韩崇为汝南太守。遣妻子饭，唯菜菇盐豉而已。"又"羊续为南阳太守，盐豉共一壶。"《三辅决录》载"范仲公为大夫，盐豉蒜果共一筒。"唐皮日休有"金醴酬畅，玉豉堪嚼"之句。

元初周密的《武林旧事》一书，记载的是南宋末年临安的旧事。书中说豆豉是南宋皇室重大节日的御用供品。该书《圣节》中说："枢密喝群臣升殿……唱祝尧龄，赐百官酒，觱篥起舞，三台供进内咸豉。"《元夕》节说："生熟灌藕诸色龙缠，蜜煎、蜜果、糖瓜、姜煎、七宝香豉，十般糖之类，皆用缕装花盘。"《市食》节说："窝丝姜豉"是当年临安市上的名食。

《豫章烈士传》有"羊茂为东郡太守，出界买盐豉"的记载。东汉末年，由于战乱，豆豉制作行业日趋萧条，但贵为一郡之守的魏国羊茂，每天的饮食却离不开豆豉。为了需求，不是派人去外地采购豆豉，就是亲自到东郡以外的地方去买豆豉。因此也留下了"千里莼羹，未下盐豉"的感叹。由此可见，自古以来，无论是寻常百姓人家，还是帝王将相、官吏文人，无不将豆豉视为佳品。

在豆豉中加入生姜，最早见于公元前 2 世纪出土的文物中。除生姜外，还有把其他的蔬瓜香料加入豆豉中的。如元鲁明善《农桑衣食撮要》中的"作豉法"。明高濂《遵生八笺》中的"十香豆豉""配盐瓜菽"等，在配料时加入生姜、紫苏、莳萝、山椒、甘草、藿香、茴香、草果，以及瓜、茄等物，丰富了豆豉的品种和风味。

从古至今，豆豉一直广泛使用于中国烹调菜肴之中，在四川、江西、湖南等地区尤为常见。民间历来有"南方人嗜豉，北方人嗜酱"一说。豆豉既可直接用于烹饪，蒸、炒、拌食，荤素皆宜，又可拌上麻油及其他作料作助餐小菜。冯贽在《云仙杂记》中说用四川豆豉做的"甲乙膏"，在二月以豆豉杂黄牛肉做成，风味极好，只有好友和至亲才能吃到。宋代诗人陆游的诗句中有"笋美偏宜蜀豉香"之说，笋有了四川的豆豉才好吃。

川人做菜善用豆豉或豉汁，著名的"麻婆豆腐""炒回锅肉"等均少不了用豆豉作调料。豆豉具有解腥功能，所以广东人喜欢用豆豉作"豉汁排骨""豆豉鲮鱼"和焖鸡、鸭、猪肉、牛肉等粤菜，尤其是炒田螺时用豆豉作调料，风味更佳。豆豉用于红烧肉类、鱼类，越煮越香。豆豉鱼、豆豉炒肉、豆豉蒸肉，这些都是百姓十分喜爱的佳肴美馔。在食用白斩鸡、炸猪排、面条时，用豆豉作为作料其风味也别具一格。如果将豆豉盛入碗盘中，上面覆盖一层肉茸，再撒些葱花、姜末，蒸熟后食用也是味美无穷。现代作家杨明显在《故都风味小吃》中记载豆豉在卤煮小肠中的应用："它（指卤煮小肠）的做法是……用清水淘洗几次，然后用一百度开的沸水煮，配上去腥味的八角和茴香，花椒大料瓣儿，快熟时再放落上好的口蘑酱油、豆豉。"

豆豉不仅可用于动物性原料的烹调，还可用于植物性原料的烹调，也可与蔬菜同烹，如豆豉与豆腐、茄子、芋头、萝卜、苦瓜等烹制菜肴别有风味。单味豆豉也可制成冷菜，如四川的"水豆豉"，是一款常见的家庭菜肴，有"居家咸菜"之称，它色泽红亮，质地绵软，味浓鲜香，风味十分别致。江西上饶的豆豉饼，一年四季均可享用。

第二节　中国豆豉的传统加工技艺

豆豉的制作方法最早见于公元 2 世纪西晋张华《博物志》作豉法。其后，成书于公元 5 世纪初北魏崔浩撰《食经》，公元 544 年贾思勰撰《齐民要术》，历代医药书籍都有作豉法的记载。隋唐时随佛教传播，豆豉制作技术先后流传到朝鲜、日本、菲律宾、印度尼西亚等国家和地区，现已发展成为当地的名特产品。

魏晋南北朝时期，当时西南边远地区少数民族的豆豉制法，传入到中原地区，豆豉的制作工艺更加精致，口味也丰富起来。北魏农学家贾思勰曾在《齐民要术》卷八《作豉法》中详细记载了中原豆豉的三种制作方法。该法是素豆豉酿造的典型工艺，并开创了无盐酿制淡豆豉的工艺。此后豆豉的酿造工艺，大都依此为基础。作豉法中还提出了防止细菌污染的一整套方案，对后世影响很大。

唐代名僧鉴真东渡日本时，把豆豉制作方法带到日本，并演变成"纳豆"（Natto，细菌型豆豉）。日本的纳豆主要有咸味的"盐辛纳豆"与不太咸的"滨纳豆"（也叫拉丝纳豆）两种。据《食品文化·新鲜市场》介绍，两种纳豆都与中国有缘。盐辛纳豆与中国的干豆豉相似，滨纳豆与淮河沿岸的水豆豉（当地称为"酱豆子"）相似，但味淡而臭。日本也曾称纳豆为"豉"，平城京出土的木简中也有"豉"字，与现代中国人食用的豆豉相同，但其制造工艺有所变化。

盛唐时期，豆豉生产技术先后流传到朝鲜、菲律宾、印度尼西亚等国家和地区。目前，印度尼西亚有两种著名的豆豉——天培和昂巧豆豉。天培也译作"丹贝""田北"，天培发酵时要用芭蕉叶包裹，这与中国、日本的豆豉都不同。昂巧豆豉是用花生或榨油后的花生饼为原料制作的。发酵好的天培是白色的饼状，印尼人也称为豆饼。随着移民，印度尼西亚的天培也逐渐传到欧洲、美洲和非洲，现在美国和荷兰已能进行规模生产。

到了宋代以后，豆豉无论是作为调味品还是入药，都得到了普遍的发展，甚至有了不少闻名的豆豉之乡。宋孟元老的《东京梦华录》、吴自牧的《梦粱录》中都提到冬天有卖盐豉汤的，可见豆豉在宋代时已成为冬季的时令佳品。宋代豆豉的一个最大变化是其生产工艺已向风味复杂化发展，制作方法也更加多样化。宋代著名的金山寺豆豉以添加瓜菜为其最大特点，并使用了多种香辛料，产品风味复杂而浑厚，开创了调味型豆豉的先河。

到了元代，豆豉生产原料更加丰富，制曲工艺也进行了较大的变革。豆豉制作所用原料从大豆、黑豆发展到增加了瓜果、蔬菜以及多种香辛料，更重要的是添加了面粉原料与大豆共同制曲，制曲更容易，同时提高了酶活性，由此而改变了豆豉的风味。元朝的豆豉出现了调味豆豉（豆豉中加入调味辅料）和素豆豉（不加调味料）之分。

到了明清，豆豉的酿制工艺逐渐成熟。由于盐、香辛料、酒类等的加入，解决了湿豆豉不易保存的缺陷，湿豆豉酿制工艺和产量得以发展，改变了以无盐豆豉为主的工艺格局，其生产方法逐渐接近豆酱，只是外观上豆粒形态更完整，含水量较少。李时珍在《本草纲目》中，专门记载了淡豆豉和咸豆豉的制作方法。这些方法经后代人的继承和改良，形成了如今更科学的制作方法。元代的《居家必用事类全集》、明代高濂的《遵生八笺》、清代顾仲的《养小录》、今人费孝通的《言以助味》都对豆豉作有详细的介绍。

第三节　中国豆豉的历史文化

一、中国豆豉的"豉"字解析

豆豉初名大苦，《楚辞》中有"大苦咸酸，辛甘行些"。东汉著名文学家王逸注"大苦，豉也"。东汉刘熙所著的《释名·释饮食》说："豉，嗜也，五味调和，须之而成，乃可甘嗜，故齐人谓豉，声同嗜也"。东汉许慎在《说文解字》说："豉，配盐幽菽也"。明杨慎在《丹铅杂录·解字之妙》中解释："盖豉本豆也，以盐配之，幽闭於瓮盎中所成，故曰幽菽。"明王志坚《表异录·饮食》中亦说："幽菽，豉也。"

二、中国豆豉的历史渊源

豆豉起源于何时，说法不一。唐初虞世南《北堂书钞》说："楚辞曰大苦咸酸，辛甘行些。注曰大苦豉也。辛谓椒姜也，甘谓饴蜜也。言取豉汁调和以椒姜咸酸，和以饴蜜，则辛甘之味皆发而行也"。

宋代吴曾在《能改斋漫录》亦记载"（豉）盖秦汉已来，始为之耳。"明罗顾撰《物原·食原第十》："殷汤作醯，吴梦寿作酢，秦苦李作豉，糟酱诸物则周末制也。"有人依此认为，豆豉最先出现在秦朝。

中国科学院自然科学史研究所洪光柱在《豆豉起源考》文中说，豆豉之名最早见于西汉。西汉时期史游所著的《急就篇》中有"芜荑盐豉"，这是关于"豆豉"说法的最早记载。在《史记》《汉书》中也多次提到"豆豉"二字，如西汉著名史学家司马迁在《史记·货殖列传》载："通邑大都，酤一岁千酿，醯酱千瓨，浆千甔，……蘖曲盐豉千荅……"这是记叙"通邑大都"有豆豉及一系列货物的史料。当时还有不少商贾因卖豆豉而成巨富，该书中载有"蘖盐豉千合，比千乘之家。"

西汉王莽时，选王孙大卿为京都"市师"，专门管理京师市场经营，可见当时豆豉生产规模之大，数量之多，经营者发迹之快，都是十分客观的。《史记·淮安厉王列传》记载：淮南王刘安反叛失败，被禁锢后，汉文帝允许每天供给刘安的食物包括米、薪、菜、盐和豉，豆豉是其中之一。

现代考古发现，"豉"字最早出现在《西汉第一食简》，与食简同时出土的还有一陶罐豆豉，虽在地下埋藏了 2200 年之久，其豆豉仍依稀可辨。1972 年，长沙马王堆一号汉墓考古时发现了豆豉姜，这是西汉长沙国丞相夫人生前所用的调料，这也证明，汉初豆豉生产已十分发达，早已成为人们十分喜爱的日常食品。近年出土发掘的洛阳金谷园汉墓，其陶制仓库上刻有"盐豉万石"之字，进一步证实了至少在汉代，豆豉已是常用食品。

南北朝时期，襄阳（今湖北襄阳）与钱塘（今浙江杭州）的豆豉已非常著名，陶弘景曾赞两地的豆豉"香美而浓"，并将其入药，"取中心者佳"。豆豉不仅作为调味品，也成为重要的中药成分。

隋唐时代，中国豆豉有了咸味和淡味豆豉之分。成品中含有盐的叫咸豆豉，不含盐的叫淡豆豉。陈藏器先生说："蒲州豉味咸，做法与诸法不同，其味烈；陕州有豉汁，经十年不败。"

在汉唐时期，酱主要是当菜肴食用，只偶尔用来调味；而豉是应用十分广泛的调味品。豉在当时与盐的地位相当，正因为盐和豉都是加工菜肴的必备品，所以往往人们在购买盐的时候会同时购买豉，而卖家也将两者搭配起来一块卖，所以有"盐豉一合"说法。

中国古代的豆豉基本都属于米曲霉型。及至近代，采用枯草芽孢杆菌发酵的细菌型豆豉才有所发展。现代的豆豉，多产于长江流域及以南地区，以贵州、广东、湖南、江西、山东、四川、重庆以及陕西南部地区为多，品种十分丰富。1915年，在巴拿马召开的"万国商品博览会"上，中国豆豉受到了国际烹饪界的一致好评，并荣获了博览会银质奖。

三、中国豆豉名品

（一）永川豆豉

重庆永川区素有豆豉之乡的美称。永川豆豉生产工艺起源于永川家庭作坊，已有300多年的历史，是毛霉型豆豉的典型代表。它的生产工艺可分为制曲和后发酵两个阶段，生产周期长达200天以上。永川豆豉生产利用的微生物主要为总状毛霉，原料选用优质的东北大豆、精制的自贡井盐、高度优质的高粱酒。生产中所用的水源是无污染的深井地下水（被人们称为豆豉老井）。黄豆经过筛选、淘洗、浸泡、蒸料、制曲后，加豆豉老井水、精制食盐、白酒、醪糟拌和进入大型地窖，进行后期发酵。一般生产时间是从当年"立冬"至次年"雨水"，这一时间内当地气候一般都在15℃以下，平均气温在11℃左右，最适宜毛霉的生长繁殖。经过长时间的常温后熟发酵后，形成了豆豉清香回甜、光亮油黑、滋润散籽、味美化渣等独特的外观品质和内在风味品。

永川豆豉曾获1988年首届中国食品博览会金奖，1994年第五届亚太国际贸易博览会金奖。2002年，永川豆豉被中国食品工业协会评为"中国传统食品著名品牌"。2003年，又被评为重庆名牌产品。2010年，成为重庆的"中华老字号"。2008年，"永川豆豉酿制技艺"被列入第二批国家级非物质文化遗产名录。其后，永川豆豉又成为毛霉型豆豉生产的国家标准。邓小平特别喜欢吃永川豆豉，20世纪80年代，曾派专人到永川食品有限公司采购。

（二）潼川豆豉

潼川豆豉是四川省三台县著名的地方特产，也是各地的川菜大师们专要的调味品之一，既可炒食、拌食、制汤，又可烹调各种荤素菜。潼川豆豉已有300多年的历史。据1930年的《三台县志》记载：潼川豆豉的创始人是"湖广填四川"时从江西迁徙到潼川府的。因三台古为潼川府，故习惯称为潼川豆豉。潼川豆豉的酿造和发酵工艺，具有明显的地域特色，它利用涪江流域的优质黄豆为原料，用千年的"龙眼"古井中的清泉，陈年精工酿造而成，成品色泽黑亮、油润光滑，味香回甜、滋润化渣。

1980年以来，潼川豆豉多次被评为四川省优质产品，先后获得首届中国食品博览会、全国食品大赛、巴蜀食品节金奖。"潼川豆豉酿制技艺"先后被三台县、绵阳市、四川省，公布为第一批非物质文化遗产。2008年"潼川豆豉酿制技艺"被列入第二批国家级非物质文化遗产名录。

（三）浏阳豆豉

浏阳豆豉以泥豆或小黑豆为原料。泥豆以产于水安、北盛等地的为佳品，这种豆，皮薄淀粉多，肉质松软，味道鲜美。豆豉颗粒完整匀称，色泽酱红或黑褐、皮皱肉干、质地柔软、汁浓味鲜，久贮不发霉变质。加水泡涨后，汁浓味鲜，是烹饪菜肴的调味佳品。浏阳豆豉是湖南浏阳市知名的土特产，生产历史悠久。1972 年出土的长沙马王堆一号汉墓出土物中发现的豆豉姜，与浏阳的淡豆豉相似，距今亦有 2000 多年。1935 年出版的《中国实业志》载："浏阳豆豉亦起源于前清……湖南豆豉以浏阳产为最著名"。在清代，浏阳杨福和豆豉作坊制作的豆豉以味道香甜而远近闻名，该作坊于道光年间开业，为现今最老作坊之一。"鞭炮响，豆豉香，一对兄弟走四方"，这是历史上浏阳两大名产畅销国内外的生动写照。浏阳曾有"无豉不成店，处处豆豉香"的誉称。20 世纪 40 年代，著名作家郭沫若在品尝了浏阳豆豉后，在其《红波曲》中写道："浏阳豆豉，实在好吃。"

（四）阳江豆豉

阳江豆豉是广东省阳江市的特产，中国地理标志产品。阳江豆豉与阳江的漆器、小刀一起被誉为"阳江三宝"。阳江豆豉选用阳江当地所产的黑豆，其皮薄肉多，颗粒适中，皮色乌黑油润，加上独特的加工工艺，使得其成品豆豉色泽乌黑油润、豉肉松化、豉味浓香、风味独特，是蒸鱼、肉、排骨和炒菜的调味佳品和理想的食品加工原料。阳江豆豉因含水量少，为干豆豉，颗粒玲珑，豉味浓厚。曾获国家金质奖的广东"豆豉鲮鱼"罐头，就是以阳江豆豉为主要辅助原料制成的。阳江豆豉曾多次荣获全国轻工业优质产品、全国食品工业科技进步优秀新产品奖、中国食品博览会和国际博览会银质奖等称号。

（五）开封西瓜豆豉

开封西瓜豆豉是在酿制咸豉的基础上发展起来的，在清代曾博得"香豉"的美称。西瓜豆豉以精选的黄豆、面粉、优良品种西瓜为原料，利用天然黄曲进行前发酵，西瓜瓤汁与食盐、姜丁、陈皮、小茴香混匀后拌醅，伏前入缸，经天然发酵酿制而成。西瓜豆豉成品为新鲜的浅酱褐色，豆粒饱满，外包酱膜，气味醇香，柔和爽口，后味绵长并回甜，酯香、酱香感浓厚。

（六）黄姚豆豉

黄姚豆豉因产于广西黄姚镇而得名，是古"昭平三宝"之一。黄姚豆豉选用黄姚镇特有的黑豆为原料，利用仙井泉水和古老独特的工艺精制而成，产品颗粒均匀，乌黑发亮，豉香郁馨，隔壁闻香。古镇街道，处处青石板铺就，特别是用99999块大小青石板铺就的"金德街"，反映了当时古镇居家殷富和古镇的经济实力，这恐怕与当时豆豉加工兴盛带动古镇纺织、染布、金银首饰业的兴起和其他商贸往来有关。①

光绪年间，湖南举人邓寅亮游览黄姚，当地秀才林正甫以豆豉相赠。邓赋诗一首："姚溪土产淡豉香，羌丝豆豉作家尝。从此便成千里别，香飘楚粤永难忘。"广西名菜白斩三黄鸡、炆豆腐、炆猪排、纸包鸡等，常用其调味。名满天下的桂林马肉米粉、地羊米粉、梧州牛腩粉、肠粉等，都用黄姚豆豉调味增香。黄姚自古至今出产的都是纯黑豆的淡豆豉，后来才开发出咸味豆豉。主要品种有三种：第一种是辣味咸豆豉，当地人叫作辣椒酱。主要原料包括切细的辣椒、盐、米酒、淡豆豉、蒜头和酱油。第二种是姜丝豆豉，由于是台湾配方，所以又叫台湾咸味豆豉。它是由姜丝、陈皮、淡豆豉、盐、米酒等配料混合而成。第三种是普通咸味豆豉。用淡豆豉、盐、米酒等原料制成。一种加热、冷却后入瓶或袋装。一种不加热，直接入瓶或瓮密封1—2个月，米酒气味基本消失方可出售。

（七）临沂八宝豆豉

八宝豆豉是山东省临沂市的传统特产，最早由沂州"惟一斋"酱园首创。它是以大黑豆、茄子、鲜姜、杏仁、花椒、紫苏叶、香油和白酒八种主要原料发酵而成，故称"八宝"，成品醇厚清香、去腻爽口。八宝豆豉工艺

---

① 陈刚：《黄姚古镇豆豉香》，《农村财政与财务》2002年第11期。

精细，用料多、准备复杂、历时久。由于制作所用原料大都在秋天易得，因而制作豆豉的季节多在秋季。原料要先分别处理：黑豆煮熟后，捞出晾干，然后密封发酵，约一周后重新取出，洗净晾干，再用水浸泡，使之恢复煮熟时的原状，再晾干，晾到含水量为 30% 左右为宜；茄子洗净切片，加盐放在坛子里腌制 10 天，每天翻搅一次；花椒、紫苏叶、鲜姜等，加适量盐腌渍备用；杏仁煮熟，搓掉皮备用。原料准备好之后，即开始腌制：先用布袋将腌好的茄子压出水，再用压出的茄子水将黑豆泡 15 分钟，最后将所有准备好的原料都放入腌制容器内，配合一定比例的香油、白酒拌匀，密封严实。腌制豆豉的容器以陶瓷制品为佳，易于长久保存并不散失香气。密封好的容器春秋季节放在阳光下，夏季放在阴凉处，任其自然发酵，切忌进水。经过一年的发酵，等到第二年中秋前后，豆豉方才腌制完成。八宝豆豉可增进食欲，开胃消食，宣肺理气，降逆止吟，化痰利窍，对人体大有裨益。豆豉中的黑豆温中健脾；紫苏叶宽中降逆；杏仁宣肺止咳；茄子益气补肾；香油润燥去火；鲜花椒温里散寒；鲜姜开胃止呕；白酒舒筋活络。1983 年，八宝豆豉被评为山东省优质产品，1992 年，获全国博览精品金奖，1995 年，获中国名优精品金奖。全国人大常委会原副委员长费孝通品尝后，欣然写下了"齐鲁名产　醇厚清香"的题词。

（八）湖口豆豉

湖口豆豉是江西省九江市湖口县的传统调味品。原料是鄱阳湖滨所产的优质乌豆（黑豆），经过选粒、清洗、浸泡、滤干、蒸煮、冷却、接种、制曲、洗霉、拌料、发酵、晾晒、成品包装等一系列程序，采用传统发酵，调料封缸，故有天然的香、酥、醇、鲜之原汁原味，产品色泽黑亮，颗粒均匀，味美香幽。明清时期，湖口豆豉只是单一的淡豆豉，后来逐渐发展到淡豆豉、咸豆豉、甜豆豉、香辣豆豉和五香豆豉等多个品种，同时又按豆豉含水量不同分为干豆豉和汁豆豉两大类。湖口豆豉不仅是普通百姓家庭的菜肴佐料，也是宾馆酒店宴席中的佳品。用这种豆豉烹饪的"豆豉烧肉""辣味凤尾鱼""家乡豆腐"等菜肴，已成为湖口县传统风味名菜。2005年，湖口豆豉荣获中国名优品牌。2008年6月，湖口豆豉被列入市级非物质文化遗产名录。2010年6月，湖口豆豉制作技艺被列入江西省非物质文化遗产。同年，商务部冠名湖口豆豉"中华老字号"。

第五章

中国豆酱

豆酱又称黄豆酱、黄酱、京酱、老坯酱、油坯，中国北方地区称"大酱"，是以大豆为主要原料，经过煮制、挤压成块、制曲、自然发酵而成的半流动状态的发酵食品。在制曲和发酵过程中，原料和环境中的微生物将蛋白质、脂肪、碳水化合物等大分子物质分解成为小分子物质。豆酱大都呈红褐色或棕褐色，鲜艳有光泽，黏度适中，味鲜醇厚，咸甜适口，无异味，无杂质。

酱在中国古代烹饪中占据重要地位。《清异录》卷下说"酱，八珍主人也；醋，食总管也。"古人把酱看作是调味的统帅。用酱下饭，用酒款客，这是唐人最平常的饮食举措。杜甫诗云："藉糟分汁滓，瓮酱落提携。饭粝添香味，朋来有醉泥。"唐人柳批在其家诫《渊鉴类函》中说："孝悌忠信乃食之醢酱，岂可一日无哉。"说明当时"酱"已经进入了寻常百姓家中，而且成为人们日常饮食中不可缺少的调味品。

第一节　中国豆酱食养价值的科学评价

一、传统中医食疗对中国豆酱的评价

梁·陶弘景：酱，多以豆作，纯麦者少，入药当以豆酱，陈久者弥

好也。

《千金宝要》：手足指掣痛，酱清和蜜温除之。

《别录》：味咸酸，冷利。

《本草撮要》：入手足太阴、阳明、少阴经。

《名医别录》：除热，止烦懑，杀百药及热汤火毒。

《日华子本草》：杀一切鱼、肉、菜蔬、草毒；并治蛇、虫、蜂、虿等毒。

《食疗本草》：酱，主火毒，杀百药。发小儿无辜，小麦酱不如豆酱。

《本草纲目》：酱汁灌入下部，治大便不通；灌耳中，治飞蛾虫蚁入耳；涂猘犬咬及汤火伤灼未成疮者有效；中砒毒，调水服。

《本草汇言》：祛时行暑热、疠毒、瘴气。

《本草求真》：解肾热邪。

二、中国豆酱中的营养与功效组分

豆酱是大豆传统发酵产品中的一种，具有很多生理功能，如抑制胆固醇、抗肿瘤、降血压、祛除放射性物质、防止胃溃疡、抗氧化等。其生理功能性物质可分为两大类：一类是大豆原料的固有成分即原始成分，如异黄酮、多酚、蛋白质、维生素 B_2、B_{12}、维生素 E、皂角苷、膳食纤维等。另一类则是在发酵酿造过程中形成的二次加工成分，如脂质及美拉德反应的产物类黑精等。

（一）大豆异黄酮类

大豆异黄酮的成分复杂，是一类双酚活性的类黄酮物质。它包括染料木黄酮（Genistein）、染料木苷（Genistin）、黄豆苷元（Daidzein）等 12 种成分。日本科学家研究发现，在豆酱中染料木黄酮的含量比在大豆、酱油及非发酵大豆产品（豆腐、豆奶等）中的含量要高，可能是在豆酱发酵生产的过程中，微生物作用于染料木苷的 β-糖基结合物，裂解生成染料木黄酮。

研究还发现，豆酱发酵过程中，随着糖苷酶和葡萄糖苷酸酶活性的增加，配糖类化合物有一部分发生分裂反应或者改变，使类黄酮转化成有效的抗氧化物质——糖苷配基异黄酮。与异黄酮的配糖类相比，异黄酮的糖苷配基形式表现出更强的抗氧化、清除自由基、推迟低密度脂蛋白氧化时间等的能力。流行病学研究和动物实验结果显示，异黄酮有利于人体健康。亚洲人对异黄酮的摄入量比西方人高，因此比西方人患与荷尔蒙相关的癌症概率小很多。[1]

（二）类黑精类

日本学者研究发现，长期成熟豆酱特别是成熟 11 个月后，其独特的口感和香味的连贯性逐渐增加。成熟 3—5 个月后，蛋白质和多糖水解结束，生成氨基、羰基化合物；超过 11 个月，由于氨基化合物和羰基化合物发生的美拉德反应，豆酱的颜色有明显的变化。类黑精是美拉德反应的产物之一。类黑精不易被酸碱水解，不受消化酶的作用，分子内含有比较稳定的游离基结构，具有抗氧化、降血糖、降血压、抑制肿瘤等功能。

类黑精类似膳食纤维功能[2]：研究人员发现，在大白鼠饲料中添加类黑精，饲料在鼠肠道滞留的时间大大缩短，肠内乳酸菌的增殖环境有所改善。血液中胆固醇含量也明显下降。通过小肠上皮细胞代谢情况的观察，发现类黑精具有与食物纤维相似的刺激肠道的效果。

类黑精降血糖功能：类黑精能抑制唾液中淀粉酶的活性，从而拖延消化淀粉速度、抑制肠道黏膜消化酶作用，起到降血糖作用。[3]

类黑精抑制胰蛋白酶活性[4]：类黑精浓度在胰蛋白酶溶液中即使是微量，也能较好地起到抑制胰蛋白酶活性的作用。胰蛋白酶活性的抑制，可以

---

[1]　RENH-F et al：Antimutagenicandanti-oxdative activities found in Chinese traditional soybean fermented products furu，Food Chem，2006 年第 95 卷。

[2]　杨荣华等：《酱油、豆酱中褐色色素的生理功能》，《中国调味品》2000 年第 5 期。

[3]　五明纪春：《大豆豆酱、酱油中褐色色素的生理功能作用》，《大豆通报》2001 年第 1 期。

[4]　吕承秀等：《类黑精研究进展》，《粮食与油脂》2009 年第 12 期。

促使胰腺功能的亢进，进而促进胰岛素分泌。因而，豆酱作为促进胰岛素分泌的食品，可起到预防和改善糖尿病症、抑制癌细胞增殖的效果。

类黑精抑制亚硝胺生成：类黑精对亚硝胺、亚硝盐有明显的抑制效果。

类黑精抑制 ACE 活性①：有些食物成分可通过抑制调节血压系统的 ACE（血管紧张素转化酶）活性而降低血压。类黑精对 ACE 有抑制作用。类黑精在低浓度下也能使 ACE 活性降低。

类黑精抗变异原性：实验证明，类黑精对 TRP－P－2、GTU－P－1、GIC-P-2、IQ 等变异原性物质，表现出很强的抗变异原性。这一性质与类黑精的还原性、抗氧化及阴离子解离基等因素有关。此外，类黑精还对异环氨化合物有抗变异原性。

类黑精消除活性氧作用②：类黑精和 SOD 对 NADPH-PMS 法生成的超氧化物都有很强的消除活性氧的能力，这种作用与类黑精中游离基团的参与有关。

（三）多酚类

豆酱中含有较多的多酚类化合物，如儿茶酚、芸香苷、染料木苷、异黄酮苷等，具有多种保健功能，最重要的是其抗氧化功能不仅对活性氧自由基具有很强的捕捉能力，而且可以对由氧自由基诱发的生物大分子损伤起保护作用。③

三、现代营养科学对中国豆酱的评价

（一）降血糖、抑制胆固醇

豆酱中富含亚油酸、亚麻酸等人体必需脂肪酸，具有降低胆固醇、降低

---

① 五明纪春：《大豆豆酱、酱油中褐色色素的生理功能作用》，《大豆通报》2001 年第 1 期。
② 阚建全等：《豆豉非透析类黑精抗氧化和抑制亚硝胺合成的研究》，《营养学报》1999 年第 3 期。
③ 雷宏杰等：《豆酱生理功能性物质研究进展及其现存质量问题》，《中国酿造》2008 年第 13 期。

患心血管疾病的功效。豆酱原料中所含的大豆皂角甙，具有抑制血清胆固醇上升的效果。日本研究人员用含 0.6% 胆固醇的饲料及添加 5% 干燥豆酱的普通饲料喂养老鼠，通过比较发现，喂第一种饲料的老鼠，其血浆中胆固醇的含量高于喂后一种饲料的老鼠的 1.6 倍，老鼠整个肝脏中胆固醇的含量，前者比后者高出 19 倍。①

豆酱中的类黑精与食物纤维有相似的作用，能抑制胰蛋白酶活性，促进胰岛素分泌，起到预防和改善糖尿病症的作用。

（二）抗肿瘤性

日本流行病学研究发现，每日饮用大酱汤（豆酱，日语又称"味噌"，是粉碎的大豆添加部分米粉或小麦粉、食盐等发酵成的豆酱；把豆酱再加开水和葱花、豆腐丁、海藻等佐料冲调，即成"味噌汁"，类似中国佐餐的蛋汤）者，除胃癌外，动脉硬化性心脏病、高血压、胃及十二指肠溃疡、肝硬化等的死亡率均较低。

豆酱抗癌作用与大豆所含的胰蛋白酶抑制物质有一定关系。有实验表明，米豆酱中的胰蛋白酶抑制物，大部分发生了热变性。但在豆酱发酵过程时，曾经失活的胰蛋白酶抑制物会有一部分再生，发挥其抑制肝脂肪积蓄和抗癌功能。老鼠实验表明，大豆中含有的胰蛋白酶抑制物可起到消除皮肤中癌变细胞的作用，可延缓皮肤癌的发生。②

动物实验表明，采用豆酱，特别是豆酱不溶性残渣喂养老鼠，可以延长患 S-180 肿瘤小鼠的寿命。用含有干燥豆酱的饲料饲养老鼠，能降低中子射线或二乙基亚硝基脲诱发的肝癌的发生率、平均肿瘤数。用豆酱饲料喂养雄性 SD 大鼠，也具有很好的抗硝基脲静脉注射引发的高频度乳腺癌效果。③

---

① 蔡曼儿等：《中国传统发酵大豆制品的营养》，《中国酿造》2010 年第 2 期。
② 包启安：《豆酱的功能性》，《中国酿造》2002 年第 3 期。
③ 包启安：《豆酱的功能性》，《中国酿造》2002 年第 3 期。

（三）降血压作用

人体血压的调节机制较为复杂，其中以肾素血管紧张肽系（升压系）及激肽释放酶激肽系（降压系）较为重要。在前一系中，血管紧张素转化酶（简称 ACE），发挥着中心作用。高血压患者的 ACE 活性过强而使血压上升。如果将 ACE 加以抑制，就可以抑制升压性的血管舒缓素的分解，而产生降压作用。

研究发现，我国传统豆酱表现出良好的 ACE 抑制活性。[1] 动物实验表明，豆酱抽提物中含有抑制高血压的成分，此成分经口给予是有效的，即经过胃、肠的消化之后仍然有效。对原发性高血压大鼠饲喂纳豆、脱盐豆酱，大鼠的血压均有不同程度的下降。另外，豆酱中的类黑精亦可通过抑制 ACE 活性而发挥降压功能。[2]

（四）抗放射性物质作用

日本医生曾详细地记载，日本长崎遭到原子弹袭击时，裙带菜大酱汤如何防止了放射能的危害。其后，美国绍马尔岛原子能泄漏事故中也推荐使用米豆酱。1986 年，苏联切尔诺贝利核电站的放射能泄漏事件后，欧洲核放射能污染地区大量需求米豆酱，导致日本输出的米豆酱暴增。1988 年伊藤等以大鼠为试验动物，进行了豆酱排除辐射性物质的研究，其结果发现：豆酱饲料喂养大鼠，其放射性物质 NaI^{121}、Cs^{134} 的摄取率低，而粪便中的放射性物质含量增高，这说明豆酱促进了放射性物质的排泄。

对大鼠进行 Cf^{252} 中子全身照射，用米豆酱饲料饲养后，大鼠肝脏等脏器的重量与对照组相比有所降低，说明米豆酱饲料对促进循环代谢有效。

（五）抗氧化作用

豆酱具有强大的抗氧化作用。印度尼西亚生产的田北豆豉抗氧化性是很

---

① 李笑梅：《具有抑制 ACE 活性的豆酱发酵条件的研究》，《食品工业科技》2010 年第 9 期。
② 陈九武等：《发酵豆制品的保健功能》，《大豆通报》1998 年第 4 期。

有名的，而研究证明，豆酱的抗氧化性能较之更强。豆酱的抗氧化作用是多种抗氧化物质的综合及其相乘性所致。

豆酱中含有大量不同水解程度的氨基化合物（肽类及氨基酸）和羰基化合物（葡萄糖、麦芽糖等）。这两类化合物进行美拉德反应，生成褐色物质、香气及呈味成分，更生成具有抗氧化性的类黑精。根据诸多研究认为，以分子量 4500 的类黑精抗氧化能力最强，具有与市售合成抗氧化剂 BHA 同等效能。[①]

肽类、氨基酸的抗氧化性：豆酱是蛋白质分解不彻底的产品，其中所含氨基酸、肽、蛋白质均有一定的抗氧化性，以肽为最强。以多含蛋氨酸、色氨酸、组氨酸及酪氨酸的肽，分子量在 2000—3000 的肽的抗氧化性最强。[②]

豆酱中其他物质的抗氧化性：动物实验证明，豆酱中的大豆皂角素可以抑制老鼠心脏内的过氧化脂质上升。另外，大豆中所含生育酚（维生素 E）、大豆异黄酮同样也有抗氧化性，这些抗氧化性物质的共同存在，发挥了抗氧化力的相乘性。有人研究了北京、山东、东北等地共 20 种市售豆酱水提物的抗氧化性，结果表明：20 种豆酱样品均具有抗氧化性，不同样品间存在显著性差异；豆酱样品中的多酚含量与抗氧化性有关；颜色越深的豆酱，抗氧化力越强。[③]

四、八珍主人，百味之将帅——豆酱的调味评价

秦汉以后，"酱"不仅可以用于佐食，也可以用作烹饪中的调味品。这在《齐民要术》中有很好的记录，如"作燥脠法""生脠法"中都使用了"酱清"。在《齐民要术》卷九"素食"中的"焦茄子法"使用了"香酱

---

① 范俊峰等：《传统大豆发酵食品的生理功能》，《食品科学》2005 年第 1 期。
② 范俊峰等：《传统大豆发酵食品的生理功能》，《食品科学》2005 年第 1 期。
③ 赵文婷等：《20 种市售豆酱水提物抗氧化能力测定及活性成分分析》，2010 年中国农业工程学会农产品加工及贮藏工程分会学术年会论文摘要集。

清"等。菜肴制作中使用最多的当属"豉汁"一味，"豉汁"与"酱清"相似，却绝对不是同一种调味品，但都有今天酱油的特点。豆酱呈金黄色，鲜美香醇，是粤菜的重要调味料。潮汕名菜"豆酱鸡"就是选用普宁豆酱作调料；潮菜"白斩鸡"也是采用普宁豆酱作蘸料。山东菜和北京菜中也常用酱，如酱爆肉丁、炸酱面等；还有风味菜肴酱爆扁豆、酱爆茄子、酱爆鸽子、酱爆牛蛙等。

蚕豆酱是以蚕豆为主要原料，经脱皮、制曲、发酵后，加入辣椒酱制成的酱调料。蚕豆酱的发酵方法与大豆酱基本相同。原产于四川资中、资阳及绵阳一带，适用于卤制品和叉烧汁，是四川菜的主要调料，也是四川风味的象征，具有使菜肴增色、提味的作用，可用于烹制豆瓣鱼、麻婆豆腐、八宝辣酱等，也可用于川味粉蒸肉等粉蒸菜、水煮鱼等水煮菜，也是毛肚火锅、重庆火锅等火锅的重要调料。最负盛名的是四川的"郫县豆瓣酱"和"临江寺豆瓣酱"，重庆的"元红豆瓣酱"与安徽的"胡玉美蚕豆酱"也享有盛誉。

第二节　中国豆酱的传统加工技艺

最早完整记载传统豆酱生产工艺的古籍资料为贾思勰所撰的《齐民要术》。贾思勰在《齐民要术》"作酱等法第七十"中，运用大量的文字和篇幅，详细记载了公元 6 世纪前各种酱的做法。从生产季节、选用原料、原料处理、发酵方法，直至豆酱醇厚成熟，以及技术管理的各个环节，全面地记述了豆酱的生产工艺及制作要领。

书中指出，要制得好豆酱，首先必须把大豆或其他原料在"簸、择、淘洗和浸、蒸、搅、均调"等过程中，认真加工和精心处理，否则在杂质异物的影响下，酱即使制成了，也不会好吃。其次曲的好坏是很重要的，因为"黄蒸（米麦曲）使酱赤美；用神曲者，一升当笨曲四升"。"神曲"和

"笨曲"，相当于我们近代所说的大曲和小曲。工艺流程如下：

大豆→蒸煮→去皮→再蒸→晾凉→和曲→罨黄→酱黄→曝晒→成品

白盐、黄蒸、草苴、麦曲、盐卤、黄蒸

书中所记黑大豆酱制法如下：

十二月、正月为上时，二月为中时，三月为下时。用不津瓮（瓮津则坏酱。尝为菹、酢者，亦不中用之），置日中高处石上。

用春种乌豆（春豆粒小而均，晚豆粒大而杂），于大甑中㷺蒸之。气馏半日许，复贮出更装之，回在上者居下（不尔，则生熟不多调均也）。气馏周遍，以灰覆之，经宿无令火绝（取干牛屎，圆累，令中央空，燃之不烟，势类好炭。若能多收，常用作食，既无灰尘，又不失火，胜于草远矣）。啮看：豆黄色黑极熟，乃下，日曝取干（夜则聚、覆，无令润湿）。

临欲舂去皮，更装入甑中蒸，令气馏则下，一日曝之。明旦起，净簸择，满臼舂之而不碎（若不重馏，碎而难净）。簸拣去碎者。作热汤，于大盆中浸豆黄。良久，淘汰，挼去黑皮（汤少则添，慎勿易汤；易汤走失豆味，令酱不美也）。漉而蒸之（淘豆汤汁，即煮碎豆作酱，以供旋食。大酱则不用汁）。一炊顷，下置净席上，摊令极冷。

预前，日曝白盐、黄蒸、草、麦曲，令极干燥（盐色黄者发酱苦，盐若润湿令酱坏。黄蒸令酱赤美。草蘸蹰令酱芬芳。挼，簸去草土。曲及黄蒸，各别捣末细筛——马尾罗弥好）。大率豆黄三斗，曲末一斗，黄蒸末一斗，白盐五升，子三指一撮（盐少令酱酢；后虽加盐，无复美味。其用神曲者，一升当笨曲四升，杀多故也）。豆黄堆量不概，盐、曲轻量平概。三种量讫，于盆中面向"太岁"和之（向"太岁"，则无蛆虫也）。搅令均调，以手痛挼，皆令润彻。亦面向"太岁"内著瓮中，手挼令坚，以满为限；半则难熟。盆盖，密泥，无令漏气。

熟便开之（腊月五七日，正月、二月四七日，三月三七日）。当纵横裂，周回离瓮，彻底生衣。悉贮出，掬破块，两瓮分为三瓮。日未出前汲井花水，于盆中燥盐和之，率一石水，用盐三斗，澄取清汁。又取黄蒸于小盆内减盐汁浸之，挼取黄沈，漉去滓。合盐汁泻著瓮中（率十石酱，用黄蒸三斗。盐水多少，亦无定方，酱如薄粥便止：豆干饮水故也）。仰瓮口曝之。十日内，每日数度以杷彻底搅之。十日后，每日辄一搅，三十日止。雨即盖瓮，无令水入（水入则生虫）。每经雨后，辄须一搅。解后二十日堪食：然要百日始熟耳。

《齐民要术》所记豆酱的制作，有许多要点。比如，选料，按春季播种的要求取"粒小而均"的春豆；主料黑大豆处理，分为利于脱皮的干蒸、力求熟透的湿蒸两个程序；辅料晒干、去杂以除邪味、防酸败、润色泽、生香气，即所谓"黄蒸令酱赤美，草蒿蹜令酱芬芳"；制曲方法为密封制曲醅法；制曲周期，依据时令气温分别是腊月 35 天，正月、二月 28 天，三月 21 天；制醪发酵工艺，力求用水清新、制醪盐水比例以"酱如薄粥"状为宜、利用黄蒸曲酶浸出液促进发酵、成熟期百日等。

唐《新修本草》中有："酱，多以豆作继，麦者少；酱，味咸酸冷利主除热心烦懑；利大小便"等。唐末的《四时纂要》一书记录了《齐民要术》之后的新变化："十日酱法：豆黄一斗，净淘三遍，宿浸漉出，烂蒸倾下，以面二斗五升相和拌令面悉裹却豆黄，又再蒸令面熟，摊却大气，候如人体，以谷叶布地上，置豆黄于其上摊，又以谷叶覆之。不得令大厚。三四日，衣上黄色遍，即晒干收之。要合酱，每斗面豆黄用水一斗、盐五升并作盐汤，如人体，澄滤，和豆黄入瓮内密封。七日后搅之，取汉椒三两，绢袋盛，安瓮中。又入熟冷油一斤、酒一升，十日便熟，味如肉酱。其椒三两月后取出，晒干，调鼎尤佳。"

在宋代赵希鹄的《粒食》中，也有"大豆炒食极热，造酱则平"的认识。全料制曲法沿用了四个世纪左右以后，又有了新的改进。

元人鲁明善《农桑衣食撮要》的记录是：用豆一石炒熟、磨去皮，煮软捞出，用白面六十斤就热搜面匀于案上，以箬叶铺填摊开约二指厚，候冷用楮叶或苍耳叶搭盖，发出黄衣为度；去叶凉一日，次日晒干，簸净捣碎。约量用盐四十斤、无根水二担，或稀者，用白面炒熟、候冷和于酱内；若稠者，用甘草同盐煎水，候冷添之。于火日晚间点灯下酱则不生虫，加莳萝、茴香、香草、葱、椒物料，其味香美。

王祯在《农书》中指出："大豆为济世之谷……可作豆酱、酱料。"宇文懋在《饮食》中也有"以豆为酱"的文字。

明代李时珍对于豆酱和酱油的制造方法，有着详细的科学性论述，在《本草纲目》中写道："大豆酱法：用豆炒磨成粉，一斗入面三斗，和匀切片，罨黄晒之，每10斤入盐5斤，井水淹过，晒成收之"。"豆油法：用大豆三斗，水煮糜，以面24斤拌，罨成黄，每10斤入盐8斤，井水40斤，搅晒成油，收取之"。

第三节　中国豆酱的历史文化

东汉的王充在《论衡·四讳篇》中首次提到"豆酱"一词："世讳作豆酱恶闻雷，一人不食，欲使人急作，不欲积家逾至春也。"这是中国现存史籍文献中最明确记载"豆酱"一词的史料。同时代的崔寔在《四民月令》中也记载了豆酱的制作方法："正月可作'清酱'：上旬炒豆、中旬煮之。以碎豆作末都可以作鱼酱、肉酱、清酱。"《开烛宝典》注解中说"'末都'乃酱名也"，而其中的"清酱"或许就是后世所称之的"酱油"，也可能是稀豆酱。

1972年，湖南长沙东郊发掘了马王堆一号汉墓。1978年发表的鉴定报告中指出，出土的陶罐所盛之物确实是大豆制品，出土的简文"酱"字，就是豆酱。马王堆一号汉墓豆酱的出土，进一步证实中国早在2000多年前就已经用大豆为原料制作豆酱了。

北魏时期，豆酱的生产和制作有了进一步的发展。贾思勰在《齐民要术》中专门载有"作酱法"一章，介绍了包括豆酱在内的各种酱的制法，其生产方法及工艺流程可以算是唐以前豆酱制作的代表。

唐代以后，豆酱的制作方法有了很大的改进，但基本原料仍以大豆为主。唐《新修本草》中有："酱，多以豆作继，麦者少。"唐代豆酱的制作中还出现了"酱黄"——将其晒干后，随时都可作酱。唐朝时，人们制酱的时间不再以"十二月、正月为上时，二月为中时，三月为下时"。唐农学家韩鄂在《四时纂要》中记录"十日酱法"是在七月作酱；"造酱""又造酱"中，皆是在十二月作酱。在制作工艺上，改豆与曲混合为豆与面混合再制曲，即"豆合面为之"，简便实用，容易控制，比《齐民要术》所记工艺前进了一步，既充分强化了微生物的酶解作用，又大大提高了原材料的利用率。

唐朝还出现了"通风制曲"，与现在的传统豆酱的生产工艺几乎相同。唐朝时，不仅民间制酱，宫廷也在做酱，甚至宫中设有专门的"掌醢署"，负责掌管"供醯醢之物"，酱已成为人们日常饮食中必不可少的调味品。到北宋初期，豆酱作为调味品的地位更是明显，列八珍第一位，陶谷曾称酱为八珍主人。

元明清时期，出现了许多不同种类的酱，并有了较完善的工艺，如小豆酱法、仙酱方、糯米酱方、造甜酱、造酒酱、造麸酱、蚕豆酱等等。随着制酱技术的进步，人们可以比较容易控制制酱的各个环节，制酱不再受时间和环境的影响。清代的满族人，餐餐豆酱必备。酱不仅仅是佐食的调料品，而且是广泛制作各种菜肴的提味料，如酱烧肉、酱鸡、酱瓜、酱腹鱼、上品酱蟹、甜酱炒鹿角菜、甜酱炒核桃仁、酱炒甲鱼、酱炒三果等。

第六章
中国豆腐

豆腐作为传统豆制品的代表，是中国人民食用最广、最大众化的烹饪原料之一，全国各地广有制作，名产、特产亦多，如安徽寿县"八公山豆腐"、山东"泰安豆腐"、湖北"房县豆腐"、广东英德"九龙豆腐"、湖南"富田桥豆腐"、陕西"榆林豆腐"、江苏淮安"平桥豆腐"等等，不胜枚举。

在长期的社会发展中，逐渐形成中国豆腐的八大系列：一为水豆腐，包括质地粗硬的北豆腐和细嫩的南豆腐；二为半脱水制品，主要有百叶、千张等；三为油炸制品，主要有炸豆腐泡和炸金丝；四为卤制品，主要包括五香豆腐干和五香豆腐丝；五为熏制品，如熏素肠、熏素肚；六为冷冻制品，即冻豆腐；七为干燥制品，如豆腐皮、油皮；八为发酵制品，包括人们熟悉的豆腐乳、臭豆腐等等。这八类制品中，安徽淮南的八公山嫩豆腐，广西桂林的白腐乳，黑龙江的克东腐乳，北京的王致和臭豆腐，湖北武汉的臭干子等，均为驰名中外的精品。

中国近代大豆专家李煜瀛曾说：中国之豆腐为食品之极良者，其性滋补，其价廉，对中华民族的繁衍生息起到了重要的意义，是又一个古代劳动人民智慧的重要结晶。

第一节　中国豆腐食养价值的科学评价

一、传统中医食疗对豆腐的评价

中医书籍记载：豆腐，味甘性凉，入脾胃、大肠经，具有益气和中、生津解毒的功效，可用于赤眼、消渴、休息痢等病症，并解硫黄、烧酒之毒。

《食鉴本草》：味甘，平。宽中益气，和脾胃，下大肠浊气，消胀满。

《随息居饮食谱》：甘，凉。清热，润燥，生津，解毒，补中，宽肠，降浊。

《本草求真》：入脾、胃、大肠。治胃火冲击，内热郁蒸，症见消渴、胀满。并治赤跟肿痛。

《医林纂要》：清肺热，止咳，消痰。

《食物本草》：饮烧酒过多，遍身红紫欲死，心头尚温者，热豆腐切片，满身贴之，冷则换，苏醒乃止。

《本草纲目》：宽中益气，和脾胃，消胀满，下浊气，清热散血。

《普济方》：醋煎白豆腐食之，治休息痢。

二、中国豆腐的营养与功效成分

豆腐主要以大豆为原料加工制成，不仅具有大豆的营养价值，如蛋白质优，富含亚油酸、亚麻酸、花生四烯酸等人体必需脂肪酸，不含胆固醇。豆腐矿物质含量高，易吸收。豆腐的加工过程是以水作为溶剂提取大豆蛋白，以盐卤或者石膏作为凝固剂进行沉淀，因此豆腐中的钙、铁、镁等无机盐含量比大豆中的更丰富，非常有利于骨骼的健康；而镁不仅有益于预防心脏病，而且有利于提高心脏活力。①

---

① 谷大海等：《豆腐的研究概况与发展前景》，《农产品加工》2009 年第 6 期。

（一）大豆蛋白

豆腐在制作过程中，经过磨碎和煮沸过程，营养成分的吸收率大大提高，整粒大豆消化率仅为 60%，而豆腐的消化率达到 92%—96%。

制作豆腐的大豆含有丰富的营养。以标准蛋白质价为 100，对动植物蛋白食品进行比较：大豆粉 74，鱼肉平均 70，这说明大豆的蛋白质价可与鱼肉相媲美，是植物蛋白中的佼佼者。大豆蛋白属完全蛋白，富含人体所需的 8 种必需氨基酸。

（二）大豆油脂

除蛋白质以外，大豆中含有 18% 左右的油脂，其中不饱和脂肪酸如亚油酸含量较高，饱和脂肪酸含量较低。大豆油脂在人体内的消化率高达 97.5%，且不含胆固醇，有阻止胆固醇在血管中积累，防止动脉硬化的功能，是优质植物油。研究表明，油脂也参与豆腐的形成，而且在豆腐中因不与空气接触，不易被氧化。

（三）大豆活性肽

豆腐中的蛋白质主要以大豆活性肽的形式存在。豆腐制作过程中，大豆蛋白被水解为低肽类成分，它们通常由 3—6 个氨基酸组成，相对分子量低于 1000Da。大豆活性肽的必需氨基酸组成与大豆蛋白完全一致，但更易被人体消化吸收。大豆多肽具有多种生理功能，比如，降低血清胆固醇、抗氧化功能[1]；促进脂肪分解和能量代谢，具有预防肥胖和减肥作用[2]；促进微生物生长发育和活跃代谢作用，

增强双歧杆菌的发酵作用，增强酵母的产气作用[3]；抑制血管紧张素转换酶的作用，起到降低血压的作用[4]。

---

[1]　孙显慧等：《大豆多肽功能特性及其开发应用》，《粮食与油脂》2004 年第 5 期。

[2]　李里特等：《功能性大豆食品》，中国轻工业出版社 2002 年版。

[3]　赵毅等：《大豆蛋白水解物促进乳酸发酵的作用》，《食品与机械》2000 年第 1 期。

[4]　黄骊虹：《大豆多肽的生理功能及应用（二）》，《食品科技》1999 年第 4 期。

（四）大豆异黄酮

大豆异黄酮是大豆生长过程中形成的一类次生代谢产物。目前，国内外研究者已从大豆中分离出 9 种异黄酮葡萄糖苷和 3 种相应的糖苷配基（游离异黄酮），共有 12 种大豆异黄酮。

大豆异黄酮和大豆蛋白在大豆食品中同时存在，共同发挥保健功能。食用较多大豆食品是日本人癌症尤其乳腺癌和前列腺癌发病率低的主因。这两种癌症的发病率，食用大豆食品较少的美国人是日本人的 4 倍。中国从 1996 年开始实施国家大豆行动计划，在中小学校进行的试点证明：豆奶对改善学生营养状况，尤其对降低贫血病发生率的效果良好。研究发现，大豆异黄酮具有弱雌性激素活性。动物及人体实验表明，其具有预防骨质疏松、预防癌症、降低女性更年期综合征发生等多种生理功能[1]。

（五）大豆皂苷

大豆皂苷是存在于大豆及其豆制品中的活性成分，是三萜类同系物的羧基和糖分子环状半羧醛上羟基失水缩合而成的。

研究发现，大豆皂苷具有降低血脂、抑制血小板聚集[2]、抗脂质氧化、降低过氧化脂质的生成、抗氧化[3]、增进机体细胞免疫和体液免疫功能[4]等作用。此外，大豆皂苷还具有抗疲劳[5]、抗辐射[6]等多种功能。

（六）风味成分

豆腐的化学本质是在凝固剂和热变性作用下形成的一种凝胶。豆腐的凝固剂种类很多，不同的凝固剂作用机理和生产工艺不同，导致产品产量和质

① 谷大海等：《豆腐的研究概况与发展前景》，《农产品加工》2009 年第 6 期。
② 于俊阁等：《皂甙的免疫调节作用》，《国外医学中医中药分册》1993 年第 4 期。
③ 汪海波：《大豆异黄酮及大豆皂甙的抗氧化性研究》，《食品研究与开发》2008 年第 3 期。
④ 董文彦等：《大豆皂甙的免疫增强作用》，《中国粮油学报》2001 年第 6 期。
⑤ 袁晓洁等：《大豆异黄酮与大豆皂甙抗疲劳作用》，《中国公共卫生》2007 年第 3 期。
⑥ 孙维琦等：《大豆异黄酮与大豆皂甙抗辐射作用的实验研究》，《中国辐射卫生》2007 年第 3 期。

地结构也各不相同，凝固剂种类还可能影响到豆腐产品的风味。

亓顺平①等通过同时蒸馏萃取及气相色谱—质谱联用分析技术，研究了上海当地市场商品豆腐的挥发性风味成分，共检出 44 种化合物。刘香英②等采用同时蒸馏萃取法提取不同凝固剂制作的豆腐中的挥发性成分，并利用气相色谱—质谱联用法进行分离鉴定，对所鉴定出的挥发性成分进行比较，结果表明：以硫酸钙为凝固剂的豆腐检测出的挥发性成分有 28 种；以氯化镁为凝固剂的豆腐检测出的挥发性成分有 21 种。其中共有成分 18 种，但是共有成分的含量却有很大差别。

三、现代营养科学对豆腐的评价

豆腐除有增加营养、帮助消化、增进食欲的功能外，对牙齿、骨骼的生长发育也颇有益，在造血功能中可增加血液中铁的含量。豆腐不含胆固醇，为高血压、高血脂、高胆固醇症及动脉硬化、冠心病患者的药膳佳肴。豆腐含有丰富的植物雌激素，对防治骨质疏松症有良好作用，豆腐中的甾固醇、豆甾醇，均是抑癌的有效成分。

（一）降血脂

大豆皂苷可以抑制血清中脂类的氧化，抑制 ACTH 诱导的过氧化脂质（LPO）的形成，降低血中胆固醇和甘油三酯的含量。科研人员发现，大豆皂甙能显著降低高脂饲料小鼠的血清总胆固醇（TC）、甘油三酯（TG）及低密度脂蛋白胆固醇（LDL-C）水平，提高高密度脂蛋白胆固醇（HDL-C）含量；降低肝脏组织中 TC 和 TG 的含量。③

---

① 亓顺平等：《豆腐挥发性风味成分的研究》，《上海大学学报（自然科学版）》2008 年第 1 期。
② 刘香英等：《不同凝固剂对豆腐风味的影响》，《大豆科学》2011 年第 6 期。
③ 肖军霞等：《大豆皂甙预防小鼠高脂血症的作用及其分子机制研究》，《营养学报》2005 年第 2 期。

（二）抗氧化

大豆皂苷具有抗脂质氧化和降低过氧化脂质作用，且能抑制过氧化脂质对肝细胞的损伤。研究发现，大豆皂苷能通过自身调节，增加超氧化物歧化酶的含量，降低过氧化脂质，清除自由基，减轻自由基对 DNA 的损伤。大豆皂苷在达到一定剂量时，还可通过减少自由基的生成或加速自由基的降解，间接起到降低电离辐射诱导的染色体畸变和微核的构成。[1]

（三）抗肿瘤作用

国外有学者报道，大豆皂苷在 150mL/kg—660mL/kg 条件下，对人类肿瘤细胞（HCT-15）的生成有明显的抑制作用。国内学者研究结果表明，大豆皂苷对 SGC-7901（人胃腺癌细胞）具有明显抑制作用[2]；对 S-180 细胞和 YAC-1 细胞的 DNA 合成有明显的抑制作用[3]；对 K562 细胞和 YAC-1 细胞亦有明显的细胞毒作用；能通过诱导细胞凋亡，对人肝癌 QGY-7703 细胞有生长抑制作用[4]。大豆皂苷还能促进 T 细胞产生淋巴因子，增加诱导杀伤性 T 细胞、NK 细胞分化，提高 LAK 细胞活性。

有学者认为大豆皂苷的抑癌机制可能为以下 4 种[5]：对肿瘤细胞有直接毒杀作用和生长抑制作用；具有免疫调节作用；大豆皂苷与胆汁酸相结合可以形成较大的混合微团，从而防止结肠癌的发生；防止上皮细胞增生，使增生细胞正常化，从而起到杀伤肿瘤细胞的作用。

（四）抗病毒

大豆皂苷具有广谱的抗病毒能力，对多种病毒能起到抑制作用，如：单

---

① 孟凡钢等：《大豆皂甙研究进展与应用》，《中国农业科技导报》2007 年第 4 期。
② 李百祥等：《大豆皂甙对人胃癌细胞的生长抑制作用》，《癌变·畸变·突变》2001 年第 13 期。
③ 郁利平等：《大豆皂甙对 S180 腹水肉瘤细胞表面电荷的影响及抑瘤作用》，《实用肿瘤学杂志》1992 年第 6 卷。
④ 黄进等：《大豆皂甙对肝癌细胞生长抑制作用研究》，《营养学报》2004 年第 6 期。
⑤ 孟凡钢等：《大豆皂甙研究进展与应用》，《中国农业科技导报》2007 年第 4 期。

纯胞疹病毒 I 型（HSV—I）、柯萨奇 B3（CoxB3）病毒、人类艾滋病（AIDS）病毒等。临床研究还发现，大豆皂苷对胞疹性口唇炎和口腔溃疡病的效果显著，有效率达 88.3% 和 76.9%。①

（五）抗血栓

动物实验表明，大豆皂苷能抑制凝血酶，使凝血酶失活，阻止血小板和血栓纤维蛋白的凝聚，防止血栓形成，② 并提高胰岛素的水平。大豆皂苷还能调节机体溶血系统，具有抗血栓作用。

（六）增强免疫调节功能

动物实验表明，大豆皂苷能明显促进伴刀豆蛋白和脂多糖对小鼠脾细胞的增殖反应，能明显增强脾细胞对白细胞介素-2（IL-2）的反应性，增加小鼠脾细胞对 IL-2 的分泌，并明显提高 NK 细胞、L 细胞毒活性，提高巨噬细胞的活力，从而表现出明显的免疫调节作用。③

（七）防止骨质疏松

豆腐内含植物雌激素，能保护血管内皮细胞不被氧化破坏，常食可减轻血管系统的破坏，预防骨质疏松、乳腺癌的发生，是更年期妇女的保护神。

第二节　中国豆腐的传统加工技艺

宋朝时期，关于豆腐的记载多为只言片语。寇宗奭所著的《本草衍义》中有"生大豆，又可硙为腐，食之"，这是关于豆腐制作工艺的最早记载。同时期的诗人苏轼有"煮豆作乳脂为酥"之句，注中说"谓豆腐也"。

---

① 李静波：《大豆皂贰对病毒的抑制作用及临床应用研究》，《中草药》1994 年第 10 期。贺竹梅等：《大豆皂贰复合物抑制猴免疫缺陷病毒活性的观察》，《应用与环境生物学报》1998 年第 4 期。
② 孟凡钢等：《大豆皂贰研究进展与应用》，《中国农业科技导报》2007 年第 4 期。
③ 陈嘉定：《大豆皂贰 Ba 抑制棕榈酸诱导的巨噬细胞炎症反应活性及其机理研究》，南方医科大学硕士学位论文，2015 年。

南宋著名诗人陆游在《老学庵笔记》中记载"嘉兴人……开豆腐羹店";吴自牧《梦粱录》记载,京城临安的酒铺卖豆腐和煎豆腐等。宋代,豆腐已逐渐普及,并见于食谱。如《玉食批》有"生豆腐百宜羹";《山家清供》有"东坡豆腐";《渑水燕谈录》有"厚朴烧豆腐";《物类相感志》载"豆油煎豆腐,有味"。

元代时,虞集曾写过一篇《豆腐赞》的文章;郑允端的"豆腐"诗中亦有"磨砻流玉乳"句,"玉乳"二字,形象地说明磨中流出来的是豆浆,这表明用来做豆腐的大豆要浸泡后再磨,磨时还要加水。

明朝的李时珍对于豆腐的制法,有了总结性的翔实阐述:"水浸,硙碎,滤去渣,煎成,盐卤汁或山矾叶或酸浆、醋淀,就釜收之。又有入缸内。以石膏末收者,大抵得咸、苦、酸、辛之物,皆可收敛尔。其面上凝结者,揭取晾干名曰豆腐皮,入馔甚佳也。"这种传统的豆腐制作工艺,主要使用盐卤和石膏进行点浆。

清代的汪曰桢在其《湖雅》卷八中记载了系列豆腐制品:磨黄豆为粉,入锅水煮或点以石膏或点以盐卤成腐,未点者曰豆腐浆,点后布包成整块曰干豆腐。置方板上曰豆腐箱,因呼一整块曰一箱,稍嫩者曰水豆腐,亦曰箱上干,尤嫩者以杓抒之成软块,亦曰水豆腐又曰盆豆腐。其最嫩者不能成块,曰豆腐花,亦曰豆腐脑。或铺细布泼以腐浆,上又铺细布夹之,旋泼旋夹压干成片曰千张,亦曰百叶;其浆面结衣揭起成片曰豆衣,本草纲目作豆腐皮;今以整块干腐上下四旁边皮批片曰豆腐皮,非浆面之衣也。干豆腐切小方块油炖,外起衣而中空者曰油豆腐,切三角块者曰三角油腐,切细条者曰人参油腐,有批片略炖,外不起衣中不空者曰半炖油腐。干腐切方块布包压干清酱煮黑曰豆腐干,有五香豆腐干、元宝豆腐干等名,其软而黄黑者曰蒸干,有淡煮白色者曰白豆腐干。木屑烟熏白腐干成黄色曰熏豆腐干,腌芥卤浸白腐干使咸而臭曰臭豆腐干……

清代著名的饮食文献《食宪鸿秘》中还载有熏豆腐、酱油豆腐、豆腐脯等几种豆腐制品。腐竹：豆浆经加热后形成薄膜，挑起后干燥即为腐竹，也称豆腐皮或豆腐衣。泡儿豆腐：是将豆腐蒸熟再油炸。"冷豆腐，切块，入笼蒸透，晾凉，于油锅内炸之，可以发开。"熏豆腐：其制法有三。一曰"豆腐腌、洗、晒后，入好汁汤煮过，熏之"；一曰"得法（制作得法）豆腐压极干，盐腌过，洗净，晒干。涂香油熏之"；一曰"好豆腐干，用腊酒酿、酱油浸透，取出。入虾子或虾米粉同研匀，做成小方块。砂仁、花椒细末掺上，熏干。熟香油涂上，再熏。收贮。"酱油腐干：用煎、滤数遍的酱油，再"入香蕈、丁香、白芷、大茴香、桧皮各等分"，然后将"豆腐同入锅煮数滚，浸半日。其色尚未黑，取起，令干。隔一夜再入汁内煮，数次味佳。"

关于冻豆腐，袁枚在《随园食单》中有记载："以豆腐切方块置户外，先浇热水一次，复以冷水频浇，冻一夜即冻冰，亦名冰豆腐。"豆腐脯：是将豆腐油炸，使其颜色变黄。将"好腐油煎，用布罩密盖，勿令蝇虫入。候臭过，再入滚油内沸，味甚佳"。

《国朝宫史》中记载，从皇帝到后妃、太子、皇子等，豆腐是必需的常备食物，每人每日所享用的食物中均有豆腐数量的规定。官僚们往来的酒席宴会间，食用豆腐也非常常见："余每治馔，必精制豆腐一品，至温州亦时以此饷客，郡中同人遂亦效为之。"

清·姚元之《竹叶亭杂记》：湖南巡抚王亶望喜食豆腐。他在山西做官时，把鸭子封闭在一个去了底的绍酒坛子中，只留头、尾于外，用油脂等物喂食，这样喂出来的鸭子，"六七日即肥大可食，肉之嫩如豆腐。若中丞偶欲食豆腐，则杀两鸭煎汤，以汤煮豆腐献之。"同时代的人感叹"豪侈若此，宜其不能令终也。"

清·周询《芙蓉话旧录》："北门外有陈麻婆者，善治豆腐，连调和物料及烹饪工资一并加入豆腐价内，每碗售钱八文，兼售酒饭，若须加猪、牛肉，则或食客自携以往，或代客往割，均可。其牌号人多不知，但言陈麻婆，则无不知者。其地距城四五里，往食者均不惮远，与王包子同以业致富。"

　　清著名的散文家、文学评论家袁枚在《随园食单》中，明确记录的豆腐食谱就有"王太守八宝豆腐""蒋侍郎豆腐""冻豆腐""素烧鹅""杨中丞豆腐""庆元豆腐""虾油豆腐""张恺豆腐""芙蓉豆腐""牛首腐干"等。

第三节　中国豆腐的历史文化

一、"豆腐"的解析

　　古语称大豆为"菽"，在"尔雅"中称豆腐为"戎菽"；陆游在诗中称豆腐为"黎祁"；而由于"腐"字本有"腐烂、腐朽或腐败"的意思，古人会尽可能地将"腐"避免，而有了"来其""甘旨""无骨肉"等别名。据明人王志坚《表异录》、清人《坚瓠集·豆腐》所载，相传元司业孙大雅嫌豆腐之名不雅，遂改名"菽乳"。《清异录》记载：邑人呼豆腐为"小宰羊"，这或许与豆腐在过去是肉品的廉价替代品有关。

二、中国豆腐的起源

　　宋代朱熹在咏素食诗的自注中谈到"世传豆腐本为淮南王术"，认为豆腐是公元前2世纪汉代淮南王刘安所发明。但洪光住先生在写作《中国食品科技史稿》时，曾查阅了一大批自汉至唐的典籍，均未找到有关豆腐的记载。目前，发现关于豆腐记载的最早文献是五代陶谷（903—970年）撰的《清异录》，其在"小宰羊"条中记载"时戢为青阳丞，洁己勤民，肉味不给，日市豆腐数个，邑人呼豆腐为小宰羊"。基于此，不少学者将豆腐起源的时间下限定在晚唐五代。

　　宋代苏东坡有"豆腐"诗云"古来百巧出穷人，搜罗假合乱天真"，认为这种"乱天真"的豆制品，是由穷人巧手制作而成。中国著名的化学家袁翰青先生指出"豆腐的始创者是农民，是他们在长期煮豆磨浆的实践中，得到了这种优美的食品"，把豆腐的发明创造归功于农民。关于淮南王刘安发明豆腐，在典籍中有许多记述，多达四五十部古籍均有记载。《辞源》中载有"以豆为之。造法，水浸磨浆，去渣滓，煎成淀以盐卤汁，就釜收之。又有入缸内以石膏收者。相传为汉淮南王刘安所造"。

南宋大理学家朱熹在《刘秀野蔬食十三诗韵》中写道"种豆豆苗稀，力竭心已腐。早知淮南术，安坐获泉布。"这是现存文献中最早提到豆腐为"淮南术"的记载。与朱熹同时代的杨万里，在《豆卢子柔传》中，也提到汉代已有豆腐。元代的吴瑞在《日用本草》中记录食物 540 多种，分米、谷、菜、果、禽、虫等，是元朝一部专论食疗的代表作，书中亦道："豆腐之法，始于汉淮南王刘安。"

明代叶子奇在《草术子·杂制篇》中载有"豆腐始于汉淮南王刘安，方士之术也"。李时珍在《本草纲目》中有"豆腐之法，始于汉淮南王刘安"之记载。陈继儒的《丛书集成·群粹录》中云"豆腐，淮南王刘安所作"。罗欣在《物原》中载"刘安始作豆腐"。陈炜在《山椒戏笔》一书中曰"豆腐始于淮南王刘安。"王三聘《古今事物考》中道："豆腐始于淮南王刘安方士之术也。"苏平的《咏豆腐》一诗曰："传得淮南术最佳，皮肤退尽见精华。"明清时期的思想家方以智在《物性志》中说："豆以为腐，传自淮南王。以豆为乳，脂为酥。"清朝汪汲在《事物原会》一书中叙说：西汉古籍有"刘安作豆腐"的记载。

关于豆腐起源于何地，目前也没有定论。据现有资料，涉及豆腐起源的地点有三个：一是八公山，今安徽淮南寿县境；二是打虎亭，今河南郑州新密；三是青阳，今安徽青阳境。

三、中国豆腐外传

公元 7 世纪末，豆腐被传入日本。日本传统的观点认为，唐代鉴真和尚在公元 757 年东渡日本时，把制作豆腐的技术传入日本，日本人视鉴真为祖师。至今日本的豆腐包装袋上还有"唐传豆腐干黄檗山御前淮南堂制"的字样，而且许多豆腐菜谱直接采用汉名。如"元月夫妻豆腐""二月理宝豆腐""三月炸丸豆腐""四月烤串豆腐""五月团鱼豆腐"等等。刚开始时，豆腐只是日本贵族与僧人们的高级食品，并初次记录于 1183 年的奈良春日大社的库录中"唐腐"。约半世纪后，有一封日本僧人日连上人的书信中出现 suridofu，可能是一种豆腐。到 14 世纪，日本文献中多次出现"唐腐""唐布"等词，而"豆腐"一词，迟至 1489 年出现于日本。

到了 18 世纪的江户时代，豆腐才开始成为百姓的日常菜肴。1782 年，大阪曾古学川编辑出版了一部名为《豆腐百珍》的食谱，第一次将豆腐的烹饪方法公之于众，书中介绍了 100 多种豆腐的烹饪方法。三年后，又出版一部《豆腐百珍续篇》，增补 138 种豆腐食谱。书中将豆腐品种分为 6 级：寻常品、同品、佳品、奇品、妙品、绝品。可见日本人制作豆腐的技艺已达到何等娴熟的地步。该书在烹调技艺上，除一般的蒸、酿、煎、炸外，还有所创新，如各式串烧、热荤、冷盘、上汤即甜品糕饼等，佳品中的"释迎豆腐"，奇品中的"斋舰"，妙品中的"马鹿煮豆腐"等，都使人赞叹不已。

继日本之后，朝鲜、缅甸、马来西亚、新加坡、印尼、越南等周边国家也先后从中国学会了豆腐及其制品的制作技艺。如朝鲜，据《清异录·药品·草创刀圭》引《高丽博学记》曰：乳腐名"草创刀圭"。其时已学会制作乳腐的技艺，制作豆腐当在其前，而且朝鲜人民还根据本地资源，制作了各种风味的"豆腐汤""豆酱豆腐汤""蛤蜊豆腐汤""明太鱼豆腐汤"等。

缅甸人、越南人创制了颇具东南亚风格的"酱拌蛋花豆腐"；新加坡与马来西亚风行的"肉骨茶"，也是豆腐菜肴的一种；印尼人普遍喜爱"酱拌炸豆腐"。其后随着华人的足迹，豆腐及其制品也传入欧洲和北美洲，成为世界流行食品。

19 世纪初，豆腐传入欧洲、非洲和北美。约在 1902 年，李鸿藻的儿子李石曾去法国巴黎学习农业时带去豆腐制作技术，并在巴黎开办了豆腐公司，以机器新法制豆腐，获得豆腐博士的雅号。在 20 世纪中期，西方国家不太熟悉豆腐，随着中西文化交流，以及素食主义和健康食物日趋重要，在 20 世纪末期广为西方食用。现今，在西方的亚洲产品市场、农产品市场、健康食品店和大型超级市场都能买到豆腐。豆腐不仅在东方国家成为大豆食品的主要消费形式，而且在西方也逐渐受到关注，加工成色、香、味俱全的豆腐快餐食品，如"豆腐色拉""豆腐汉堡包""豆腐烤鸭""豆腐结婚蛋糕"等，在市场上也特别畅销。在盛暑季节，"豆腐冰淇淋"也获得青睐。

四、中国豆腐与名人轶事

豆腐问世已有两千多年历史，许多名人对其情有独钟。大才子金圣叹在狱中传出的遗嘱是："吾儿，花生与豆腐干同嚼，有火腿味。"中国共产党早期主要领导人之一的瞿秋白，1935 年 2 月被捕后，在狱中写下《多余的话》，文中写道"中国的豆腐也是很好吃的东西，世界第一。"鲁迅的一篇《在酒楼上》，最让人好奇的就是那一句"十个油豆腐，辣酱要多"，几块豆腐居然能当一斤绍酒的下酒菜。

（一）乾隆皇帝与豆腐

清代乾隆帝高寿，享年 89 岁，爱吃豆腐可能是其高寿秘诀。据清代《膳食档》载：乾隆皇帝对豆制品有着特殊的嗜好，差不多每天的膳食上都有，而且不得重样，所食豆腐在百种以上，有时还亲自传方。他经常喜欢吃的豆腐食品包括：红白豆腐、箱子豆腐、鸭丁炒豆腐、鸡肝炖豆腐、什锦豆腐、清拌豆腐、鸡汤豆腐、羊肉炖豆腐、鸭子豆腐、锅贴豆腐、豆豉豆腐、烩三鲜豆腐、锅烧鸡烩什锦豆腐、烩云片豆腐、卤虾油炖豆腐等。乾隆在孔府时，衍圣公用翡翠盘子端来了一小块臭豆腐，乾隆勉强夹了一点，一尝，味道还不错。乾隆临走时把当地的豆腐户带到京城，此后京城便也有了臭豆腐。过了几年，乾隆再来曲阜时，孔府摆出了豆腐宴，有一品豆腐、丁香豆腐、清蒸豆腐、鸡汤豆腐、芙蓉豆腐、荷花豆腐、熏豆腐等。乾隆对熏豆腐最有兴趣，临走时又把当地的豆腐户带到了京城，此后熏豆腐也成为京城的一道名吃。崇明庙镇豆腐干在宋代即负盛名，乾隆下江南时，其先行官到崇明品尝后留下《咏豆干》一首："世间宜假复宜真，幻真分明身外身。才脱布衣圭角露，庙镇俎豆供佳宾。"

（二）康熙皇帝与豆腐

清代皇帝的冬令膳谱中，羊肉冻豆腐火锅为常用的菜品之一。此外，还有著名的"八宝豆腐"（做法是将嫩豆腐细切，加香蕈、蘑菇、松仁、瓜仁、鸡肉、火腿诸细屑，同入浓鸡汁中烹制而成）。据说康熙皇帝十分偏爱此菜，有时竟把此菜的烹调方法如赐金银财宝一样赐于宠臣。康熙四十四年，康熙帝第五次南巡来到江苏，照例颁赐食品等给地方官员。时任江苏巡抚的宋荦年过七十，第三次接待皇帝南巡。除得到与将军、总督一样的颁赐食品外，还受到御赐八宝豆腐的皇恩："又传旨云：朕有日用豆腐一品，与寻常不同，因巡抚是有年纪的人，可令御厨太监，传授与巡抚厨子，为后半世受用等语。"后来，八宝豆腐偶流民间，袁枚将其收入《随园食单》，随着《随园食单》在民间的流传，八宝豆腐也流传开来，并成为京杭名肴之一。3年后，康熙在皇宫举办"豆腐宴"比赛，各种风格、各种口味、各种档次的豆腐菜，层出不穷。如安徽的"八公山豆腐"、广西的"清蒸豆腐园"、云南的"腊味螺豆腐"、湖北的"荷包豆腐"、吉林的"素鸡豆腐"、山东的"雪里蕻豆腐"等数不胜数。

（三）朱元璋与豆腐

明朝开国皇帝朱元璋少时曾流浪于淮南八公山下。一天，一老翁送他几块豆腐充饥，他便将豆腐与野菜共煮。因八公山豆腐细嫩鲜美，煮后汤呈乳白色，豆腐在汤中半沉半浮，朱元璋食后感到风味别致，鲜嫩无比，便称之为"珍珠翡翠白玉汤"。后来，朱元璋当了皇帝，仍不忘此菜，常命御厨煮制。此菜之后成为安徽名菜之一。

朱元璋每餐都要上一份豆腐，这种习惯造就了后世的一些名牌豆腐，如安徽滁县美食一绝的"虎皮毛豆腐"，朱元璋家乡安徽凤阳县的"凤阳酿豆腐"等等。

（四）苏东坡与豆腐

北宋时期著名的政治家和文学家苏东坡，很重视饮食养生，对烹饪和饮食很有研究，有不少美味佳肴以其名字"东坡"命名，如东坡肉、东坡饼、东坡豆腐等。宋神宗元丰二年十二月，苏轼被贬为黄州团练副使。湖北黄州的豆腐，自古出名。精于烹饪之道的苏东坡亲自操勺，首创"东坡豆腐"。东坡豆腐以黄州豆腐为主料，将豆腐放入面粉、鸡蛋、盐等制成的糊中挂糊，再放入五成热的油锅里炸制后，捞出沥油；锅内放底油、笋片、香菇和调味料，最后放入沥过油的豆腐，煮至入味出锅即成。酷似猪肘，质嫩色艳，鲜香味醇。这道创新菜很快就在黄州流传开来。不久，他被迁职转移，走到哪里，他的"东坡豆腐"就在哪里广为流传。苏东坡曾为豆腐写下"煮豆作乳脂为酥，高烧油烛斟蜜酒"，以精练的语言把制作豆腐形象化，用准确的字眼道出豆腐"作乳""为酥"，为食品之精粹，也惟妙惟肖地描绘了东坡居士在油烛灯下品着豆腐、喝着美酒，醉态可掬的神情。相传，清代时，广东惠州知府伊秉绶回到故乡福建，特意带去"东坡豆腐"的制作技术，东坡豆腐逐渐成为那里家喻户晓的名菜。

（五）袁枚与豆腐

袁枚是清代著名文学家，也是著名的美食家。他曾写过一本书名曰《随园食单》，系统地论述清朝的烹饪技术和南北菜点。在"杂素菜单"的部分，一开始袁枚就记录了几道豆腐菜，如"冻豆腐""虾油豆腐""蒋侍郎豆腐""杨中丞豆腐""王太守八宝豆腐""程立万豆腐""庆元豆腐""张恺豆腐"等。其中最有名是八宝豆腐，是康熙赏赐给王太守的，在苏杭一带流传；最有趣味的是"程立万豆腐"，现已失传。清乾隆二十三年，袁枚和朋友到扬州程立万家吃煎豆腐，"精绝无双"。这种豆腐"两面黄干，无丝毫卤汁，微有车螯鲜味，然盘中并无车螯及他杂物也。"袁枚曾称赞说："豆腐得味，远胜燕窝。"在《随园食单》中，袁枚记录了一品"冻豆腐"的做法："将豆腐冻一夜，切方块，滚去豆味，加鸡汤汁、火腿汁、肉汁煨之。上桌时，撤去鸡火腿之类，单留香蕈、冬笋。豆腐煨久则松，面起蜂窝，如冻腐矣。故炒腐宜嫩，煨者宜老。家致华分司，用蘑菇煮豆腐，虽夏月亦照冻腐之法，甚佳。切不可加荤汤，致失清味。"这种用火腿、鸡汁和肉汁煨出来的豆腐，岂止美味。

《随园诗话》中还记载了袁枚曾为豆腐三折腰的故事。蒋戟门观察招饮，珍馐罗列，忽问余："曾吃我手制豆腐乎？"曰："未也。"公即着犊鼻裙，亲赴厨下，良久擎出，果一切盘餐尽废，因求公赐烹饪法，公命向上三揖，如其言，始口授方，归家试作，宾客咸夸。毛俟园广文调余云："珍味群推郇令庖，黎祈尤似易牙调。谁知解组陶元亮，为此曾经三折腰。"这道菜由此被命名为"蒋侍郎豆腐"。

（六）孙中山与豆腐

孙中山幼年家中贫寒，其父孙达成擅长做豆腐，为生活所迫，也卖过豆腐。逢年过节，家贫的孙家做些豆腐与咸鱼干煲个汤。由于豆腐味道比较清淡，而咸鱼又偏咸，两者组合的"咸鱼豆腐煲"咸淡中和，风味独特。这股美味从此留在孙中山的大脑里。"咸鱼豆腐煲"后来成了孙中山餐桌上必备的菜肴。他在居家膳食中常备有"猪血豆腐汤"，并独创了由豆腐、豆芽、木耳和黄花菜合成的"四物豆腐汤"，至今仍被营养学家称为素食中的佳品。孙中山还爱吃用豆腐、蟹肉、蟹黄、虾仁、鸡蛋烹饪而成的"蟹黄车轮豆腐"。孙中山从事革命活动期间，何香凝常为他和廖仲恺等人做菜，其中总少不了豆腐。很多人受到孙中山先生的影响，也爱上了豆腐菜。他还撰写文章，特别介绍豆腐的营养价值和大豆等营养食品。他说："惟豆腐一物，当与肉食同视，不宜过于身体所需材料之量。"

孙中山不仅一生喜欢豆腐，还与"豆腐博士"李石曾成为好友。1908

年，李石曾在巴黎西郊创办"巴黎中国豆腐工厂"。他们生产的豆腐，参加了在巴黎举办的"万国食品博览会"，被誉为"美味素食"，在会上引起轰动，并很快在欧洲享有盛誉。1909 年 6 月，孙中山来到巴黎，特意参观了李石曾的豆腐加工厂，李石曾以该公司豆制品款待领袖。孙中山挑起像猴皮筋一般筋道的豆腐丝，高兴地说："石曾先生，你的豆腐比法国的'气司'美味得多啊！"他后来在《孙文学说》一书中还专门记叙了巴黎中国豆腐公司："吾友李石曾留学法国，以研究农学而注意大豆，以兴开万国乳会而主张豆食代肉食，远行化学诸家之理，近应素食卫生之需，此巴黎中国豆腐公司之所由起也。"

豆腐还被孙中山写进了《建国方略》："中国素食者必备豆腐。夫豆腐者，实植物之肉料也，此物有肉料之功，而无肉料之毒。"

（七）梁实秋与豆腐

中国著名散文家、学者、翻译家梁实秋先生，同时也是一位美食家，其撰写的名作《雅舍谈吃》是梁实秋先生一生在饮食文化方面才华的集中展示。在他的另一部著作《梁实秋散文》中有一篇文章《豆腐》，提到凉拌豆腐、香椿拌豆腐、黄瓜拌豆腐、鸡刨豆腐、锅塌豆腐、罗汉豆腐、蚝油豆腐等众多豆腐菜。他觉得老豆腐"是把豆腐煮出了蜂窠，加芝麻酱韭菜末辣椒等作料，热乎乎的连吃带喝亦颇有味"。他最喜欢鸡刨豆腐，很有风味。把一块老豆腐在热油锅里用筷子捅碎，捅得乱七八糟，略炒一下，打入一个鸡蛋，再炒，加大量葱花。

（八）周恩来总理与豆腐宴

1954 年，周恩来总理参加著名的"日内瓦会议"，会期长达三个多月。当时的北京饭店川菜大师范俊康负责代表团的厨房工作。按当时国内外惯例，豆腐菜是不能上宴会的，更不能用来招待国宾。范俊康把豆腐切块、油炸、浸泡、煮食后做成了"口袋豆腐"，得到了外国友人的一致好评，豆腐由此进入了国宴。周恩来总理在宴请外国首脑时曾数次使用此菜。

（九）周恩来、邓小平等巴黎开豆腐店

20世纪20年代，周恩来、邓小平等人先后奔赴法国勤工俭学，为了给旅欧共青团提供活动经费，在周恩来的倡议下，由邓小平负责在巴黎开办了一间"中华豆腐店"。两人经常毛遂自荐到当地的餐馆酒店，制作各种各样的豆腐菜。他们一面炒菜，一面向法国食客介绍豆腐的风味和独特营养，吃过豆腐的客人个个啧啧称道。就这样一传十，十传百，没过多久，这间具有东方风味的豆腐店就变得整个巴黎尽人皆知，吸引了法国人络绎不绝前来光顾，甚至出现了供不应求的情况，这让周恩来和邓小平不得不想出了"限定时间，卖完为止"的办法。后来，他们又制作出豆浆、豆腐脑、豆腐乳、豆腐丝、豆腐皮、冻豆腐、臭豆腐等各类豆制品，不但让法国人大开眼界，也让他们渐渐喜欢上了这种中国人发明创造的营养食品。

（十）毛泽东与豆腐

中华人民共和国成立不久，毛泽东同志在北京走街串巷，深入市场考察了解情况，在市场上品赏了一些名食小吃，回到办公室说："中国豆腐、豆芽、皮蛋、北京烤鸭很有特色，可以国际化。"后来根据毛主席爱吃豆腐，并倡导大家吃豆腐的史实，淮南烹饪大师们研制了"天下第一名人菜"——龙凤豆腐菜。毛泽东同志生于鸡年，故于龙年，用豆腐制成龙凤形，其寓意龙的雄伟和神奇与凤的美丽和吉祥，让人们在品尝美味的乐趣中，领略毛泽东同志伟大的一生。

（十一）张恨水与豆腐

著名小说家张恨水先生一生足迹遍及江南塞北，每到一地，他都要亲自品尝当地的风味菜肴和名小吃，对各地的食俗、菜系流派也要探究一番。他平素最爱吃的两种菜就是"清蒸豆腐"和"肉丝炒千张"，也常自己做一手相当有水平的川菜招呼朋友，其中就有"麻婆豆腐"。1958年，张恨水在《潜山春节》组诗中，就有一首"豆腐"诗，赞美家乡的"千张"："黄豆打成瑞露浆，作来豆腐与千张。茶干咸菜冬菇炒，淡酒三杯口味长。"

（十二）汪曾祺与豆腐

汪曾祺对豆腐情有独钟，曾在散文《豆腐》《皖南一到》《故乡的食物·端午的鸭蛋》中，以不同的笔法描述了形形色色的豆腐。在小说中也有不少豆腐的倩影，如《落魄》《异秉》中的卤豆腐干，《大淖记事》中的臭豆腐，《故人往事·如意楼和得意楼》中的干丝，《金冬心》中的界首茶干拌荠菜、鲫鱼脑烩豆腐，《卖眼镜的宝应人》中的豆腐脑。另外在《小学同学》《辜家豆腐店的女儿》《茶干》《受戒》中也都有豆腐的身影。他还频频以豆腐入诗，并曾作长诗一首颂豆腐。汪曾祺不仅在文学作品中将豆腐描写得出神入化，在生活中，更是豆腐菜的钟爱者——喜欢吃豆腐、喜欢做豆腐、喜欢以豆腐招待客人。他做的小葱拌豆腐、芹菜炒干子，豆腐、干子皆留其本色，发其本香，存其本味，色、香、味俱全，使人齿颊生津，别有一番"食"趣。

五、中国豆腐的诗词歌赋

（一）诗词

中国历代文人诗词歌赋中，对一种普通食品大着笔墨的尚不多见。唯独"豆腐"偏得垂青，屡有赞辞。西汉乐府歌辞《淮南王篇》：淮南王，自言尊，百尺高楼与天连，后园凿井银作床，金瓶银绠汲寒浆。

宋　苏东坡

脯青苔，炙青蒲，烂蒸鹅鸭乃瓠壶。煮豆作乳脂为酥，高烧油烛斟蜜酒，贫家百物初何有？古来百巧出穷人，搜罗假合乱天真。

宋　朱熹

种豆豆苗稀，力竭心已腐。
早知淮南术，安坐获泉布。

宋　陆游

浊酒聚邻曲，偶来非宿期。

拭盘堆连展，洗釜煮黎祁。

元　郑允端

种豆南山下，霜风老荚鲜。

磨砻流玉乳，蒸煮结清泉。

色比土酥净，香逾石髓坚。

味之有余美，五食勿与传。

元　郑允端

黄师百万齐出征，连营扎进清水坑。

烽火烧进灶王府，磨山猛吞豆家兵。

浆水沸腾飘云雾，瀑布倾盆下帘笼。

模关投放千重网，泰山压顶剥黄绫。

元　孙大雅

戎菽来南山，清漪浣浮埃。

转身一旋磨，流膏入瓦盘。

大釜气浮浮，小眼汤洄洄。

顷待晴浪翻，坐见雪花皑。

青盐化液卤，绛蜂窜烟煤。

霍霍磨昆吾，白玉大片裁。

烹煎适我口，不畏老齿摧。

元　张劭

漉珠磨雪湿霏霏，炼作琼浆起素衣。

出匣宁愁方璧碎，忧羹常见白云飞。

蔬盘惯杂同羊酪，象箸难挑比髓肥。

却笑北平思食乳，霜刀不切粉酥归。

明　苏平

传得淮南术最佳，皮肤退尽见精华。

旋转磨上流琼液，煮月铛中滚雪花。

瓦罐浸来蟾有影，金刀剖破玉无瑕。

个中滋味谁得知，多在僧家与道家。

清　毛俟园

珍味群推郇令庖，黎祁尤似易牙调。

谁知解组陶元亮，为此曾经一折腰。

清　胡济苍

信知磨砺出精神，宵旰勤劳泄我真。

最是清廉方正客，一生知己属贫人。

清　高士奇

藿食终年竟自饮，朝来净饴况清严。

稀中未藉先砻玉，雪乳初融更点盐。

味异鸡豚偏不俗，气含蔬笋亦何嫌。

素餐似我真堪笑，此物惟应久属厌。

清 高士奇

采菽中原未厌贫，好将要求补齐民。

雅宜蔬水称同调，叵与羔豚厕下陈。

软骨尔偏谐世味，清虚我欲谢时珍。

不愁饱食令人重，何肉终渐累此身。

清 李调元

诸儒底事口悬河，总为夸张豆蜡磨。

冯异芜蒌嗤卒办，石崇齑韭笑调和。

桐来盐卤醍醐腻，滤出丝罗浊液多。

宝贵何时须作乐，南出试问落箕么。

清 姚兴泉

桐城好，豆腐十分娇。打盏酱油姜汁拌，

秤斤虾米火锅熬，人各两三瓢。

清 林兰痴

莫将腐乳等闲尝，一片冰心六月凉。

不曰坚乎惟曰白，胜他什锦佑羹汤。

清 冯家吉

麻婆陈氏尚传名，豆腐烘来味最精。

万福桥边帘影动，合沽春酒醉先生。

清 杨燮

北人馆异南人馆，黄酒坊殊老酒坊。

仿绍不真真绍有，芙蓉豆腐是名汤。

汪曾祺

淮南治丹砂，偶然成豆腐。

馨香异兰麝，色白如牛乳。

迄来二千年，流传遍州府。

南北滋味别，老嫩随点卤。

肥鲜宜鱼肉，亦可和菜煮。

陈婆重麻辣，蜂窝沸砂盐。

食之好颜色，长幼融脏腑。

遂令千万民，丰年腹可鼓。

多谢种豆人，汗滴萁下土。

（二）民间歌谣

四四方方，又嫩又香；营养很好，做菜做汤。

碌碌、碌碌，半夜三更磨豆腐，磨成豆浆下锅煮，加上石膏或盐卤，一压再压成豆腐。

豆腐制成，店主一大清早挑出去卖，走街串巷吆喝"豆——腐"，中间拉得很长，倒也十分好听。

安徽祁集地方豆腐歌谣："吃大肉，吃大鱼，不如祁集千张皮。哪一朝，哪一代，祁集豆腐都不赖。"

淮南地区豆腐歌谣："淮南有三奇，八公山豆腐肥王鱼，马溜溜的金子压地皮；怀远石榴、砀山梨，瓦埠湖的毛刀鱼，比不上八公山上的豆腐皮；舍得蜜、舍得糖，舍不得八公山豆腐汤；要想富，找财路，家家户户磨豆腐。"

（三）谚语与歇后语

刀子嘴，豆腐心。

鱼生火，肉生痰，白菜豆腐保平安。

豆腐掉进灰堆里，难收拾。

豆腐多了一泡水，空话多了无人信。

黄豆煮豆腐，父子相会。

世上三事苦，撑船打铁磨豆腐。

快刀切豆腐，两面光。

正事不做，豆腐放醋。

筷子顶豆腐，竖不起来。

搭起戏台卖豆腐，买卖不大架子大。

卤水点豆腐，一物降一物。

咸菜煮豆腐，不用多言（盐）。

心急吃不得热豆腐。

没钱买肉吃，买块豆腐烫烫心。

一支筷子吃豆腐——一盘弄坏

小葱拌豆腐——一清二白

叫花子吃豆腐——一穷二白

石子烧豆腐——软硬不匀（比喻相差悬殊）

咸菜拌豆腐——有言（盐）在先

豆腐干煮肉——有分数（有荤也有素，是说心中有底）

黄豆煮豆腐——都是自己人

毛豆子烧豆腐——都是自己人

清水煮豆腐——淡而无味

四两豆腐半斤盐——贤惠（咸味）

豆腐掉进友堆里——吹也吹不得，打也打不得

豆腐白菜——各有所爱

豆腐垫鞋底——一踏就烂

豆腐场里的石磨——道道多

关云长卖豆腐——人硬货不硬

马尾穿豆腐——提不起来

豆腐渣糊门——不沾（粘）板

刀子嘴，豆腐心——嘴硬心软

水豆腐——不堪一击

张飞卖豆腐——黑白分明

卖肉的切豆腐——不在话下

麻油炒豆腐——不惜代价

老虎吃豆腐——口素心不善

白菜烩豆腐——谁也不沾谁的光

（四）对联

磨砻消岁月；清淡作生涯。

君子淡交禅参玉版；僧家真味品重香厨。

一肩挑日月；双手磨乾坤。

用尽磨砻多气力；致令渣滓得消融。

味超玉液琼浆外；巧在燃箕煮豆中。

斗柄斡旋移月令；江河鼓荡沸雪花。

水豆腐油豆腐豆腐脑天天供应；香干子臭干子干子丝样样俱全。

石磨飞转涌起滔滔玉液；铁锅沸腾凝成闪闪银砖。

点划成图已有柔情撩客爱；方圆结局从无硬性惹人嫌。

王致和店堂的对联是："可与松花相媲美，敢同虾酱做竞争"，横批是"臭名远扬"。王致和臭豆腐名扬京城，尝之鲜美无比，状元孙家鼐为其号专书二联："致君美味传千里，和我天机养寸心。""酱配龙蹯调芍药，园开鸡跖钟芙蓉。"

（五）有关豆腐的文学作品

宋代文学家杨万里在《诚斋集》中撰有散文《豆卢子柔传——豆腐》，其文用拟人的手法把豆卢子的存在比作"豆腐身世"，色洁白粹美。元代的虞集在散文《豆腐三德颂》中，充分颂扬了豆腐的食用和医用的作用。

明末清初的诗人尤侗，自幼研习佛法，曾撰文借豆腐论立戒修身，提出"豆腐戒"一说。文中说，儒士须立"大戒三小戒五"。大戒三指"味戒、色戒、声戒"。小戒五指"赌戒、酒戒、足戒、口戒、笔戒"，总名为豆腐戒。"非吃豆腐人不能持此戒也。"

清人《坚瓠集》中归纳豆腐有十德："水者柔德。干者刚德。无处无之，广德。水土不服，食之则愈，和德。一钱可买，俭德。徽州一两一碗，贵德。食乳有补，厚德。可去垢，清德。投之污则不成，圣德。建宁糟者，隐德。"

在中国古典小说名著《水浒传》《红楼梦》《西游记》《儒林外史》和鲁迅小说《故乡》都有对豆腐的描写或是以豆腐为内容的作品。鲁迅在小说《故乡》中寥寥几笔描画的"豆腐西施"形象家喻户晓。《儒林外史》和《红楼梦》两本巨著中涉及豆腐的描写不下数十处。传统戏剧《双推磨》、现代古装京剧《豆腐女》以及电影《白毛女》和《芙蓉镇》等作品中，均有豆腐的描写。

在现代作家中，不少人曾专文写过豆腐，如梁实秋、周作人、郭风、林海音、黄苗子、林斤澜、忆明珠、高晓声、汪曾祺等。他们从不同侧面、不同层次描写了豆腐文化的外延与内涵。梁实秋在其散文集《雅舍谈吃》中著有一文《豆腐》，洋溢着对故乡特有食物的自豪感。汪曾祺在其多部小说、散文等作品中更是反复咏吟、再三讴歌豆腐。老舍曾在《骆驼祥子》描写了又累又冷又饿的祥子在一个小吃摊上吃老豆腐的场景，生动形象。近代小说家徐卓呆以豆腐明志，为郑逸梅纪念册题诗："为人之道，须如豆腐，方正洁白，可荤可素。"

豆腐常作为影视作品的基材。电影《大话西游》中，吴孟达饰演的角色高中状元后衣锦还乡，嬉皮笑脸地向卖豆腐供他读书的一妻一妾作揖施礼，以戏白唱腔道："辛苦娘子磨豆腐，辛苦娘子磨豆腐啊"，使豆腐隐含的寓意得到了升华。《射雕英雄传》里，黄蓉给洪七公做了一味豆腐——二十四桥明月夜。做法是先把一只火腿剖开，挖了廿四个圆孔，再将豆腐削成廿四个小球放入孔内，扎住火腿入锅蒸，待到蒸熟，火腿弃去不食，只吃渗入了火腿鲜味的豆腐。电视剧《豆腐西施杨七巧》讲述了以做豆腐、卖豆腐为生的杨七巧的感人故事。《乡村爱情》系列电视剧中也刻画了一个农村做豆腐为生的女性成长和发展过程。在许多古装电视剧中，也经常有"豆腐西施"的形象，如《咏春》。2013 年，大型纪录片《中国味道》还专门推出七集人文纪录片《豆腐味道》，以小人物的角度，讲述人与食物之间的话题，提倡节俭且富有创意的生活方式。

第七章

中国腐乳

　　腐乳古称乳腐，又称豆腐乳、霉豆腐、酱豆腐、乳豆腐、长毛豆腐，是在豆腐生产基础上发展起来的发酵豆制品，以其独特的风味、鲜美的滋味、丰富的营养而深受海内外消费者的喜爱。腐乳生产中以大豆为主要原料，经过磨浆、制坯、前期培菌、腌制、后期发酵等步骤，是中国典型的"活性"发酵豆制品，在众多豆制品中占有十分重要的位置。发酵中，由于蛋白酶和肽酶的作用，大豆蛋白被水解成短肽和游离的氨基酸，这些游离的氨基酸形成了豆腐乳独特的风味。

　　腐乳在中国有悠久的酿造历史，早在公元 5 世纪魏代古书已有记载"干豆腐加盐成熟后为腐乳"。中国是世界上腐乳产销量大、工艺成熟度高、品种丰富的国家，国外称其为"东方奶酪"。中国腐乳种类繁多，风味各异。按照原料、工艺条件、色泽等的不同，大体可分为如下类型：

　　白腐乳：白腐乳色为乳白色或者淡黄色。白腐乳有油方、糟方、醉方、白方之分，原因在于后期发酵过程中添加物质的不同。油方中添加了糖、酒卤等原料，成品具有酒糟的香气，味甜且咸鲜。糟方是加入了醪糟后，再进行后熟处理，成品腐乳具有糟香味咸鲜、质软可口等特点。醉方是因为加入了黄酒再做后熟处理，成品具有独特的酒香。白腐乳以桂林腐乳、五通桥腐乳为代表。①

---

① 　冯玲：《话说腐乳》，《四川烹饪》2011 年第 8 期。

　　红腐乳：是用大豆、黄酒、高粱酒、红曲等原料混合制成的，产品表面呈鲜红色或紫红色，切面为黄白色。因其色如玫瑰而别称玫瑰腐乳。红腐乳从选料到成品要经过近三十道工艺，在后发酵时，添加红曲与面曲，红曲中的红色素（红曲霉红素、红曲霉黄素），将腐乳坯表面染成红色，同时红曲与面曲中含有丰富的淀粉酶与麦芽糖酶，使红腐乳中淀粉的分解比白腐乳更为彻底。除佐餐外，红腐乳常用于烹饪调味品。

　　青腐乳：也叫青方，在腌制过程中加盐量较少，蛋白质在分解过程中产生了硫化氢气体，因而成品腐乳闻起来带有臭气，故被称为臭豆腐乳，是真正的闻着臭、吃着香的食品。以北京王致和腐乳为代表。

　　酱腐乳：是在腐乳的发酵过程中加入较多的酱曲，利用酱曲中的各种酶分解腐乳坯的蛋白质及糖类。酱腐乳的表面具有酱曲赋予的色泽，切面多呈黄褐色，在腐乳中，隐约可见豆瓣酱。① 比如海会寺腐乳、唐场腐乳即是该类的代表。

　　花色腐乳：为腐乳的再制品，是在白腐乳、青腐乳和红腐乳发酵后期或成品中，添加不同的风味调味料如芝麻、玫瑰、虾子、香油、火腿、辣椒等制成的，如老干妈红油腐乳、桂林的茶油腐乳、安徽蒙城的火腿腐乳等。

第一节　中国腐乳食养价值的科学评价

一、传统中医食疗对中国腐乳的评价

　　《本草拾遗》：味甘咸，性平，养胃调中。

　　《延年秘录》：服食，可令人长肌肤、益颜色、填骨髓、加气力、补虚能。

　　《食鉴本草》：味甘平。宽中益气和健脾，下大肠浊气，清胀满。

---

① 　冯玲：《话说腐乳》，《四川烹饪》2011 年第 8 期。

林洪《山家清供》：豆腐、葱、油煎，用研榧子一二十枚和酱料同煮。又方：纯以酒煮，俱有益也。

赵学敏《本草纲目拾遗》：腐乳又名菽乳，以豆腐腌过，如酒糟或酱制法，味甘咸，性平，养胃调中。

王士雄《随息居饮食谱》：腐干而再造者为腐乳，陈久愈佳，最宜病人。

二、中国腐乳中的营养与功效组分

腐乳含有许多生理活性物质。它们一部分是大豆中天然存在的物质，如大豆蛋白、大豆磷脂、异黄酮或皂苷、植物甾醇、植物凝血素及膳食纤维等；另一部分是在腐乳酿制过程中，微生物发酵产生的，如大豆多肽、蛋白黑素等。

（一）大豆蛋白

腐乳的蛋白质含量较高，在12%—17%之间。腐乳制作过程中，蛋白质经微生物发酵作用，可溶性蛋白、低分子肽的含量都较豆腐提高了数倍。研究表明，豆腐中水溶性蛋白含量仅有3.61%，而碱溶性蛋白含量高达91.25%。腐乳发酵过程中，微生物产生蛋白酶，将豆腐中的蛋白质水解，水溶性蛋白质含量可增至55%，而碱溶性蛋白质含量下降30%。水溶性蛋白的增加，更有利于人体的消化吸收，腐乳中蛋白质的消化率达到92%—96%。

腐乳发酵时，不能将蛋白质完全水解成氨基酸，发酵完成后，只有约40%的蛋白质转化为水溶性蛋白质，余下的蛋白质既未保持原始大分子状态，又未转变成水溶性小分子状态，而是被适度分解、不溶于水，这种状态的改变使得腐乳呈现出口感细腻、柔糯、润滑的质感。

（二）大豆多肽

大豆多肽也称大豆肽。腐乳中的蛋白质主要以大豆多肽的形式存在，是微生物产生的蛋白酶作用于大豆蛋白得到的降解产物。发酵成熟后的豆腐乳，小分子短肽约占腐乳水溶性部分总氮量的 86.4%—88.9%。研究表明，豆腐中的大豆多肽经发酵后主要转化为 3—6 个氨基酸组成的小肽，主要出峰位置的相对分子质量在 300—700Da 之间，相对分子质量主要以 1000Da 为主。[1]

大豆多肽更容易被人体消化吸收，过敏性较低，尤其是一些低分子肽类，还具有促进脂肪代谢、增强肌肉运动、加速肌红细胞的恢复及降血压、降低血清胆固醇等功效。

（三）有机酸

腐乳在发酵过程中产生多种有机酸，以脂肪酸、氨基酸、核苷酸等为主。微生物产生的脂肪酶将大豆中的脂肪水解，产生甘油和脂肪酸，甘油进一步通过生化反应，转化为有机酸，这些有机酸可与配料中的酒精发生酯化反应，生成多种酯类；蛋白酶水解蛋白质为氨基酸；微生物菌体自溶后，可降解生成核苷酸。各种酯类构成腐乳诱人食欲的特殊香气；谷氨酸和天门冬氨酸等氨基酸，赋予腐乳以鲜味；核苷酸增加了腐乳的鲜味。

（四）维生素

腐乳中核黄素（维生素 B_2）含量增加 4—6 倍，这是发酵过程中微生物的作用产生的[2]。此外，发酵过程还产生大量的维生素 B_{12}。青腐乳的维生素 B_{12} 高达 9.8—18.80mg/100g；红曲豆腐乳的维生素 B_{12} 达到 0.42—0.78mg/100g，[3] 仅次于乳制品的维生素含量。

（五）色、香、味成分

腐乳发酵过程中，微生物分泌出各种酶，将原料分解，形成腐乳色、香、味、体的有效成分。

---

[1] 李幼筠：《中国腐乳的现代研究》，《中国酿造》2006 年第 1 期。
[2] 何冰芳等：《霉豆腐发酵前后蛋白质氨基酸组成的变化》，《氨基酸杂志》1986 年第 2 期。
[3] 李幼筠：《中国腐乳的现代研究》，《中国酿造》2006 年第 1 期。

腐乳中的色泽成分：腐乳色泽的形成主要来自于微生物和原料、辅料。红腐乳表面的红颜色主要是由红曲霉产生的红曲色素的作用形成。腐乳经发酵后其内部的乳黄色，是由于毛霉或根霉产生的儿茶酚氧化酶，催化豆腐坯中的黄酮类色素缓慢氧化呈现出来的。氧化酶随着毛霉的生长时间逐渐积累，生长时间越长，氧化酶越多，白腐乳成熟后的颜色越黄。

腐乳中的香味成分：豆腐乳的香气成分主要是醇类、乙酯类成分，其中，多种类的乙酯是豆腐乳的香气特征。豆腐坯上培养的毛霉或根霉及附着的细菌，汤料中的米曲霉、红曲霉、酵母菌等，利用自身产生的酶，将原料中的蛋白质水解成氨基酸等多种有机酸，淀粉被水解转化为酒精和有机酸，各种有机酸与汤料中的醇酯化，形成酯类物质，构成了腐乳特殊的香气。

腐乳的味道：腐乳味道是鲜、甜、酸、咸等的复合味道。大豆蛋白质经微生物蛋白酶的水解作用，产生氨基酸和核酸等有机酸，这些有机酸钠盐就构成了腐乳的鲜味成分。

腐乳在后发酵时所用的汤料主要是酒，此酒是以糯米为原料，使用酒药作糖化剂，经酵母发酵形成酒醪，再经过压榨过滤而得的酒液。另外，汤料中加入适量面曲，使淀粉变成糖，因此赋予乳腐一定的甜味。腐乳发酵过程中，微生物代谢生成的乳酸、琥珀酸、脂肪酸、氨基酸等使得腐乳呈现一定的酸味。

（六）小分子肽

在豆腐乳发酵过程中，毛霉分泌的蛋白酶水解大豆蛋白成蛋白肽和游离氨基酸，尤其是二肽、三肽等小分子肽。发酵成熟后的豆腐乳，小分子短肽约占豆腐乳水溶性部分总氮量的 86.4%—88.9%。低分子多肽混合物已被逐步证明其在营养学方面优于蛋白质和游离的氨基酸。小分子的大豆肽更易被人体消化、吸收，而且具有多种生理功能：易消化吸收性；低过敏性；促进脂肪代谢和抗肥胖作用；降血压作用；降血脂和胆固醇作用；增强运动员肌肉能力和消除疲劳作用；促进矿物质吸收的作用。

（七）超氧化物歧化酶

超氧化物歧化酶（SOD）能有效清除机体内的超氧自由基，具有抗辐射、抗肿瘤及延缓机体衰老等功能。饶平凡[①]等采用凝胶色层分析法对腐乳提取液进行分离，并对组分进行了 SOD 样活性的测定。结果显示，腐乳中存在明显 SOD 样活性，最高 SOD 样活性出现在第 32 组分，其 IC_{50} 值可达 0.2mg 蛋白质/mL。

（八）大豆异黄酮

大豆异黄酮是大豆中一类多酚化合物的总称。研究发现，大豆异黄酮具有抗癌作用、预防骨质疏松、缓解更年期综合征、抗氧化、预防心血管疾病、降血糖、抗衰老等多种生理功能，它能有效地预防和抑制白血病，尤其对乳腺癌和前列腺癌有积极的预防和治疗作用。

在未发酵的大豆制品中，大豆异黄酮主要以异黄酮糖苷的形式存在。大豆经发酵后，由于微生物的作用，使异黄酮糖苷几乎完全水解为异黄酮苷元，游离的苷元比糖苷具有更广泛、更强烈的生物学活性，如抗菌活性、抗氧化活性、雌激素活性等。研究发现，发酵 30 天的腐乳，98.2% 的异黄酮以苷元型存在，这些苷元可以被肠道有效吸收。包括中国在内的世界许多国家都对腐乳中的异黄酮含量进行了测定，并确认了其对人体的保健作用。

（九）低聚糖

低聚糖又称双歧因子，是目前研究较多的一种功能性成分。研究证实，大豆低聚糖具有改善人的消化系统、降血压、降胆固醇、增强机体免疫力、延缓衰老等生理功能。腐乳中存在的低聚糖除大豆中天然存在的棉籽糖外，还包括微生物在生长过程中分泌的酶类降解所得的低聚糖类，包括蔗果三糖、低聚果糖、低聚半乳糖、低聚木糖等。

---

① 饶平凡等：《四种传统中国食品中 SOD 样活性物质的研究》，《中国粮油学报》1996 年第 2 期。

（十）大豆皂甙

在大豆中天然存在的一种具有"苦味"和"涩味"的物质，即大豆皂甙。腐乳发酵过程中，大豆皂甙的糖链在酶的作用下进行降解，使得皂甙含量大大降低，仅在2%左右，但仍可发挥重要功能。研究表明，大豆皂甙能结合胆汁酸，从而起到降胆固醇功能；还能抑制过氧化脂质生成及分解、抑制或延缓肿瘤、抑制肝脏功能障碍。

三、现代营养科学对中国腐乳的评价

（一）降胆固醇作用

20世纪70年代以来，大量的研究表明，大豆蛋白能降低各种实验动物血清的胆固醇水平。大豆蛋白降胆固醇作用的主要机制之一在于，大豆蛋白质中的疏水性成分能与胆酸结合，降低动物体内胆固醇的吸收及胆酸的再吸收。据报道，大豆蛋白质中，不能被微生物蛋白酶水解的组分具有比全大豆蛋白更强烈的降胆固醇的效果。

豆腐乳的不溶组分中，疏水氨基酸的比例由大豆分离蛋白的35.7%上升到43.6%，[①] 这种不溶组分与脱氧胆酸钠的结合能力比牛血清白蛋白的结合能力高出10倍以上。研究表明，豆腐乳非水溶组分作为食物源，能有效降低动物血清中胆固醇的含量。动物实验也证明，豆腐乳粉能有效地降低ICR小鼠血清胆固醇含量，具有明显的降胆固醇功能。

此外，腐乳中含有的油酸、亚油酸等不饱和脂肪酸以及大豆低聚糖都能降低血清胆固醇。

（二）减少患冠心病危险

腐乳在后发酵过程中，异黄酮以4种形式存在，且在不同时期含量也有

---

① 张蓉真等：《豆腐乳降胆固醇作用的研究》，《福州大学学报（自然科学版）》1998年第1期。

所变化：大豆糖苷呈上升趋势；染料木素糖含量甚微；大豆苷元呈上升、下降至平缓变化过程；染料木素总体呈上升变化。研究发现，后发酵过程中异黄酮总量在 30d 和 90d 均可达到最大值。[1] 苷元型异黄酮比原有的异黄酮功能性更强，且更易吸收。100g 腐乳含有 50mg 的高活性异黄酮，达到美国食品与药物管理局推荐预防冠心病的每日摄取量。

（三）降血压

腐乳中含有大量的血管紧张素转化酶（ACE）抑制肽。血管紧张素转化酶（ACE）在人体血压调节过程中起重要的生理作用。它可以使无活性的血管紧张素Ⅰ转化为血管紧张素Ⅱ，血管紧张素Ⅱ能刺激血管收缩，使血压升高。大豆多肽能抑制血管紧张素转化酶（ACE）的活性，防止血管平滑肌收缩，起到降血压的作用，而对于正常血压没有降压作用，对血管疾病的患者有显著疗效。[2]

日本学者应用凝胶过滤层析和反相高效液相色谱法从豆腐乳中分离出两种 ACE 抑制肽，测得腐乳提取液的 ACE 抑制活性 IC_{50} 值为 1.77mg/mL。中国学者对我国 10 种具有代表性的腐乳 ACE 抑制活性进行分析，发现红腐乳的 ACE 抑制活性比白腐乳高。[3] 国外已经用大豆蛋白化学分解的办法，生产降血压肽的保健食品。

（四）预防骨质疏松症

腐乳中的大豆异黄酮能提高成骨细胞活性，促进胰岛素样生长因子的产生，从而防止骨质疏松症。日本的营养调查发现：经常吃腐乳的人，骨质疏松症患病率明显降低，尤其是老人和妇女。

---

[1]　龚丽等：《腐乳后发酵过程大豆异黄酮含量与存在形式的研究》，《食品工业科技》2004 年第 4 期。

[2]　马艳莉等：《后酵辅料对腐乳血管紧张素转换酶抑制活性的影响》，《中国食物与营养》2013 年第 4 期。

[3]　张晓峰等：《低盐腐乳生产过程中抗氧化和 ACE 抑制活性的变化》，《中国调味品》2009 年第 5 期。

（五）抗氧化性

豆腐中含有的抗氧化成分，如维生素 E、异黄酮等酚类物质，以及一些肽类，使豆腐具有清除自由基的能力，而经过发酵制得的腐乳清除自由基能力比豆腐高 5—10 倍，比番茄、葡萄等果蔬高 10 多倍。研究发现，腐乳具有较强的 DPPH、ABTS、羟自由基、超氧阴离子的清除能力。[①] 不同菌种发酵的腐乳，其抗氧化能力不同，黄色毛霉发酵腐乳抗氧化能力最强，其次是雅致放射毛霉发酵腐乳、少根根霉发酵腐乳，[②] 但发酵后的抗氧化能力均比发酵前大大提高。红腐乳的抗氧化活性比白腐乳要高，且保持能力较好。

（六）促进人体的造血和营养神经功能

在发酵后的腐乳中，B 族维生素的含量提高，这是豆腐所不及的。由于微生物的作用，腐乳中产生的核黄素含量比豆腐高 6—7 倍。核黄素是细胞内脱氢酶的主要成分，它能促进人体正常生长和维持健康，缺乏时会出现口角溃疡、唇炎、舌炎、角膜炎、肾囊炎等症。许多腐乳中还含有维生素 B_{12}，而维生素 B_{12} 在促进人体的造血、预防恶性贫血和营养神经等方面具有重要作用。

（七）防治老年性痴呆症

人体产生的乙酰胆碱酯酶是分解神经末梢传达物质的酶，现代医学认为它的存在与老年痴呆症发病有关。实验研究发现，中国腐乳具有明显的抑制乙酰胆碱酯酶活性，也就是说，发酵的腐乳对防治老年性痴呆症有效。

第二节　中国腐乳的传统加工技艺

一、中国腐乳的传统生产工艺

腐乳制作主要包括两道工序：由大豆制成豆腐，由豆腐进一步制成腐

---

① 杭梅：《毛豆腐提取物的 ACE 抑制和抗氧化活性》，东北农业大学硕士学位论文，2011 年。

② 邹磊等：《黄色毛霉腐乳抗氧化能力的研究》，《食品与机械》2007 年第 5 期。

乳。①由大豆制成豆腐。制作过程是将黄豆泡水使之膨胀，然后磨碎，滤去豆渣，在煮熟的豆浆内加入凝固剂，凝固而成。②由豆腐制成腐乳。腐乳制作的流程主要通过发酵作用，控制微生物的生长，其实质是前期培养时菌种分泌的以蛋白酶为主的酶系与后期发酵时辅料中产生的酶系，对豆腐坯中蛋白质等大分子物质和辅料中大分子物质的降解，以及降解产物酯化成香味物质的过程。

早在公元 5 世纪魏代古籍中，就有腐乳生产工艺的记载："干豆腐加盐成熟后为腐乳。"明代李日华在《蓬栊夜话》中详细记载了发霉腐乳制作法："黟县人喜于夏秋间醢腐，令变色生毛，随拭去之。俟稍干，投沸油中灼过，如制馓法，漉出，以他物笔烹之，云：有蝤鱼之味。"记载中的"醢腐"，就是制作"腐乳"的前阶段生霉工艺，这是中国"酱豆腐"法的较早记载。

《食宪鸿秘》记载："豆腐（指腐乳）：如法，豆腐压极干，或棉纸裹，入灰收干，切方块，排列蒸笼内，每格排好，装完上笼盖。春二三月，秋九十月，架放透风处（浙中制法：入笼上锅蒸过，乘热熟置笼于稻草上，周围及顶俱以砻糠埋之，须避风处）五六日，生白毛，毛色渐变黑或青红色，取出用纸逐块拭其毛翳，勿触损其皮（浙中法：以指将毛按寔纸腐上鲜）。每豆一斗，用好酱油三斤、炒盐一斤，入酱油内（如无酱油，炒盐五斤），鲜色红曲（八两），拣净花椒、茴香、甘草不拘多少，俱为末，与盐、酒搅匀。装腐入罐，酒料加入（浙中腐出笼后，按平白毛铺在缸内。每腐一块，撮盐一撮，于上淋尖为度。每一层腐一层盐。俟盐自化，取出日晒，夜浸卤内。日晒夜浸，收卤尽为度，加酒料入坛，泥头封好，一月可用。若缺一日，尚有腐气未尽。若封固半年，味透愈佳。"

同书"乳腐"方："腊月做老豆腐一斗，切小方块，盐腌数日取起，干晒。用腊油洗去盐并尘土。用花椒四两，以生酒、腊酒酿相拌匀。箬泥封固。三月后可食。"

同书"糟方腐乳":"制成腐乳或味过于咸,取出另入器内,不用原汁用酒酿、甜糟,层层叠糟,风味又别。"

明末方以智的《物理小识》,收集了前人的一些科学类作品,也加入了自己的见解。其中饮食类条目里有"红腐乳":"细豆腐少压,切块,煮过;摊置无风处,覆之;生黄绿毛,长寸许,以竹梃签入,透心为度,乃拭去毛;以飞盐及茴香、时萝、川椒、陈皮层层淹之,瓮口余三分;以红曲上酒浓底、浸百日用。"

《古今秘苑》对于腐乳制作技术的记载比较详细。在《古今秘苑》的第四卷中有建宁腐乳的制作方法:"十月将大豆去皮,制成豆腐,压成圆形豆腐,放入竹匾,撒入食盐,放置一夜,再切成小块,日晒,放入锅中蒸之,再放入竹匾干燥之,用上等酱腌渍,取出洗净,再干燥之,加酱油、料酒、胡椒、辣椒,装入坛,密封,放置数日,味相当好,若过一月更好,且能贮存不坏。"这种工艺是原始的腌制型腐乳工艺。

清代李化楠的《醒园录》中就有好几种腐乳制法。如:"豆腐乳法:将豆腐切作方块,用盐腌三四天,出晒二天,置蒸笼内蒸制极熟出晒一天,和便酱下酒少许,盖密(装瓮内)晒之,或加小茴香末和晒更佳。"

"酱腐乳法:面酱黄做就研成细面。用鲜豆腐10斤配盐2斤,切成扁块,一层盐一层豆腐腌五六天捞起,留卤后用。将豆腐铺排蒸笼内蒸熟,连笼置空房内约半个月。后豆腐变色生毛。将毛抹倒微微晾干,再称豆腐与黄对配,仍将存下腐卤澄清,去浑脚泡黄成酱,一层酱、一层豆腐、一层香油,加整个花椒数粒,层层装入瓮内,泥封固,付日中晒之,一月可吃。香油即麻油,每只瓮可四两为准"。

"酱依前法做就,面黄研成细面,用鲜豆腐10斤配盐1斤半。豆腐切做小方块,一层盐、一层豆腐,腌五六天捞起,铺排蒸笼内蒸熟,连笼置空房内中约半个月。后豆腐变色生毛,将毛抹倒微晾干,一层酱面、一层豆腐装入瓮内,仍加整粒花椒数颗,逐块皆要离旷不可相靠,中留一大空透底,装满，上面再用面酱厚厚盖之，以好老酒作汁灌下，密封，日晒一个月可用。"

"用鲜豆腐切成四方块子，加一或加五盐腌之，付滚水煮一二滚取起，用前方拌就。糯米饭与豆腐对配，层层装入坛内，用酒作水，密封，俟二十日过可用。"

二、中国腐乳生产的主要菌种

20 世纪 50 年代前，腐乳生产主要是"传统自然发酵"，利用野生微生物培养毛坯。60 年代，进行"纯菌种保温培养"，推广应用分离纯毛霉菌种。70 年代，应用曲类参与腐乳后期发酵，称"曲系应用发酵期"，腐乳的成熟速度加快。80 年代，应用食用菌类、花茎类等参与后期发酵，形成了各具特色的风味腐乳。90 年代，进入生物技术应用期，进一步缩短了腐乳发酵期。进入 21 世纪，用于腐乳工业化生产的菌株主要为五通桥毛霉、腐乳毛霉、总状毛霉、雅致放射毛霉。中国学者对腐乳中的其他微生物也进行了大量研究，从腐乳中分离出的微生物多达 16 种，如高产 γ-氨基丁酸（GABA）红曲霉菌株、蜡状芽孢杆菌。

毛霉：毛霉可释放出丰富的蛋白水解酶及其他有益酶系。所含 α-淀粉酶能引起豆腐中少量淀粉糖化；所含蛋白酶、肽酶分解原料中的蛋白质，生成胨、多肽和氨基酸，从而赋予食品营养和风味。毛霉菌丝赋予腐乳良好的整体，并且毛霉分泌的蛋白酶（水解无苦味）分解豆腐乳中的蛋白质，使产品具有良好的品位。毛霉酿制的毛坯气味醇正清香。毛霉分泌儿茶酚氧化酶，催化乳坯中无色的黄酮和异黄酮成为黄色的羟基化合物，使产品呈现诱人的金黄色，进而增进食欲。

根霉：根霉与毛霉同属毛霉科，亲缘很近，形态相似，分泌酶系也类似。因此，这两种微生物在腐乳中的作用相似。不同的是，相比于毛霉生长温度偏低、受季节性限制，现用的一些根霉能耐高温、在 37℃ 的高温下生长良好。

细菌：以克东腐乳为代表。细菌在发酵过程中产生的酶类使蛋白质分解、淀粉糖化，最终赋予腐乳特有的风味和营养，作用与毛霉类似。不同的是，细菌型腐乳使用细菌产生的菌毛，不如毛霉菌丝细长。毛霉菌丝可以在豆腐坯表面形成坚韧的菌膜，而细菌菌毛无法达到此效果，故成熟后腐乳外形较差。但由于其氨基酸生成率较高，所以味道鲜美。

第三节　中国腐乳的历史文化

一、历史起源

中国腐乳制作可能是产生于北魏时期，盛行于明清之年。早在北魏时期，就有"干豆腐加盐成熟后为腐乳"之说。唐朝时，孟诜在其著作《食疗本草》中对腐乳的功能进行了介绍。到了明代，已有详细记载发霉腐乳制作法的文献，如王士祯《食宪鸿秘》中载："腊月做老豆腐一斗，切小方块，盐腌数日取起，干晒。用腊油去盐并尘土。用花椒四两，以生酒、腊酒酿相拌匀。箬泥封固。三月后可食。"

在清代，有关腐乳的史料大增，既有腐乳制作方法的记载，也有关于腐乳的食用及营养特点的记录。汪曰桢在《湖雅》中描述"豆腐腌霉为腐乳坯，出黑镇酱肆，取坯制成腐乳"；李化楠在《醒园录》中也详细地记述了两种豆腐乳的制法；赵学敏在《本草纲目拾遗》中记载，"以豆腐腌过，如酒糟或酱制法，味甘咸，性平，养胃调中"；王士雄的《随息居饮食谱》亦有"腐干而再造者为腐乳，陈久愈佳，最宜病人"；袁枚的《随园食单》中提到"广西白腐乳味甚佳"。在清代的笔记小说，比如《儒林外史》《绿野仙踪》《右台仙馆笔记》《官场现形记》中，都提及腐乳作为小菜酱菜佐餐之用。

二、中国腐乳名品

（一）绍兴腐乳

绍兴腐乳其配料卤采用绍兴酒，因而具有与其他腐乳不同的浓香。早在明代嘉靖年间，就由船员携带出口，销往印度、马来西亚、泰国、新加坡、缅甸等地。清光绪年间，绍兴酱园业在全国21个省开设酱园近500家，时有"绍兴腐乳遍全国"之说。清乾隆年间，绍兴的陈姓世家创建了"咸亨酱园"，生产的咸亨腐乳以"无敌"牌为商标专供外贸，基本垄断了绍兴腐乳的出口市场。1909年，咸亨腐乳获南洋劝业会奖章，1910年获西湖博览会奖章，1915年获得巴拿马国际博览会金奖。当时，香港盛赞咸亨的腐乳为"南乳之王"。

（二）王致和腐乳

王致和是安徽仙源县举人。清康熙八年进京会试落地，滞留京城，为谋生计，做起了豆腐生意。他一边维持生计，一边刻苦攻读，以备下科。一次，做出的豆腐没卖完，时值盛夏，怕坏便切成四方小块，配上盐、花椒等作料，放在一口小缸里腌上。由此他也就歇伏停磨，一心攻读，渐渐把此事忘了。乃至秋凉重操旧业，蓦地想起那一小缸豆腐，忙打开一看，臭味扑鼻，豆腐已成青色，弃之可惜，大胆尝之，别具风味，遂送与邻里品尝，无不称奇。王致和屡试不中，遂尽心经营起臭豆腐来，由于其奇异的风味，食之者日多，名声也日盛。清末传入宫廷御膳房，成为慈禧太后的一道日常小菜，慈禧太后赐名"青方"。

"致君美味传千里，和我天机养寸心，酱配龙蹯调勺药，园开鸡趾钟芙蓉。"这是康熙十七年，王致和南酱园正式开张时的门联，也是一首藏头诗（四句话的第一个字组合在一起就是"致和酱园"）。2000年，"王致和"通过了美国FDA认证，顺利进入美国市场。"王致和腐乳酿造技艺"已进入国家级非物质文化遗产保护名录，成为"国宝"。

（三）广合腐乳

广合腐乳是广东腐乳的经典产品。1893 年，广合创始人方守悦在广东开平县水口镇东埠，开设"广合号"专营腐乳，广合腐乳正式得名。由于水口镇地处三水交界之处，港澳客商往来频繁，经常购买"广合腐乳"带回家。因而，"广合腐乳"在清朝时期就名声大噪，远销海外，被西方人赞为"中国奶酪"。1996 年 10 月，公司与新加坡福达食品集团合资，成立开平广合腐乳有限公司，成为中外合资企业。2012 年，"腐乳酿造技艺（广合腐乳酿造技艺）"正式被广东省人民政府批准并公布列入广东省省级非物质文化遗产名录。

（四）横山腐乳

横山腐乳是桂林豆腐乳的典型代表。临桂县四塘乡横山村是清代名臣陈宏谋的故里，大部分居住着陈氏后裔。据传清乾隆年间，陈宏谋把家中自制的豆腐乳当成贡品送进皇宫。没想到乾隆皇帝十分喜爱。此后，横山腐乳便成了每年的贡品，名气传遍大江南北。2009 年，横山豆腐乳制作工艺成功申请成为广西壮族自治区非物质文化遗产。目前，有"横山豆腐乳""四方井""横谋""下边村"等商标。

（五）克东腐乳

克东腐乳是中国唯一的细菌发酵型腐乳。克东腐乳的创始人是一位名叫任晋益的山西人。20 世纪初，任晋益在当时的二克山镇（现克东镇）开了一个小作坊，制作醋和腐乳等。当时，腐乳制作采取了先腌制、再进行露天自然长菌的方法，从而获得了嗜盐性微球菌，并总结出一套独特的发酵工艺。民间一直流传着这样赞美克东腐乳的民谣："豆腐裹金绸，取水岩中流，宝方宫廷传，菌群罩在头。"克东腐乳先后荣获"乌兰巴托国际食品博览会金奖""中国腐乳十强品牌"等殊荣。

第八章

中国泡菜

泡菜是中国民间受民众喜爱度最广泛的蔬菜加工品之一，是以时鲜蔬菜为原料，经发酵加工而成的蔬菜制品，是中国传统的乳酸发酵食品，拥有着悠久的历史、深厚的文化，以其酸鲜醇正、脆嫩芳香、清爽可口、醇厚绵长、解腻开胃、促消化增食欲等品味及功效而著称于世。中国泡菜按地域可分为四川泡菜、东北酸菜、山西泡菜、河南泡菜、武汉泡菜、上海泡菜、贵州泡菜等。其中最具特色、最具影响力的当数四川泡菜，四川泡菜以味型多样而著称，如咸酸味、咸甜味、酸辣味、麻辣味、甜酸味、酒香味、野山椒味、果汁味等；色泽艳丽、口感脆嫩、酸鲜爽口是四川泡菜的又一个显著特征。东北酸菜是用当地人习以为常的大白菜，秋末冬初，加水加盐，在缸中腌制，菜顶压一块大石头，于寒冷的环境中让菜慢慢紧缩，发酵。

第一节 中国泡菜食养价值的科学评价

一、中国泡菜加工所用主要原料概述

加工泡菜所用的原料蔬菜中含有丰富的维生素、纤维素、矿物质等，而乳酸的发酵也对蔬菜的营养成分和色泽的保持极为有利，同时泡菜中含有的乳酸菌进入人体消化道后，能够发挥促进肠胃蠕动、增强机体免疫力等益生

菌的作用。大多数蔬菜都能作泡菜的原料，通常脆性蔬菜效果好。用于泡制的蔬菜尽量做到新鲜，含有较高水分，以保证脆嫩爽口的质感。各种应季的蔬菜，如白菜、甘蓝、萝卜、辣椒、芹菜、黄瓜、菜豆、莴笋等质地坚硬的根、茎、叶、果均可作为制作泡菜的原料。主材料有白菜、萝卜、小萝卜、黄瓜、辣椒、生菜等，副材料有黄豆芽、辣椒叶、南瓜、小葱、韭菜、松子等，配料有盐、姜片、花椒、茴香、黄酒、辣椒、蒜、盐、鱼露、辣椒粉、糖。

萝卜：萝卜含有丰富的维生素 C 和消化酶——淀粉糖化酶，若生吃，则有助于消化。与萝卜心相比，维生素 C 主要分布在萝卜皮上，粗大、均匀、没有疤痕、色泽光润、肉质结实、味道不是太辣且带有甜味的萝卜为上选。

辣椒：辣椒除胡萝卜素和维生素 C 之外，还含有多种成分。辣椒素具有杀菌及除菌作用，能够促进唾液或胃液的分泌，助消化。此外，还具有提高机体代谢作用。

大蒜：大蒜的原产地是中亚地区，属于百合科，蒜头被淡褐色的蒜皮包围，内部有 5—6 个小蒜瓣。制作泡菜时多使用味道辛辣的多瓣蒜，蒜中的主要刺激成分杀菌力很强，具有促进新陈代谢、解毒等各种作用。

葱：葱含有丰富的维生素 A 和 C，具有杀菌、杀虫效果。大葱挑选根茎粗大而新鲜的，细葱挑选叶子短而新鲜的。两种葱同以葱白部分长而粗，有光泽的为宜。

生姜：生姜具有特有的香味和辛辣味道，其中辛辣味出自姜素的物质，具有健胃发汗的特效，还有助于减肥。加工泡菜宜选用粗大、曲折不多，表皮薄而透明，纤维少水分多的嫩生姜。

白菜：白菜绿叶多，表皮薄，叶子密实，没有过多需要去除的外层叶子，干净新鲜的为上选。新产的白菜越大越好，秋季白菜以大小适中，结球程度好，重量重的为好。

二、泡菜的营养价值评价

泡菜的主要原料是各种蔬菜，属于高纤维、低热量食品，有助于消化，可减少脂肪累积，不会导致能量过剩。

（一）有机酸含量增加

经过发酵后，有机酸含量大大增加，至总酸含量 0.6% 时含量趋于稳定。在此过程中，酒石酸、苹果酸基本没有变化，相反，乳酸和乙酸的含量增加了许多。苹果酸、琥珀酸等有机酸的存在能使产品的风味更好、酸味更协调。

（二）氨基酸比例趋于平衡

经过发酵后，由于微生物的生长作用，游离氨基酸总含量会降低。发酵前，必需氨基酸的总量占到全部氨基酸的 53.84%，苏氨酸就占到了 43.05%；发酵后，除苏氨酸有明显下降外，其他的必需氨基酸含量如缬氨酸、异亮氨酸、亮氨酸、苯丙氨酸、赖氨酸均有不同程度的提高。因此，发酵后虽然必需氨基酸的总量和百分比有所降低，但种类与比例更加平衡，是一种符合人体需要的模式。

（三）维生素易于保存

在泡菜制作过程中会生成较多的乳酸，而维生素 C 在酸性环境中较稳定，因此维生素 C 的损失就较少。此外，泡菜是密封浸泡在盐水中，与空气隔绝，维生素 C 可不被氧化而得以保存。同时，在泡菜发酵的过程中，维生素 A 的含量也比较稳定，还能增加 B 族维生素的数量，产生维生素 B_{12} 和维生素 K。

（四）提高蔬菜本身的价值

泡菜在发酵过程中产生的有机酸、乙醇、酯等发酵物，能以其独特的风味和颜色增进食欲，同时大量的乳酸菌能抑制消化道病菌，使肠内微生物的分布趋于正常化，有助于肠道的健康。

三、泡菜的功能保健价值评价

（一）维持人体消化道健康

泡菜在发酵过程中产生的乳酸菌是调节人体肠道微生态平衡的主要菌系，能干扰和阻止致病菌黏附肠道上皮细胞而发生治病作用，使肠道内微生物分布正常化。同时泡菜中含有的大量纤维素和乳酸菌代谢产生的有机酸可增高肠道内的渗透压，进而提高粪便中的水分含量，达到预防便秘及肠道疾病的作用。

（二）抗菌作用

泡菜发酵产生大量的有机酸，成熟泡菜的 pH 值在 4 以下，而一般细菌生长的 pH 值在 6—7，因此泡菜的高酸性对腐败菌和病原菌具有良好的抑制作用，乳酸菌体还能产生许多具有抗菌活性的物质，如：过氧化氢、细菌素。

（三）降低胆固醇

随着人们生活水平的不断提高，人体摄入的胆固醇量普遍偏高，而血清中胆固醇过高会引发高血压、冠心病、脑中风等心脑血管疾病，严重威胁着人类的健康。发酵泡菜产生的乳酸菌等益生菌吸收部分胆固醇并将其转化为胆酸盐排出体外，同时产生限制胆固醇合成的胆固醇限速酶，能有效降低血清中胆固醇的含量，从而预防和减少了心血管疾病的发生。

（四）减肥

韩国科学家用泡菜做动物实验证明，没有吃泡菜的白鼠肝里平均含脂肪 167—169mg/g，吃泡菜的白鼠肝里只有 145—149mg/g 的脂肪，脂肪减少 15.8%；不吃泡菜的白鼠血液中总脂肪含量是 246.1mg/kg，吃泡菜的白鼠血液中的总脂肪只有 170—200mg/kg，脂肪减少 44.8%。经皮下脂肪的检测也证明，加喂泡菜饲料的小白鼠收到了明显的减肥效果。研究人员还认为，泡菜有增强脾脏免疫细胞活力的作用，能起到减少血液和肝中脂肪的特殊效果。实验还发现，吃腌制 5 个星期的泡菜比吃腌制 3 个星期的泡菜的减肥效果更好。日本京都大学对人体减肥实验结果也显示，泡菜具有减肥的功效。

（五）抗肿瘤

泡菜的抗癌效果备受关注。一是泡菜的原料蔬菜中富含的维生素 C 和胡萝卜素本身具有抗癌作用；二是泡菜中分离的乳酸菌能阻止有害菌的定植和侵袭，激活机体抗肿瘤免疫系统、干扰肿瘤细胞代谢，使前致癌物质无法活化成致癌物质，具有抗突变、减弱致癌物的毒性和阻碍癌细胞代谢的作用；三是乳酸菌的一些代谢产物可促进肠胃蠕动缩短致癌物质在肠内滞留的时间，通过结合肠道内致癌物质，随粪便排出体外，减少致癌物质与上皮细胞的接触，进而减少致癌物质在肠道内形成、活化与滞留。①

同时，也有大量的动物实验证明了泡菜的抗癌作用。研究发现，给实验鼠移植癌细胞后，饲喂腌制 3 周的泡菜抽出物，其肿瘤质量从原来的 4.32g 减少到 1.98g，减少了 54%。他还在实验鼠身上移植大肠癌细胞，以观察其转移作用，结果表明，饲喂泡菜抽出物大鼠的大肠癌的转移被抑制了 40%。

（六）抗高血压作用

某些乳酸菌发酵产生的代谢产物小肽和寡肽，可以抑制血管紧张素转化酶（ACE），在体内能抗高血压。一些乳酸菌细胞壁中的肽聚糖成分，自溶后获得的细胞裂解物（LEX）对于收缩压有显著的降低作用。在乳酸菌对人体健康众多的调节作用中，仅有抗高血压作用是与其菌体成分和其代谢产物相关，并不要求菌体以活细胞到达体内。

（七）预防糖尿病

糖尿病可分为胰岛素依赖型和非胰岛素依赖型两种类型。研究显示泡菜发酵过程中所产生的某些乳酸菌及其代谢产物乳酸，在体内对两种类型的糖尿病均有预防作用。

---

① 李书华等：《泡菜的研究进展及生产中存在的问题》，《食品科技》2007 年第 3 期。

（八）提高免疫力

泡菜能增强机体的特异性和非特异性免疫反应，防止病原菌的侵入和繁殖，提高机体的抗病能力。泡菜中的蒜、生姜等作料能抗菌消炎，乳酸菌和生成的乳酸能抑制有害菌和病原微生物的生长，达到增强抵抗力的作用。其机理是乳酸菌菌体抗原及代谢产物刺激肠黏膜淋巴结和腹膜巨噬细胞，激发免疫活性细胞，产生干扰素、特异性抗体和致敏淋巴细胞，从而调节机体的免疫应答。

（九）预防食物中毒

经过自然发酵的泡菜可有效杀灭沙门氏菌、葡萄状球菌、弧菌、病原性大肠菌等食物中的病菌。相关研究结果显示，在发酵好的泡菜（pH 值为4.4）里注入沙门氏菌、病原性大肠菌和弧菌后的 4h 里，99% 以上的病菌被杀灭。特别是弧菌，接触泡菜仅 10min 就被杀灭。经过常温发酵的泡菜杀灭沙门氏菌的效果要好于低温发酵的泡菜。此外，在零摄氏度条件下发酵的泡菜对杀灭李斯特菌有很好的效果。还发现，在自然发酵中生成的乳酸菌形成的有机酸对弧菌的抑制效果不如泡菜。

研究证明，泡菜的成分和合理的发酵温度可有效抑制食物中的病菌，它能预防过量食用肉类或酸性食品时因血液的酸化导致的酸中毒，因此建议在食用病菌极易繁殖的肉和鱼时，搭配泡菜，可有效防止食物中毒。已有研究从泡菜乳酸菌培养液中成功提取出治疗食物中毒和细菌性痢疾的抗菌物质。①

（十）防止皮肤老化与抗皱美容

泡菜能防止皮肤老化。有研究人员发现，在 140d 的时间段里，吃泡菜老鼠的皮肤细胞角质层明显变薄，皮肤紫外线酸化作用明显减少。Jong-Hyen Kim 等研究了泡菜对小鼠大脑中抗氧化酶活性和自由基产生的影响，结果表明，泡菜尤其是含芥菜叶的泡菜有延缓衰老的作用。

---

① 李文斌等：《韩国泡菜营养价值与保健功能的最新研究》，《农产品加工》2006 年第 8 期。

三、泡菜与亚硝酸盐

泡菜在消费者中背负着许多"误解"，如泡菜中亚硝酸盐含量高，吃了易导致癌症等说法。其实硝酸盐和亚硝酸盐是存在于土壤中的含氮化合物，通过果蔬菜等的生长而蓄积于植物内，很多食物包括粮食、蔬菜、肉类中都有。硝酸盐和亚硝酸盐只有在一定的条件下才能转化为致癌物——亚硝胺，条件之一是需有硝酸盐和亚硝酸盐还原细菌及相应酶、胺类物质等，近100种病原菌杂菌（即有害微生物，如白喉棒状杆菌、金黄色葡萄球菌、芽孢杆菌、变形菌等）具有这种硝酸盐还原能力，所以只有泡菜在泡渍发酵过程中感染了这些有害微生物才有产生亚硝酸盐的可能，进而导致亚硝酸盐积累。

泡菜生产是典型的乳酸发酵过程，是隔绝空气厌氧发酵，主导泡菜发酵的微生物是乳酸菌，乳酸菌及其代谢产物可以抑制这些有害微生物的生长繁殖，并且随着泡渍发酵时间的延长，亚硝酸盐也会逐步减少。

第二节　中国泡菜传统加工技艺

一、中国泡菜制作工艺流程

泡菜盐水配制→新鲜蔬菜→清洗→整形→加盐腌渍→脱盐→入坛泡制→加入香辛料→乳酸发酵→出坛→成品

盐渍：进行泡菜生产时，一般先要将原料进行预腌。预腌的主要目的在于增强原料的渗透效果除去多余的水分，在泡制中可以尽量减少泡菜坛内食盐浓度，也可以去掉一些原料中的异味，防止腐败菌滋生。其方法是根据所腌蔬菜量，上层盐用量一般为60%，下层为30%，表面为10%。

脱盐：蔬菜盐渍一段时间后要及时取出，放入清水池中浸泡一到两天再次捞出，此步骤称为脱盐，脱盐后蔬菜中盐含量要达到4%左右。

泡菜坛的选择：为乳酸发酵提供密闭环境的容器就是泡菜坛。泡菜坛一般以陶土为原料两面上釉烧制而成，泡菜坛子还要求釉质好、无裂缝、无砂眼、坛沿水封性能好，且钢音要清脆等。亦可以用玻璃钢、涂料铁制作，但要求这些材料不与盐水或蔬菜起化学反应。

泡菜盐水配制：中国泡菜常用的泡渍液有酸咸味和酸甜味之分，前者口感酸、咸、鲜、辣，主要用的辅料有食盐、花椒、白酒、干辣椒、红糖，加水熬制而成。后者口味酸、甜，主要辅料有白糖、白醋、食盐、香叶，加水熬制而成。配制泡菜新盐水时，最好使用含矿物质较多的井水和矿泉水，这样有利于保持泡菜的脆性。调料是配制泡菜盐水不可缺少的物料，它既是形成泡菜独特风味的关键，又能起到防腐、杀菌、抑制异味等功效。四川泡菜所用调料包括作料和香料，作料有酒类、糖类、辣椒等，香料有八角、草果、花椒等。目前四川大多泡菜生产厂家仍沿用老泡渍盐水的传统工艺进行生产，即先在泡菜坛加入陈盐水（泡菜卤），最后再加入辅料及原料进行发酵生产，当然若陈盐水不足时就补加新盐水。泡菜卤用的时间越久，泡出的菜就越清香鲜美。

发酵：在蔬菜泡菜卤中的乳酸菌作用下，入坛蔬菜进行乳酸发酵，根据微生物活动及乳酸含量积累多少分为三个阶段：异型乳酸发酵期、正型乳酸发酵期、正型乳酸发酵后期。在异型乳酸发酵期中，主要是一些耐盐不耐酸微生物活跃（如酵母、大肠杆菌）而进行乳酸发酵及微弱的酒精发酵，产生乳酸、乙醇、醋酸及二氧化碳等，pH 迅速下降到 4.5—4.0；正型乳酸发酵期里，植物乳杆菌大量活跃，乳酸积累 6%—8%，pH3.5—pH3.8；而在其后的正型乳酸发酵后期，乳酸继续积累，可达到 1%，当到达 1.2% 时，乳杆菌活动受到抑制，发酵速度减慢。乳酸发酵是泡菜成熟和形成风味物质的关键阶段，因此对本阶段的生产管理尤为重要，泡菜中乳酸含量在 0.4%—0.6% 时，品质较好，超过 0.6% 就会过酸，因此泡菜的发酵成熟期应在异型乳酸发酵期的末期与正型乳酸发酵期的初期之间。在泡菜坛的坛沿水槽中加入浓度为 10% 的盐水，并保持水的清洁，这样可以防止坛内因发酵产生的真空而倒吸水，而最终导致杂菌污染的现象（最好在发酵期中，揭盖1—2次，使坛内外压力平衡，防止坛沿水槽的水倒灌）。

　　加入香辛料：泡菜经泡制成熟后便生成其原有的鲜味，当然也可以根据个人口味及产品的需要加入各种香辛料拌制从而调制出可口不同风味的泡菜。

　　泡菜加工的实质是有害菌被食盐的高渗透压所抑制，并在缺氧的条件下促使乳酸菌进行乳酸发酵的结果。在发酵过程中，耐盐的乳酸菌能利用蔬菜中的一些糖分为基础进行发酵，产生大量的有机酸、醇类及氨基酸等，同时，杂菌的繁殖却由于高浓度盐分而受到遏制，从而形成泡菜的特殊风味。

二、泡菜中的乳酸菌

　　泡菜在发酵过程中有酵母、霉菌、细菌多种微生物参与，其中主要的产酸菌是乳酸菌。乳酸菌是一种存在于人类体内的益生菌，是人和动物体内必不可少的具有重要生理功能的菌。泡菜生产是利用食盐的高渗透压作用，以乳酸发酵为主的微生物发酵过程。因此除了原料中的食盐作为纯物理化学的非生命活动外，乳酸发酵则是微生物极复杂的生命代谢活动的结果。乳酸发酵的优劣以及乳酸在泡菜中的积累将直接关系到泡菜的质量，同时乳酸菌对于提高泡菜的营养价值极为有利，这是因为乳酸菌既不具备分解纤维素的酶系统，也不具备水解蛋白质的酶系。因此既不会破坏植物细胞组织，又不会分解蛋白质和氨基酸，既有保鲜功能，又可增强产品风味。

　　乳酸菌常附着于蔬菜上，与植物关系密切虽经洗涤也不被除去，在泡菜制作过程中，乳酸菌利用的养料主要是蔬菜的可溶性物质和部分泡渍液浸出物。泡菜的乳酸发酵一般可分为微酸、酸化和过酸三个阶段。泡制初期，乳酸菌与其他附生微生物共生，但在厌氧环境中乳酸菌占优势，并因产酸使泡渍液呈微酸性抑制了腐败微生物的生长。在泡制中期，乳酸菌大量繁殖乳酸含量猛增达到酸化阶段。在泡制后期当乳酸量继续富集直至反馈抑制乳酸菌生长时，即进入过酸化阶段。在过酸阶段，由于乳酸菌等微生物几乎进入休眠期，可有效保持产品的货架期。但由于酸度过高口感较差，在酸化阶段产品风味最好，为最佳食用期。通常情况下成品泡菜的乳酸控制在1%左右效果最佳。

（一）乳酸菌在泡菜中的作用

乳酸菌作用机制有两种：同型乳酸发酵即发酵产物中只有乳酸，代谢途径称为EMP途径，如链球菌、植物乳杆菌等。异型乳酸发酵即发酵产物中除乳酸外，还有其他，如乙醇、二氧化碳等，代谢途径称为HMP途径。如肠膜明串珠菌、短乳杆菌等。泡菜中乳酸菌的主要作用有：代谢碳水化合物产生乳酸，降低原料pH值，抑制病原微生物的生长，稳定产品质量并提高产品货架期；产生抗菌物质，抑制杂菌生长，提高产品安全性，乳杆菌、肠膜明串珠菌等都可以抑制泡菜中亚硝酸盐的含量，保证泡菜的安全性。乳酸菌可以产生抗菌素，抑制有害细菌的生长；提高产品的营养价值，赋予产品独特的发酵风味。

（二）泡菜中乳酸菌的研究

1930年，Pederson研究了泡卷心菜中的微生物，首次提出了明串珠菌启动蔬菜的乳酸发酵过程。20世纪60年代，Pederson和Albury等研究了酸白菜、酸黄瓜等发酵过程中的菌系消长规律，发现在发酵早期明串珠菌很活跃，随后是啤酒片球菌，短乳杆菌和植物乳杆菌大量产酸，最后是植物乳杆菌完成发酵过程；Hyun-Ju Eom等从韩国泡菜、德国泡菜、酸黄瓜前期发酵中分离出肠膜明串珠菌，证明肠膜明串珠菌不仅是泡菜启动发酵的主要菌株，而且可以产生高效的葡萄糖蔗糖酶。

国内对泡菜的研究也多集中在泡菜中乳酸菌区系的研究和泡菜中乳酸菌的分离及菌种特性的研究。杨瑞鹏等进行了酸泡菜发酵过程中乳酸菌区系的研究[①]；吴红艳等利用甘蓝、胡萝卜等原料，接种肠膜明串珠菌、植物乳杆菌、短乳杆菌进行发酵，研究了菌种配比、菌种添加量、发酵时间及主要工

---

① 杨瑞鹏等：《酸泡菜发酵过程中乳酸菌区系的研究》，《中国调味品》1991年第1期。

艺参数①；毕金峰等从自然发酵酸菜汁中分离鉴定乳酸菌，并进行发酵剂的筛选②；林燕文等在含高浓度的泡菜中添加维生素或氨基酸，检测乳酸菌含量的变化，发现添加适量的维生素或氨基酸可以提高乳酸菌的含量，维持高含菌量的时间也较长③；张悠等研究了不同泡制工艺对蔬菜硒富集和转化的影响④。

1996 年，李幼筠分离出两株乳酸菌：干酪乳杆菌和短乳杆菌，并申请了专利⑤。2002 年，赵文红等从泡菜盐水中，分离出两株乳酸菌菌株，一株为明串珠菌属，另一株为乳杆菌属。得出发酵初期，明串珠菌为优势菌，后期乳杆菌为优势菌，在泡菜中接种这两株菌，虽然可以缩短发酵时间，但风味较自然发酵差⑥。张灏等从传统泡菜中筛选出三株植物乳杆菌，并发现其体外降解胆固醇量达到 90.5mL、75.3mL 和 74.0mL。⑦ 2003 年，田宇等利用滤纸片法筛选抗生物质产生菌的初筛方法，从泡菜水中筛选出多种具有抑菌作用的微好氧菌及兼性厌氧菌。⑧

2004 年，熊晓辉等从泡菜汁中筛选出 3 株产酸量较高、生长良好的乳酸菌菌株，经鉴定为弯曲乳杆菌和植物乳杆菌，并以其发酵及制备萝卜泡菜，质量优于自然发酵产品。⑨ 2005 年，杨晓晖等从多种泡菜中分离出 4 株

① 吴艳红等：《多菌种乳酸菌的研制及工业化生产》，《黑龙江日化》1997 年第 4 期。
② 毕金峰等：《自然发酵酸菜汁中乳酸菌的分离、鉴定及发酵剂的筛选》，《沈阳农业大学学报》2000 年第 4 期。
③ 林燕文：《泡菜营养强化食品的研制初探》，《食品科技》2001 年第 2 期。
④ 张悠等：《不同泡制工艺对蔬菜硒富集和转化的影响》，《无锡轻工大学学报》2000 年第 2 期。
⑤ 李幼筠：《泡菜乳酸发酵菌种的选育》，《中国调味品》1996 年第 11 期。
⑥ 赵文红等：《自然发酵泡菜中乳酸菌的分离及特性研究》，《广州食品工业科技》2002 年第 3 期。
⑦ 张灏等：《从泡菜中筛选降解胆固醇的乳酸菌》，《生物技术》2002 年第 12 期。
⑧ 田宇等：《从泡菜水中分离抗生物质产生菌的筛选方法》，《四川食品与发酵》2003 年第 4 期。
⑨ 熊晓辉等：《泡菜中乳酸菌的分离、鉴定和生产初试》，《中国调味品》2004 年第 11 期。

在低温下发酵能力较好的菌株：其中两株为肠膜明串珠菌肠膜亚种，两株为干酪乳杆菌干酪亚种和植物乳杆菌并对其发酵性能进行了测试。[①] 2006 年，吕欣等从泡菜中分离出一株具有明显抗真菌的乳酸菌，经鉴定为干酪乳杆菌鼠李糖亚种。[②]

第三节　中国泡菜的历史文化

中国许多考古发现泡菜坛的特殊结构（坛沿或坛唇）在汉墓中发现的最多，如上海出土的"西汉泡菜坛"和"东汉泡菜坛"，中国重庆涪陵（原属四川）发掘的（双拱甬道汉墓）双唇（沿）四系陶罐（即泡菜坛）等，所以认为泡菜坛的发明是汉代（公元前 206—公元 220 年）。泡菜坛出土地点大多在黄河以南，尤以江南为多，可见泡菜是古代（南）中国人常吃的菜。中国安徽出土的唐代（618—907 年）泡菜坛，与现代并无多大区别，都是平底大肚、双唇式口沿，只是口沿小些。

一、中国泡菜的历史发展

早在商周时期，《诗经·小雅·信南山》中有"中田有庐，疆场有瓜，是剥是菹，献之皇祖"的诗句。庐和瓜是蔬菜，"剥"和"菹"是腌渍加工的意思。在《诗经·邶风·匏有苦叶》中就有"我有旨蓄，亦以御冬"，"旨蓄"就是好吃的储蓄，就是腌制的酸菜、泡菜。这说明至迟在 3100 多年前的商代武丁时期，中国劳动人民就能用盐来泡渍蔬菜水果了，出现了世界上最早的泡菜雏形——腌渍菜。

先秦《周礼》、《孟子》、《楚辞》中也有腌渍菜的记载。公元前 1058

---

① 杨晓晖等：《泡菜中优良乳酸菌的分离鉴定及其发酵性能的研究》，《食品科学》2005 年第 5 期。

② 吕欣等：《抗真菌乳酸菌的筛选及菌种鉴定》，《中国农学通报》2006 年第 2 期。

年，中国西周周公姬写成了著名的《周礼》一书，其中分天官、地官、寿官、夏官、秘官、冬官六篇。据《周礼·天官》记载："下羹不致五味，铡羹加盐菜"，所谓羹是用肉或咸菜做成的汤，由此可更进一步证实泡菜的历史。《辞海》对"泡菜"的诠释是："将蔬菜用淡盐水浸渍而成。……质脆、味香而微酸，或稍带辣味，不必复制就能食用。四川泡菜最为有名。"

到了秦汉时期，许慎的《说文解字》中明确提出："菹者，酸菜也。""菹"（zū）即是酸（泡）菜，今天的泡菜，是世界上第一个关于泡菜的专用字，曾经在长沙出土距今已经 2200 余年的唯一一件泡菜实物，豆豉姜。

在北魏时期，中国著名农业科学家贾思勰在《齐民要术·作菹菜生菜法第八十八》中较为系统地介绍了泡渍蔬菜的加工方法，这是关于泡菜制作的较为规范的文字记载，如：瓜菹法、咸菹法、藏蕨法、卒菹法、菹法。其对制作泡菜的专述是："收菜时，即择取好者，菅蒲束之。""作盐水，令极咸，于盐水中洗菜，即内瓮中。""若先用淡水洗者，菹烂。""洗菜盐水，澄取清者，泻者瓮中，令没菜把即止，不复调和。"可见，至少 1400 多年前，中国就有制作泡菜的历史了。这里曾经记载了："泥头七日便熟"，"泥头"就是用泥密封容器口，可见当时就已经知道利用厌氧进行发酵（利于乳酸菌发酵）。

《唐代地理志》记载"兴元府土贡夏蒜、冬笋糟瓜"。所谓"糟瓜"，就是现在的糟渍蔬菜，例如今天的"糟黄瓜条"等泡菜。宋朝孟元老《东京梦华录》中记载有"姜辣萝卜、生腌木瓜"等"淹藏菜蔬"；诗人陆游的《观蔬园》中有"菘芥可菹，芹可羹"的诗句中都有着对泡菜的记载。

经过长期生产实践，泡菜生产发展到了元明清时，其工艺和品种都已经有了很大的进步。元代韩奕《易牙遗意》的"三煮瓜法"；明代刘基《多能鄙事》中的"糟蒜"，邝璠《便民图纂》中记载有萝卜干的腌渍方法："切作骰子状，盐腌一宿，晒干，用姜丝、橘丝、莳萝、茴香，拌匀煎滚。"

泡（渍）菜传至清朝，其品种已是丰富多彩了，清乾隆年间，四川罗江人李化楠撰写的，其子李调元刊印的《函海·醒园录》中，论述了大蒜、生姜等20多种蔬菜的泡渍方法。清袁枚所著的《随园食单》中，记载得更是详尽，"腌冬菜黄芽菜，淡则味鲜，咸则味恶。然欲久放非盐不可，常腌一大坛三伏时开之……香美异常，色白如玉。"

民国初年出版的《成都通览》记载了四川成都"常见泡菜22种"及"家家均有"，如四川泡菜、四川宜宾的芽菜、四川南充的冬菜、重庆涪陵和浙江余姚的榨菜、浙江的萧山萝卜干、贵州镇远的陈年道菜、云南曲靖的韭菜等已形成独具风格的泡渍产品。同时，在清代川南、川北民间还将泡菜作为嫁奁之一。在当时眉州地区，每有新人嫁娶，父母总要置办新坛大瓮，披红挂绿，作为嫁奁之物，寓意一对新人从今往后，衣食无忧了，这足见泡菜在人民生活中所占的地位。

在彭祖四大长寿养生术中，首推膳食养生。彭祖膳食既以蔬果为常，除了注重凉热与养生、调和五味与养生的关系外，还在蔬果的保鲜与养生，蔬果的发酵与养生方面独有发现。在彭祖时代，没有保鲜手段，除了窖存外，就是盐渍。相传彭祖在以盐保鲜的过程中，发现蔬果经在盐水中发酵，除能保有蔬果原有一些鲜美特征外，还另有一番独特风味，再经过如"神农尝百草"一般的反复试验，更发现经盐水发酵的蔬果，于人体养生另有功效，这种经盐水发酵的蔬果，即后来所称之泡菜，但缘于记载工具的落后与匮缺，彭祖盐水发酵蔬果的事没有记录下来。

眉山泡菜的起源最早可以追溯到商代以前，传承自中国古代第一寿星彭祖，4000多年前出生在眉山市彭山县江口镇彭蒙山（即现在的彭祖山一带）。相传，尧帝患病，彭祖用亲自调制的味道鲜美的野鸡汤（雉羹）献给尧帝食用，治愈了疾病。在彭祖之前，古人煮肉汤是不用调料的，正是彭祖最早使用盐以及由盐腌制出来的"菹菜"等调料，放在鸡汤中，使汤味鲜美、开胃，能增进食欲，从而治好了尧的病。晚年的彭祖，更加注重养生术的研究，进一步完善了他的膳食术，其中就包括菹菜（酸菜）的制作。师承彭祖后世历代养生家如张仲景、孙思邈、陈直、忽思慧、高濂、龚廷贤等，都十分看重食疗养生——包括泡菜养生的作用。

二、相关史书中关于泡菜的记载

《三国史记》："王见沸流水中，有菜叶逐流下，知有人在流者。"文中所说的流水处为严寒地带，此时期可以见到菜叶，则必定为特殊处理过的蔬菜。

《三国史记》："币帛十五举，米酒油密，酱豉脯醢，一百三十五举。"这里出现了"醢"字，醢为泡菜的代名词之一。

《训蒙字会》："腌菜为菹，菹又捣辛物为之。"这段文字将当时的泡菜分为腌菜和菹（沈菜）。

《增补山林经济》中出现了淡菹、熟菹等泡菜词，有了将大蒜、生姜等配料与主料分开制作的记载，并且首次提到了辣椒在泡菜制作中的使用。当时的泡菜为了起到美化的作用，通常在制作过程中放置一种花，随着辣椒的出现，它的红色逐渐代替花在泡菜中的美化作用。

谢墉的《食味杂咏·北味酸菜》记载了酸菜的制法："寒月初取盐菜入缸，去汁，入沸汤熟之。"腌菜即白菜冬天以淡盐水浸之，一月而酸，与南方作黄韭法略同。而北方黄芽白菜肥美，腌成酸菜，韵味绝胜，入之羊羹尤妙。这里所说酸菜的制法与今基本相同，"入之羊羹"即"酸菜汆羊肉"。

第九章

中国酱腌菜

中国酱腌菜的独特保存方法使酱腌菜成为不可或缺的常备食品,其最大优势在于它的可保存性,过去没有冷藏设备,这一传统食品是中国人民历代智慧的结晶,以谷食为根本的中国人对酱腌菜文化及制作技艺的传承一直在继续。

酱菜、腌菜历来是中国传统的佐餐小吃,酱制是以优质面酱腌制的各种咸菜精制而成,其咸味较低;腌制则是通过利用高浓度盐来促进蔬菜里的乳酸菌发酵来保藏蔬菜的一种方式,通过腌制,能增进蔬菜风味,有较强的咸味,可长期保存。《中华人民共和国国内贸易行业标准 SB/T 10439—2007》对酱腌菜的定义为:酱渍菜,以蔬菜咸坯,经脱盐、脱水后,用酱渍加工而成的蔬菜制品;盐渍菜,以蔬菜为原料,用食盐盐渍加工而成的蔬菜制品。

第一节　中国酱腌菜食养价值的科学评价

一、中国酱腌菜的所用主要原料概述

酱腌菜以芥辣、酱萝卜条、酱黄瓜、八宝菜为代表,分别是以芥菜根、萝卜、黄瓜、苤蓝为主要原材料。

芥菜根:芥菜根是芥菜的根茎部,属十字花科植物。《本草纲目》记

载：芥菜有"通肺豁痰，利膈开胃"的功效；《食疗本草》中记载芥菜具有"主咳逆、下气、明目、去头面风"的功效。芥菜根含有丰富的钾，每百克可食部分含钾量可达到 230mg，有助于心脏维持规律的心跳，并协助血压的稳定；此外也富含钙、磷、铁等微量元素；芥菜根中还含有硫代葡萄糖甙，在内源芥子酶和胃肠道中的细菌酶的催化作用下，生成具有高生物活性的异硫氰酸酯，具有良好的抗癌效果；贺锋嘎等对芥菜多糖的研究发现，芥菜多糖主要由葡萄糖、果糖、半乳糖、阿拉伯糖和木糖组成，具有抗氧化、降血糖和降血脂的作用，对预防糖尿病有一定疗效。

萝卜：《本草纲目》中对白萝卜的记载："根叶皆可生，可熟，可菹，可酱，可腊，乃蔬菜中最有利益者。"萝卜含有丰富的糖类、氨基酸和矿物质。王延华等的研究发现，酱萝卜中含 18 种氨基酸，包括人体必需的 8 种氨基酸；还含有丰富的矿物质，钾、钙含量分别高达 264.1—192.0mg/100g；萝卜中还含有少量的超氧化物歧化酶，具有清除自由基、提高免疫力的作用。研究表明，萝卜中含有一种抗肿瘤病毒的活性物质，名为干扰诱生剂，能刺激细胞产生干扰素，对人的食道癌、胃癌、鼻咽癌、子宫颈癌均有显著的抑制作用。

黄瓜：酱黄瓜被誉为"酱菜之宝"。黄瓜入药始载于《本草拾遗》，中医认为其性凉味甘无毒，入脾、胃、大肠三经。有生津止渴，除烦解暑，消肿利尿，治咽喉肿痛，四肢浮肿、热痢便血之功效；《本草纲目》中记载黄瓜有"清热、解渴、利水、消肿"之功效。黄瓜中含有大量的维生素，具有美容养颜、延缓衰老的作用；黄瓜中含有的铬等微量元素，有降血糖的作用；此外黄瓜的苦味源于黄瓜中含有的葫芦素 C，具有提高人体免疫功能的作用，可达到抗肿瘤的目的，该物质还可治疗慢性肝炎；黄瓜中所含的丙氨酸、精氨酸和谷胺酰胺对肝脏病人，特别是对酒精肝硬化患者有一定辅助治疗作用，可防酒精中毒。对黄瓜多糖的研究表明，黄瓜多糖有较好的还原能力以及清除自由基的能力，并且在质量浓度为 20mg/mL 时，其抗氧化指标接近于维生素 C 的自由基清除能力，且无显著性差异，因此黄瓜多糖具有良好的抗氧化活性，是一种天然的抗氧化剂。

苤蓝：八宝菜是中国南方一道有名的酱菜，它是以苤蓝为主料，辣萝卜、胡萝卜、黄瓜、莴笋、梗瓜、花生米、石花菜为辅料用黄酱腌制而成。现在因地域以及消费者口味的不同，对八宝菜辅料种类的选择上有所变化，但以苤蓝为主料的制作方法一直在使用。《滇南本草》中就有对苤蓝功效的记载："治脾虚火盛，中膈存痰，腹内冷疼，小便淋浊；又治大麻风疥癞之疾；生食止渴化痰，煎服治大肠下血；烧灰为末，治脑漏；吹鼻治中风不语；皮能止渴淋。"苤蓝含有丰富的维生素，其中以维生素 C、维生素 E 和维生素 K 的含量最高，此外还有大量水分、膳食纤维以及钾、钼，因此苤蓝具有清除自由基、提高免疫力、促进肠道健康、细胞新陈代谢、防癌抗癌的作用。以苤蓝为主料的八宝菜不仅具有苤蓝本身的营养价值，在选料方面更是体现了营养搭配的理念，使营养素更加全面。

二、中国酱腌菜加工方式的合理性与科学性

酱腌菜的鲜、甜、酸、辣和香气扑鼻，主要是在腌制过程中微生物利用蔬菜中所含的糖分、蛋白质、脂肪等发酵而来。此外，蔬菜中含有的酶，在腌制过程中也将蔬菜中的大分子组分降解为小分子，以增加腌菜的风味，或提供微生物发酵的底物。

（一）酱菜

酱菜是以新鲜蔬菜为原料，经过盐渍、脱盐、酱制的过程加工而成的一种传统食品。酱菜加工中的脱盐过程使酱菜中的盐含量显著降低，避免了盐摄入过量而导致的高血压、肾功能损伤等疾病。

酱制过程是用黄酱或甜面酱对脱盐蔬菜进行酱制。黄酱在发酵过程中会产生的类黑精褐色色素和肽类，使黄酱具有抑制胆固醇、抗肿瘤、降血压、祛除放射性物质、防止胃溃疡、抗氧化的作用。甜面酱是经米曲霉发酵制成的调味品，米曲霉可分泌淀粉酶和蛋白酶，可将面粉中经蒸熟而糊化的大量淀粉分解为糊精、麦芽糖及葡萄糖，小麦中的少量蛋白质，可经米曲霉所分泌的蛋白酶分解成为氨基酸，使人体更容易吸收。

酱是发酵型调味品，其本身含有一定量的食盐、糖、氨基酸等物质能赋予产品一定的风味，在酱制过程中，当酱渗入蔬菜细胞时，使蔬菜的食盐、糖类等物质含量增高，它们能起到降低水分活度、提高渗透压的作用，从而抑制微生物的生长，延长产品的贮存期，同时赋予蔬菜特殊的色泽；蔬菜中的蛋白质也会被分解成氨基酸，成为酱菜鲜味物质的来源。

（二）腌菜

腌菜是利用高浓度盐液，通过乳酸菌发酵加工而形成的佐餐食品。高浓度盐液能够有效地防止蔬菜的腐烂变质。

在腌制过程中，蔬菜中的蔗糖在酸或酶的作用下可转化为转化糖，转化糖是由葡萄糖和果糖而组成的，单糖可在乳酸菌的作用下引起乳酸发酵，乳酸发酵能够有效降低腌制过程中盐的使用量，原因是乳酸菌在生长代谢过程中会产生对食品中的腐败菌和病原菌有广泛抑制效果的拮抗物质，如有机酸、过氧化氢、罗伊氏素和细菌素等，从而有效抑制腐败菌的生长；乳酸发酵还可以产生小分子的物质，提高生物利用率；乳酸菌发酵产生的代谢产物小肽和寡肽，可以抑制血管紧张素转化酶，起到抗高血压的作用。

此外乳酸菌的发酵过程中可以使腌菜具有独特的酸味，腌菜中的乳酸菌还能生成 γ-氨基丁酸，腌的时间越长，发酵越充分，乳酸菌增加得越多，产生 γ-氨基丁酸越多，能起到降低血压和胆固醇的作用。

三、酱腌菜发酵过程中的生物化学变化

在蔬菜腌渍过程中能分离出细菌类、霉菌类和酵母菌类等，这些微生物主要由蔬菜的根、茎、叶中带入。

（一）微生物的变化

在蔬菜腌制过程中常见的细菌有乳酸菌、醋酸菌和腐败菌。乳酸发酵可以使腌菜具有爽口的酸味；醋酸菌是嫌氧性的梭状芽孢杆菌，能发酵糖类生成丁酸，使酱腌菜具有不愉快的气味，并且能分解乳酸；腐败菌如变形杆菌、腐臭杆菌等，能引起蛋白质和其他含氮物质分解，生成有恶臭气味的物质如尸胺等，但这些腐败菌不能耐高浓度的食盐，食盐浓度在10%以上它们均不能生长。

霉菌在缺氧条件和食盐溶液较高时不能生长，而少量发酵型酵母则在此条件下生长，生成一定量的乙醇。

（二）不同盐浓度对微生物的影响

食盐浓度为6%就可抑制大肠杆菌和肉毒杆菌，食盐浓度为8%可抑制丁酸梭菌，食盐浓度为10%可抑制变形杆菌，食盐浓度为12—13%可抑制乳酸菌，因此食盐浓度在10%以上只有乳酸菌可以生长。有的腐败球菌虽然可抵抗15%的食盐浓度，但这些菌一般都是好氧的，在缺氧条件下，它们都不能生长。为了防止腐败菌，一般酱腌菜的制作除添加适量的盐（10%）外，还要把腌菜尽量压紧，把容器密封。

（三）酱腌菜中的风味物质

酱腌菜发酵主要是蔬菜中的营养成分如糖、蛋白质等，经食盐的高渗透压作用使细胞壁破坏，营养物质外流，受微生物的作用，引起发酵。在厌氧条件下，乳酸发酵是腌菜中主要的发酵方式，乳酸发酵除对腌菜除具有防腐性外，还可改进腌菜的风味，另外在腌菜中所生成的有机酸均可与乙醇反应生成酯类物质，成为腌菜芳香气味的来源之一。

赵永威的研究表明，冬瓜在腌制过程中，乳酸、乙酸、苹果酸、柠檬酸和琥珀酸的风味物质的含量都随着腌制进程而增加[1]。

---

① 赵永威等：《冬瓜腌制过程中微生物多样性的分析》，《中国食品学报》2014年第6期。

四、对中国传统酱腌菜中亚硝酸盐含量的相关研究

蔬菜是一种易富集硝酸盐的食品蔬菜。腌制过程中，由于硝酸盐还原酶及微生物的作用，可使硝酸盐还原成亚硝酸盐，亚硝酸盐为强致癌物亚硝胺的前体物质，摄入人体后能和人胃中的含氮化合物——仲胺、酰胺及氨基酸结合形成亚硝胺，当体内的亚硝胺含量达到一定程度时，可出现食管、上皮细胞增生性病变，甚至发生肿瘤。

（一）亚硝酸盐与健康

亚硝酸盐除对食物具有杀菌护色的作用外，皇甫超申等人的研究发现摄入人体的硝酸盐有 25% 被重新分泌到口腔，然后被含有硝酸盐还原酶的口腔共生菌还原为亚硝酸盐，可以抑制许多口腔有害细菌生长。同时，咽下的亚硝酸盐在胃内酸性环境可转化为硝酸、NO 和其他氮氧化合物，具有保护胃肠道的作用。研究发现，低剂量亚硝酸盐可以起到降低血压、保护心肌缺血再灌注损伤机制、抑制微血管炎症、补偿内源性 NO 的作用。

（二）不同种类酱腌菜的亚硝酸盐的含量的变化

徐娟娣等人对雪里蕻的研究表明，腌菜中的亚硝酸盐含量呈不断上升的趋势，45 天时，曲线出现最大值，即"亚硝峰"，随后又呈逐渐下降的趋势，最后趋于稳定，腌菜成熟品中亚硝酸盐含量远低于 20 mg/kg。[①]

燕平梅等人的研究表明，腌白菜的硝酸还原酶活性在发酵第 3 天最强，之后迅速下降，第 4 天后下降缓慢，亚硝酸盐含量在发酵的第 4 天最高；发酵后期，亚硝酸盐含量急剧下降，到 10 天后其含量小于 0.2mg/kg 值，可以放心食用。[②]

张雁等对 4 种不同品种的芥菜研究表明，在温度 20℃，食盐浓度 4%、自然发酵工艺条件下，4 种芥菜都会在发酵第 1 天出现亚硝峰；峰值：水东

---

① 徐娟娣等：《雪里蕻腌菜腌制过程中主要成分的动态变化研究》，《中国食品学报》2013 年第 7 期。
② 燕平梅等：《不同贮藏蔬菜中亚硝酸盐变化的研究》，《食品科学》2006 年第 6 期。

芥菜>雪菜>包心芥菜>春芥，发酵第 2 天亚硝酸盐含量便开始下降，但在第 3 天出现次亚硝峰；发酵结束时产品中亚硝酸盐含量都低于 1mg/kg，其中发酵雪菜成品中亚硝酸盐含量显著高于其他类型（p<0.05）。[1]

吴晖等人的研究表明，咸菜中的亚硝酸盐含量随腌制时间呈一定规律变化，从腌制开始，随着腌制天数的增加而增高，到达一定程度后降低，后呈现较稳定状态，但由于蔬菜品种不同，其峰值出现的时间不同。一般在腌制第 4—8 天，亚硝酸盐的含量比较高，不宜食用；第 9 天以后开始下降，20 天后降低到安全的范围内。[2]

（三）不同加工条件对酱腌菜的亚硝酸盐的含量的影响

一般来说，腌制开始的两三天到十几天之间腌菜中亚硝酸盐的含量最高：温度高而盐浓度低的环境下，"亚硝峰"出现就比较早；反之温度低而盐量大的环境下，"亚硝峰"出现就比较晚，到 20 天之后亚硝酸盐含量已经明显下降，一个月后亚硝酸盐的含量在安全范围内。

沈继斌的研究表明，黄瓜在腌制过程中，亚硝酸盐含量基本上都有一个明显的高峰期，并且峰值的高低有明显的差异，表现为低浓度（8%）的峰值很高；较高浓度（12%）的亚硝酸盐含量次之；而高盐浓度值（16%）的峰值很低。可见亚硝酸盐的含量与黄瓜的腌制浓度有很大的关系；15 天之后亚硝酸盐的含量都降到了规定的范围内。因此酱腌菜的腌制要注意产品的熟化时间，选择最佳食用时间，就可以避免因亚硝酸盐摄入过多而引起的不良后果。[3]

---

① 张雁等：《不同品种芥菜发酵过程中亚硝酸盐变化规律的研究》，《现代食品科技》2013 年第 9 期。
② 吴晖等：《泡菜中亚硝酸盐的研究进展》，《现代食品科技》2007 年第 7 期。
③ 沈继斌：《腌制黄瓜硝酸盐与亚硝酸盐的动态变化》，华中农业大学硕士学位论文，2007 年。

第二节　中国酱腌菜的历史文化

一、中国传统酱腌菜的史书记载

中国对酱腌菜最早的文字记录在《诗经》中就有："中田有庐，疆场有瓜，是剥是菹，献之皇祖"，"剥"和"菹"都是腌渍加工的意思；东汉的经学家、文字学家许慎在《说文解字》中记载："菹菜者，酸菜也。"

《商书·说明》记载有"欲作和羹，尔惟盐梅"。中国腌渍蔬菜在《周礼》《仪礼》也有记载，《周礼·天官》记载："大羹不致五味，铏羹加盐菜。"所谓羹就是用肉或腌菜做成的汤。

到了北魏，中国著名的农业科学家贾思勰在《齐民要术》中比较系统和全面地介绍了北魏以前酱腌菜的加工方法："收菜时，即择取嫩高，于盐水中洗菜，即内瓮中。"这时腌菜的制作方法已与现在相似。

南朝梁宗懔的《荆楚岁时记》记载有："仲冬之月，采撷霜芜菁、葵等杂菜，干之，并为干盐菹。"

唐朝《唐代地理志》记载有"兴元府土贡夏蒜、冬笋糟瓜"，所谓糟瓜就是现在的糟渍蔬菜；曹元方《诸病沅候论》中记载有"盐苜蓿、茭白"。

唐末的《四时纂要》一书就记录了《齐民要术》之后的新变化："十日酱法：豆黄一斗，净淘三遍，宿浸漉出，烂蒸倾下，以面二斗五升相和拌令面悉裹却豆黄，又再蒸令面熟，摊却大气，候如人体，以谷叶布地上，置豆黄于其上摊，又以谷叶覆之，不得令大厚；三四日，衣上黄色遍，即晒干收之；要合酱，每斗面豆黄用水一斗、盐五升并作盐汤，如人体，澄滤，和豆黄入瓮内密封；七日后搅之，取汉椒三两，绢袋盛，安瓮中。又入熟冷油一斤、酒一升，十日便熟，味如肉酱；其椒三两月后取出，晒干，调鼎尤佳。"此时的制作技艺既充分强化了微生物的作用，也提高了原料利用率。

宋朝孟元老《东京梦华录》中记载有"姜辣萝卜、生腌木瓜"等"淹藏菜蔬"。

清朝袁枚的《随园食单》中说道:"腌冬菜黄芽菜,淡则味鲜,咸则味恶。然欲久放非盐不可。常腌一大坛三伏时开之,上半截虽臭烂,而下半截香美异常,色白如玉。"

二、中国传统酱腌菜企业的中华老字号与非遗现状

国家相关部门对具有展示中华民族文化创造力价值,具有鲜明的中华民族文化背景,拥有世代相承的独特工艺或经营特色,且技术出众,取得社会广泛认同和良好商业信誉的企业和(或)产品品牌赋予"中华老字号"的牌匾和证书。

1993 年,国家商业部将"玉川居"命名为"中华老字号";2002 年,"玉川居"被评为天津市著名商标。

2006 年扬州酱菜公司被商务部认定为首批"中华老字号",2008 年位列扬州市"十大老字号"之首。

2006 年六必居食品有限公司、六必居食品有限公司天源酱园被商务部认定为首批"中华老字号"。

2006 年 8 月,玉堂酱园被评为"中华老字号"。

2006 年长沙玉和酿造有限公司被商务部认定为首批"中华老字号"。

2010 年云南省通海县酱菜厂被商务部认定为"中华老字号"。

2009 年 2 月 26 日,湖南十三村酱菜被省政府以湘政发〔2009〕9 号文件《湖南省人民政府关于公布第二批省级非物质文化遗产名录的通知》确定为省级非遗保护项目。2010 年 4 月 27 日,百年老字号——商丘市大有丰酱园被列入"河南省非物质文化遗产"。2010 年 10 月 2 日,山东(成武)鸿方缘食品有限公司酱菜生产工艺列入"菏泽市非物质文化遗产"。

第十章

中国芝麻油

芝麻，又名脂麻、胡麻，是一年生草本植物，茎直立，四棱形，叶子上有毛，花白色，蒴果有棱，种子小而扁平，有白、黑、黄、褐等不同颜色，种子食油量高达48%—65%，是重要的油料作物。中国芝麻总产量居世界各国的首位，被誉为"芝麻王国"。小磨香油是民间用石磨将芝麻子制出麻油的总称，历史悠久，方法简便，至今仍被广泛应用。一斤芝麻可出香油四五两，其加工过程分漂洗、炒酥、吹扬、磨坯、对水搅油和振荡分油等六道工序，制出香油放在缸内静置沉淀，然后撇出清油食用或出售。

第一节　中国芝麻油食养价值的科学评价

一、传统中医食疗学对芝麻油的评价

中医学认为：本品性味甘、凉，具有润肠通便、解毒生肌之功效。《神农本草经》记载：芝麻"补五脏，益气力，长肌肉，填脑髓，久服轻身不老"。陶弘景《名医别录》载："胡麻无毒，坚筋骨，治金创，止痛，及伤寒温疟，大吐后虚热羸困，久服明耳目，耐饥，延年。以作油，微寒。"

《本草纲目》记载："芝麻补五内，益气力，长肌肉，填髓脑"，常食芝麻还能使头发乌黑亮泽，芝麻还能"润养五脏、补肺气，止心惊，利大小肠"。

二、芝麻油中的营养与功效组分

（一）芝麻油的脂肪酸组成

芝麻油脂肪酸的组成中饱和脂肪酸含量为 12%—19%、不饱和脂肪酸含量为 81%—89%，其中单不饱和脂肪酸 37%—40%、多不饱和脂肪酸 31%—51%。黄玉华等选取黑芝麻和白芝麻两个品种，研碎，用甲醇和氯仿提取脂肪，将提出的脂肪甲基化，并用 TLC 分离纯化甲基酯，纯化的甲基酯通过 100mm×0.25mm 的 GC 毛细管柱来测定脂类中脂肪酸组成，结果显示芝麻中主要含有 10 种脂肪酸，不饱和脂肪酸为主要成分；多不饱和脂肪酸含量分别为 44.695%、44.545%，主要为亚油酸，其含量分别为 44.026%、44.119%，同时，还发现有少量的共轭亚油酸的存在，表明黑芝麻和白芝麻的脂肪酸组成相近。①

回瑞华等对黑芝麻和白芝麻中脂肪酸组成进行分析比较。采用索氏提取法提取黑芝麻和白芝麻中脂肪，再以氢氧化钾—甲醇溶液进行甲酯化处理，以气相色谱—质谱联用仪分离和鉴定脂肪酸的组成和相对含量。结果表明，由黑芝麻中分离鉴定出 21 种脂肪酸，其中不饱和脂肪酸占 71.30%，白芝麻中分离鉴定出 20 种脂肪酸，其中不饱和脂肪酸占 73.58%。②

刘晓颖等人用气相色谱—质谱联用仪分析鉴定芝麻油主要脂肪酸的种类，发现芝麻油中除主要脂肪酸组成外尚含有花生四烯酸，芝麻油中除主要脂肪酸外尚含有十一烷酸、二十二烷酸及少量的共轭亚油酸（CLA）的存在。CLA 是多不饱和脂肪酸中的一族特殊的成员，其共轭双键易被氧化，氧化速率与二十二碳六烯酸类似，具有与花生四烯酸类似的抗氧化性能。③

芝麻油中不饱和脂肪酸含量为 81%—89%，其中，亚油酸含量为

---

① 黄玉华等：《芝麻中脂肪酸成分的 GC 分析》，《现代食品科技》2006 年第 2 期。
② 回瑞华等：《黑芝麻和白芝麻中脂肪酸组成的比较》，《食品科学》2009 年第 18 期。
③ 刘晓颖等：《芝麻脂肪酸成分的 GC-MS 分析》，《安徽大学学报（自然科学版）》2009 年第 6 期。

45.05%—48.64%、油酸含量为 36.64%—39.64%，多不饱和脂肪酸比例高于橄榄油。不饱和脂肪酸具有很高的营养价值，是人体不能合成的必需脂肪酸，对脂肪的消化、吸收和贮存以及在生理上都有其特别的意义，具有调节胆固醇，降低血栓形成和血小板凝固，防止动脉硬化、抗衰老、抗癌等功效。不饱和脂肪酸中的亚油酸还是理想的肌肤美容剂，人体缺乏亚油酸，容易引起皮肤干燥、鳞屑肥厚、生长迟缓和血管中胆固醇沉积等症状，故亚油酸又有"美肌酸"之称。芝麻还含少量的共轭亚油酸（CLA），CLA 是多不饱和脂肪酸中的一族特殊的成员，它对胃癌、动脉硬化、糖尿病、乳腺癌、皮肤癌有抑制作用，还能降低乳腺组织的脂质过氧化程度。

（二）维生素 E

芝麻油富含维生素 E，维生素 E 是具有抗氧化作用的脂溶性维生素，可以阻止体内产生过氧化脂质，从而有效地保护组织细胞的生物膜，改善周围血管血液循环，提高血流量，增加组织器官的血液营养作用，增强机体免疫功能，抵御有害物质对人体组织细胞的危害。维生素 E 能促进细胞分裂，推迟细胞衰老，常食可抵消或中和细胞内衰老物质的积累，起到抗衰老和延年益寿的作用。维生素 E 在护肤美肤中的作用更是不可忽视，它能促进人体对维生素 A 的利用，可与维生素 C 起协同作用，保护皮肤的健康，减少皮肤发生感染；对皮肤中的胶原纤维和弹力纤维有"滋润"作用，从而改善、维护皮肤的弹性；能促进皮肤内的血液循环，使皮肤得到充分的营养物质与水分，以维护皮肤的柔嫩与光泽。

（三）芝麻中的木脂素类化合物

木脂素是主要通过 p-羟基苯乙烯单体的氧化耦合而成，在植物中广泛存在，是一类小分子量次生代谢产物，在数百种植物的木质部、根、叶、花和果实中均有发现。近年来，人们发现芝麻种子中木脂素包括脂溶性的木脂素和含有配糖体的水溶性木脂素。脂溶性的木脂素有芝麻素、芝麻林素、芝麻酚、芝麻素酚、芝麻林素酚、P1、松脂醇及 sesangolin，目前鉴定出芝麻油中的挥发性成分吡嗪类、噻唑类、呋喃类、吡咯类为芝麻油中香味成分的主要物质。木脂素是芝麻籽中主要的抗氧化物质，总含量高达 1.5%—3.0%，与芝麻油的氧化稳定性有极大的关系。

芝麻素作为油溶性的木脂素，其含量差异可能与芝麻的品种、当地的气候及土壤种类差异有关，变化范围在 60.14—69.10mg/100g 之间。

芝麻素具有优良的抗氧化作用，有抗衰老、调节血脂、保护肝脏、降低血压、抗癌、调节免疫力、使头发黑亮等诸多生理功效。近年研究发现芝麻素能降低肝肿瘤的产生概率；舒张血管肌肉，增加血管直径，维持血压稳定；可抑制血胆固醇的合成与吸收；具有抗高血压及心血管肥大、降低胆固醇、抑制皮肤癌等功效。芝麻素还对细菌的抑杀作用显著，既可抑制细菌的生长，又有杀菌作用，但以杀菌作用为主。

Tsumoka 等的研究表明，芝麻素具有促进酒精代谢以及促进脂肪酸 β 氧化的效果，能排除酒精及化学物质，减轻乙醇及其代谢物对肝脏的损害，降低肝功能损伤，缓解肝脏脂肪变性，对肝脏具有保护功能。[①]

三、现代营养科学对芝麻油的评价

（一）抗氧化功能

Prasanthi 等发现芝麻油饮食能显著地降低 FEN 诱导的肝组织的氧化应激，抵消因 FEN 诱导产生的氧化损伤。Hsu 等观察了肠外芝麻油对脂多糖诱导的肝氧化应激的影响，结果显示，芝麻油降低脂质过氧化和羟基自由基，增加超氧化物歧化酶和过氧化氢酶活性，肠外香油还可以降低氧化应激水平、降低大鼠内毒素中毒后肝脏障碍。[②]

---

① Tsumoka N, et al. Modulating effect of sesamin, a functional lignan in sesame seeds. on the transcription levels of lipid and alcohol metabolizing enzymes in rat liver: a DNA microarray study. Biosci Biotechnol Biochem, 2005 (1).

② Prasanthi K, etal. Fenvalerate-induced oxidative damage in rat tissues and its attenuation by dietary sesame oil. Food and Chemical Toxicology, 2005 (43).

通过抗氧化功能，芝麻油还能起到对循环、神经由泌尿等系统和器官的保护作用。有人利用大脑中动脉闭塞（MCAO）诱导的大鼠脑缺血损伤模型，对膳食中的芝麻油的神经保护作用进行评价，观察到 MCAO 组（阴性对照组）抗氧化酶的活性降低、非酶抗氧化剂的浓度降低，脂质过氧化程度增加，大鼠 20% 的芝麻油饮食能够改善抗氧化状态，神经行为活动的结果也支持了研究的生化数据，结果表明，芝麻油通过其抗氧化作用保护了大鼠脑缺血造成的损害。

Hsu 等人探讨了芝麻酚对次氮基三乙酸铁（Fe-NTA）的诱导的小鼠急性肾损伤预防性保护作用，发现芝麻酚对于活性过氧化物的产生引起的相关急性肾损伤有保护作用，对 Fe-NTA 诱导的氧化应激进行保护。[1]

（二）对低密度脂蛋白氧化保护功能

低密度脂蛋白氧化修饰是动脉粥样硬化形成中重要的因素，对减缓疾病进展起到干预作用。芝麻素酚能有效降低由 2，2′-偶氮二异丁基脒二盐酸盐（AAPH）产生的过氧化氢自由基，完全抑制脂质过氧化过程中产生的二级产品 4-羟基壬烯醛（4-HNE）和丙二醛（MDA）的形成，并具有剂量依赖关系，是一种有效的抗氧化剂，能保护低密度脂蛋白被氧化。

Marzook 等研究了芝麻油对慢性暴露于电磁辐射的影响，结果表明芝麻油的摄入能提高 SOD 和 CAT 活性，且存在剂量关系，并且脂蛋白组分的被逆转，在高密度脂蛋白（运输胆固醇从外周组织到肝脏）显著提高，低密度脂蛋白（运送胆固醇的外周组织）下降明显。[2]

（三）抗炎作用

非酒精性脂肪肝是最常见的慢性肝脏病变，包括脂肪变性、非酒精性脂肪

① Hsu D Z, et al. The prophylactic protective effect of sesamol against ferric-nitrilotriacetate-induced acute renal injury in mice. Food and Chemical Toxicology，2008（46）.

② Marzook E, et al. Protective role of sesame oil against mobile base station-induced oxidative stress. Journal of Radiation Research and Applied Sciences，2014（7）.

性肝炎和肝硬化，非酒精性脂肪肝与肝癌的风险增加相关。Periasamy 等的研究表明，芝麻油通过降低炎症细胞因子、瘦素、转化生长因子和低氧化应激降低了胆碱缺乏饲喂造成的肝细胞的脂肪变性，对肝纤维化提供显著的保护作用。[1]

第二节　中国芝麻油的传统加工技艺

一、舂捣法

舂捣法是文献中所见最早的制油技术。在粒食阶段，中国主要的粮食如稻、谷、麦等都带硬壳或硬种皮，用杵臼类工具舂治脱皮是当时最基本的加工方法。以舂捣法制油，技术简便而且成本低，适合经济水平不高的小家庭自产自用，以"作烛"为例，油料种子只要捣烂即可，杵臼本来就普遍应用于一般的生产生活中，故不需要为此添置特别的生产工具。

明代《天工开物》中记载当时的朝鲜尚在使用这种方法生产芝麻油："朝鲜有舂法，以治胡麻。"但舂捣法仅适用于大麻子、芝麻、荏子等含油率高的油料，恰如宋人吕乔年所说："如油麻之为物，其中本有油，故一加砧杵则油便出，如使以杵舂米，虽如粉亦无油矣。"这种简单工艺出油率不高，也不适合进行大量生产。所以，当油料加工规模扩大后，舂捣油料融入了水代法和压榨法的加工流程，成为准备阶段的重要工序。

二、水代法

水代法是中国的一项传统制油技术，即将水加到经预处理后的油料中，利用非油物质对油与水的亲和力不同，以及油、水之间比重的不同而将油脂分离出来。水代法制油技术也比较适合小规模生产，对工具要求不高，如杵

---

[1] Periasamy S, et al. Sesame oil mitigates nutritional steatohepatitis via attenuation of oxidative stress and inflammation: a tale of two-hit hypothesis. Journal of Nutritional Biochemistry, 2014 (25).

臼或碾子、锅、勺之类都是普通人家日常所用，技术难度也不大，制取的油杂质少、纯度高。

明代宋诩《竹屿山房杂部》卷六《养生部六·芝麻油》记载以水代法取芝麻油："芝麻炒熟，研碎，入汤内煮数沸，壳沉于底，油浮于面，杓取去水收之，较车坊者更新香也。"卷十九《尊生部七·香头部·溷油》亦有："芝麻炒熟，令擂碎，入汤内煮数沸，壳沉于汤底，油浮于汤面，铜杓撇起，碗内澄去水脚，与车坊头醡者无异，其味无伪反为胜之。盖人家止有斗升不可入醡，则依此甚便。"但其不足之处在于没有压榨法的出油率高。

三、压榨法

压榨法制油原理是借助机械外力，将油脂从油料中挤压出来。压榨过程中发生的是物理变化，如物料变形、油脂分离、摩擦发热、水分蒸发等。压榨法何时出现虽然尚无直接的文献或考古材料来说明，但据有关榨取甘蔗汁以及笮糟取酒的技术，可推测汉晋至南北朝时期可能已有杠杆式的压榨工具。陶弘景《名医别录》载："荏……笮其子作油，日煎之。"又载"胡麻……以作油，微寒。"到唐代中期杠杆式油榨已经发展成熟，当时的榨油工序是先用"油蟆"包裹住油料，然后再置于榨木之下进行压榨，这种工具榨木在上，而油料在下，用力方向是从上往下压，故可推断出这种油榨是以杠杆原理构造的，压榨力很强。在稍后的农书《四时纂要》所列农事活动中，八月有"压油"。

唐代后期出现"打油"一词，可能与楔式榨的应用有关。宋代是榨油工具发展和普及的重要时期。宋代主要的几部官修字书中都收录了这个词："榨"。如《重修玉篇》："榨，侧嫁切，打油具。"《集韵》："榨，取油具。"至于这种"取油具"的具体形制，在元代王祯《农书》始有记载，分为"卧槽"与"立槽"两种。王祯《农书》中对卧式油榨的详细描述："用坚大四木，各围可五尺，长可丈余，迭作卧枋于地，其上作槽，其下用厚板嵌作底盘，盘上圆凿小沟，下通槽口以备注油于器。"

四、石磨法

王祯《农书》中记载了当时所创的制油新技术："今燕赵间创法，有以铁为炕面，就接蒸釜□项乃倾芝麻于上，执锨匀搅待熟入磨，下之即烂，比镬炒及舂碾省力数倍。"这种制油技术改进了"镬炒""舂碾"的工序，将炒过的芝麻直接入磨，提高了生产效率，所以王祯认为"南北农家岁用既多，尤宜则效。"至明代《天工开物》所说的"北京有磨法……以治胡麻"，即是指此。但这种磨法仅适用于容易出油的芝麻，故所用范围有限。《天工开物》中另记有一种"北磨麻油法"，称"以粗麻布袋捩绞"，似与上述的磨法不同。

第三节　中国芝麻油的历史文化

一、芝麻的引入种植

中国古代文献对芝麻来源的记载多指向西汉张骞出使西域时从胡地大宛引种的传说，故将芝麻称为"胡麻"，当时曾与稻、黍、稷等并列，5世纪陶弘景《名医别录》说："胡麻，八谷之中，惟此最良。"

传世文献最早记载芝麻的是西汉史游所撰的《急就篇》："麻谓大麻及胡麻也。"此外，芝麻在古文献中还有大量其他异名。据《太平御览》引《吴普本草》称"胡麻一名方茎，一名狗虱"。"芝麻"一词在唐代《四时纂要》已出现。

唐时文献中出现白芝麻的记载，《食疗本草》、《四时纂要》称之为"油麻"或"白油麻"，"油麻"一词到宋代的使用更趋普遍，宋罗愿《新安志》曰："油麻，胡麻也"。同一时期，"脂麻"一词亦行用于世，郑樵《通志》称："今之油麻也，亦曰脂麻。"元代"脂麻"一词成为通用说法，多见于文献。可见芝麻传入中国先后有了胡麻、方茎、油麻、脂麻等名称，而芝麻一名却是得之最晚的，大约宋代才有了这一名称。

芝麻传入中国，在改变中国食用油类型的同时，地理分布也随时代而表现出完全不同的变化。芝麻传入之初，凭借清香且出油率高的优势，迅速扩大传播范围，逐渐形成南北皆有种植的局面。从《齐民要术》与《荆楚岁时记》两部时代相近且分别来自南北方的著作记载来看，南北朝时期芝麻在黄河流域、长江流域都有一定地位。

《齐民要术》专篇提到种胡麻，北方各地广为种植，自不待说。《荆楚岁时记》也出现相关记载："今南人作咸菹，以糯米熬捣为末，并研胡麻汁和酿之，石笮令熟，菹既甜脆，汁亦酸美。"东晋末年桓玄攻荆州刺史殷仲堪，"仲堪既失巴陵之积，又诸将皆败，江陵震骇。城内大饥，以胡麻为廪。"这条记载与《荆楚岁时记》对应，再次证明了南北朝时期长江流域，特别是长江中游地带是胡麻的重要产区。"齐武帝永明元年，天下米谷布帛贱。上欲立常平仓市积为蓄，六年诏出上库钱五千万于京师市米、买丝、绵、纹、绢、布，扬州出钱千九百一十万、南徐州二百万，各于郡所市籴。南荆河州二百万市丝、绵、纹、绢、布、米、大麦，江州五百万市米、胡麻，荆州五百万、郢州三百万皆市绢、绵、布、米、大小豆、大麦、胡麻……"萧齐时代国家出资建常平仓，收购胡麻的主要地点仍在长江中游地带。

芝麻的南传不仅限于长江流域，唐段公路所撰《北户录》提到胡麻糖，由此看来岭南也有可能种有芝麻。南方种植芝麻，陆游诗中"胡麻压油油更香，油新饼美争先尝"，自然这是取籽榨油的功用了。榨油之外，南方还盛行胡麻饭。道家认为胡麻"味甘平，生山泽，治伤中虚羸，补五脏益气，久服轻身不老"，于是胡麻饭不仅通行于道家，也用于民间。

《太平广记》载有冯俊为一道士担物，至目的地"道士命左右曰：担人甚饥。与之饭食，遂于瓷瓯盛胡麻饭与之食"。另一故事为采药民柳二公掉入一洞，见人便"告之曰，不食已经三日矣。遂食以胡麻饭、柏子汤、诸菹，止可数日，此民觉身渐轻"。以上载于《太平广记》的神仙故事发生地点分别为江西庐山、四川青城山。

唐代诗人王维"一饭胡麻几度春，服之可为仙矣"，李白"举袖露条脱，招我饭胡麻"，胡宿"浊醪酿秫米，香饭炊胡麻"，曹勋"水云深处是吾家，饭有胡麻饮有茶"，至于苏东坡干脆写了篇题为《服胡麻赋》的文章，今天食谱中芝麻糯米甜食应与古代胡麻饭相差不多。唐宋诗人提及胡麻饭，不拘南北，与之相关的芝麻种植也应具有相似的地理分布。宋人庄绰总结各类油料作物首推芝麻，"可食与然（燃）者惟胡麻为上"，芝麻不仅食用，燃灯也为上乘，正是芝麻具有的优势，在种植空间扩展中成南北兼行之势。

二、中国芝麻油的历史

芝麻油初见于《魏志》，234 年，满宠与孙权交战以"壮士数十人，折松为炬，灌以麻油，从上风放火"烧掉孙权一方攻城的武器，迫使其撤走。满宠在仓促间能轻易收集到大量麻油，可知在 3 世纪时，芝麻油已可大量生产。

6 世纪时，芝麻已成为主要油料，关于芝麻油的食用情况在《齐民要术》中记载很多。《齐民要术》中关于芝麻的记载，除作为油料之外，还有其作为垦荒作物和绿肥的特点。"宜白地种"以及提到起作绿肥"其美与蚕矢熟粪同"，也说明当时在北方，属于农业大开发的时期，芝麻正是以这样的身份而被推广开。关于芝麻油的使用方面，6 世纪时主要的食用植物油就是芝麻油、荏油、大麻子油这三种。《齐民要术》称"荏油色绿可爱，其气香美，煮饼亚胡麻油，而胜麻子脂膏。麻子脂膏，并有腥气。"认为芝麻油的食用品质要比荏油和大麻子油好。

从《齐民要术》所记载的情形来看，在当时，炒、煎、炸、焖、凉拌等烹饪技术都已经出现。炒法应用的典型有现在日常生活中最常见的炒鸡蛋，书中称"炒鸡子法"，具体方法为："打破，着铜铛中，搅令黄白相杂。细擘葱白，下盐米、浑豉，麻油炒之，甚香美。"另有关于炒葱花的记载"细切葱白，着麻油炒葱令熟，以和肉酱，甜美异常也"。而书中以煎法如"作饼炙法"："熟油微火煎之，色赤便熟，可食。"

油炸食品的种类丰富，仅《饼法》篇就记载了"膏环""粔籹""寒具""蝎子""粲"等。有"缹瓜瓠法，先布菜于铜铛底，次肉，无肉以苏油代之。次瓜，次瓠，次葱白、盐、豉、椒末，如是次第重布，向满为限。少下水，仅令相淹渍。缹令熟。"还有"缹汉瓜法，直以香酱、葱白、麻油缹之。"这里所谓的"缹"其实就是油焖法。芝麻油是天然色拉油，所以当时做凉拌菜自然少不了它，如"作汤菹法：菘菜佳，芜菁亦得。收好菜，择讫，即于热汤中炸出之。若菜已萎者，水洗，漉出，经宿生之，然后汤炸。炸讫，冷水中濯之，盐、醋中。熬胡麻油着，香而且脆。"这显然是先将蔬菜焯熟，再以芝麻油凉拌的方法，与今日凉拌菜的做法无异。直到宋代，芝麻油是重要的食用油。据《梦溪笔谈》称："如今之北方人喜用麻油煎物，不问何物，皆用油煎。"

第十一章

中国阿胶

阿胶为马科动物驴的干燥皮或鲜皮经煎煮、浓缩制成的固体胶，是老少皆宜、滋补作用卓著、使用历史悠久的宝贵中药，至今已有2200余年的历史。阿胶属于药食两用之品，既是食品又是药品。阿胶又名驴皮胶（《千金方·食治》）、傅致胶（《神农本草经》）、盆覆胶（陶弘景）、九天贡胶（《水经注》），与人参、鹿茸并称"中药三宝"，是名贵中药，有"补血圣药"之称。

第一节 中国阿胶食养价值的科学评价

一、传统中医食疗学对中国阿胶的评价记载

阿胶味甘、性平，入肺、肝、肾经，有滋阴补血、润燥止血、安胎的作用。用于治疗血虚萎黄、眩晕心悸、肌痿无力、心烦不眠、虚风内动、肺燥咳嗽、咯血吐血、尿血便血、崩漏、妇女月经不调、妊娠胎漏等症。

《本草纲目》：阿胶为治疗吐血，衄血，血淋，血尿，肠风下痢，女人血痛血枯，经水不调，无子，崩中带下，胎前产后诸疾。男女一切风痛，骨节疼痛，水气浮肿，虚劳咳嗽喘急，肺痿唾脓血，及痈疽肿毒。和血滋阴，除风润燥，化痰清肺，利小便，调大肠。

《神农本草经》：味甘平。主心腹内崩，血脱之疾。……腰腹痛，四肢酸疼，血枯之疾。女子下血，安胎。养血则血自止而胎安。

《本草求真》：味甘气平质润，专入肝经养血。阿胶气味俱阴，既入肝经养血，复入肾经滋水。

《黄帝内经》：精不足者，补之以味。

《本草汇言》：培养五脏阴分不足之药。

《药性论》：坚筋骨。

《食疗本草》：治一切风毒骨节痛。

《本草纲目拾遗》：内伤腰痛，强力伸筋，添精固肾。

《汤液本草》：阿胶益肺气，肺虚极损，咳嗽唾脓血，非阿胶不补。仲景猪苓汤用阿胶，滑以利水道。《活人书》四物汤加减例，妊娠下血者加阿胶。

《本草经疏》：味者阴也，此药（阿胶）具补阴之味。阿胶，主女子下血，腹内崩，劳极洒洒如疟状，腰腹痛，四肢酸疼，胎不安及丈夫少腹痛，虚劳羸瘦，阴气不足，脚酸不能久立等证，皆由于精血虚，肝肾不足，法当补肝益血。经曰：精不足者，补之以味。味者阴也，此药具补阴之味，俾入二经而得所养，故能疗如上诸证也。血虚则肝无以养，益阴补血，故能养肝气。入肺肾，补不足，故又能益气，以肺主气，肾纳气也。今世以之疗吐血、衄血、血淋、尿血、肠风下血、血痢、女子血气痛、血枯、崩中、带下、胎前产后诸疾，及虚劳咳嗽、肺痿、肺痈脓血杂出等证者，皆取其入肺、入肾，益阴滋水、补血清热之功也。

《本草述》：阿胶，其言化痰，即阴气润下，能逐炎上之火所化者，非概治湿滞之痰也。其言治喘，即治炎上之火，属阴气不守之喘，非概治风寒之外束，湿滞之上壅者也。其言治血痢，如伤暑热痢之血，非概治湿盛化热之痢也。其言治四肢酸痛，乃血涸血污之痛，非概治外淫所伤之痛也。即治吐衄，可徐徐奏功于虚损，而暴热为患者，或外感抑郁为患者，或怒气初盛为患者，亦当审用。

《名医别录》：丈夫小腹痛，虚劳羸瘦，阴气不足，脚酸不能久立，养肝气。

综述以上记载，阿胶的食疗功能主要如下：

补益气血：李时珍强调阿胶的主要功用在于滋阴补血："阿胶为治疗吐血，衄血，血淋，血尿，肠风下痢，女人血痛血枯，经水不调，无子，崩中带下，胎前产后诸疾……圣药也。"《本草思辨录》称阿胶为"补血圣药"，说它是血肉有情之品，善于补血治血虚引起的各种病症。《本草求真》说阿胶"味甘气平质润，专入肝经养血"。

增强体质：《本草汇言》中说阿胶："培养五脏阴分不足之药。"《本草求真》中说："阿胶气味俱阴，既入肝经养血，复入肾经滋水。"中医所说的阴，指的是机体的主要物质成分。阿胶内含丰富的蛋白质，属动物类胶原蛋白，对人体有亲和力，对补阴养血有特殊的作用，清代著名医家叶天士称它为"血肉有情之品"、滋补"奇经八脉"之良药。比起其他草木类药物，阿胶的营养成分更适宜于人体的吸收利用，从而发挥补养的作用。服用阿胶，对"女子血枯，男子精少，无不奏功"。不管是男是女，其生长发育、起居劳作都有补充阴精的需要，宜于服用阿胶来滋补健身。

强心补肺：中医认为心主血，心的功能需要血的充养。阿胶为补血要药，经常服用阿胶，可以增强心功能。在众多的中医方剂中，以阿胶为主要成分的补肺阿胶汤、炙甘草汤、加减复脉汤等，均是著名的补心补肺的验方，在祛病强身中发挥着独特的作用。

强筋健骨：阿胶能补血生津，血能养筋，津液能润滑关节，充实骨髓、脊髓、脑髓，故能强筋健骨，流利关节，增加抗风湿能力。《药性论》说，服用阿胶可以"坚筋骨"；据《日华子本草》记载，阿胶可以治疗"一切风"；《食疗本草》称阿胶可"治一切风毒骨节痛"；《本草纲目》称阿胶可"治男女一切风痛，骨节疼痛"；《本草纲目拾遗》亦称阿胶可治"内伤腰痛，强力伸筋，添精固肾"。

善治血症：李时珍强调阿胶"大要只是补血与液"。廖希雍分析阿胶的功效时说："血虚则肝无以养，益阴补血，故能养肝气。入肺肾，补不足，故又能益气，以肺主气，肾纳气也。以之治疗呕血、衄血、血淋、尿血、肠风下血、血痢、女子血气痛、血枯、崩中、带下、胎前产后诸疾，及虚劳咳嗽、肺痿、肺痈、脓血杂出等症者，皆取其入肺入肾、益阴滋水、补血清热之功也。"贫血可表现为疲倦无力、面色苍白、心慌气短、失眠头晕等，取单味阿胶用黄酒炖服，即可取效，如与党参、黄芪、当归、熟地黄等补气养血药物同用，收效明显。

治病防病：《神农本草经》认为阿胶主治腰腹疼痛、四肢酸痛、妇女各种出血及胎产病症。《黄帝内经》说："精不足者，补之以味。"《本草经疏》称"味者阴也，此药（阿胶）具补阴之味。"所以劳损不足，出现腹痛绵绵、四肢酸痛、羸瘦体弱、腰膝酸软、头晕目眩、心悸失眠、久咳久痢等一切精血虚亏、肝肾不足之症，均可服用阿胶。阿胶补血，且能调治妇女的经、带、胎、产病症，故对于妇女月经不调、崩漏带下、滑胎、胎动不安及产后各种血虚病证，均可采用。医圣张仲景的《伤寒杂病论》中，记载了含有阿胶的著名方剂如芎归胶艾汤、黄土汤、炙甘草汤、大黄甘遂汤、黄连阿胶汤、猪苓汤等，用于治疗呕血、下血、心烦、失眠等病症。

二、中国阿胶的营养与功效成分

现代研究发现，阿胶由蛋白质及其降解产物、多糖类物质及其他小分子物质组成，其中蛋白质含量为60%—80%左右，含有赖氨酸、丝氨酸、丙氨酸等18种氨基酸（包括7种人体必需氨基酸）、27种微量元素。刘颖[1]等采用分级过滤法对分离出阿胶的有效成分进行测定，把阿胶的组成分为三部

---

[1]　刘颖等：《中药阿胶有效成分测定方法的研究》，《中医药信息》2001年第6期。

分。一是小分子部分，包括糖、无机盐、低级脂肪醇和酸等。二是大分子部分，主要是蛋白类物质。三是不溶性杂质。

驴皮中的主要蛋白质有三种：驴血清白蛋白、驴胶原蛋白 α_1（Ⅰ）型和驴胶原蛋白 α_2（Ⅱ）型，其中血清白蛋白的含量最高。

驴皮在化胶过程中的降解研究表明，化皮时间延长不会改变阿胶分子量分布，但其平均分子量随水解加剧而呈不断降低趋势；除了驴皮胶解聚外，还有小分子（由于糖链断裂）、低磺化（由于硫酸酯基水解）硫酸皮肤素生成。

阿胶的作用主要是阿胶所含的大量的蛋白质、氨基酸、微量元素共同协调完成的，对阿胶进行特殊处理，提取出的 pH<4 的酸性物质具有明显的抗凝及抑制溃疡的作用。[1] 王志海等分析了阿胶补血的有效组分，认为可能是干细胞微环境物质，即驴皮细胞外间质成分，具备异源诱导物质的特性，主要是胶原蛋白一级结构或一级结构的某些片段、糖胺多糖、纤维粘连蛋白和具有激素样性质的大分子糖蛋白物质。[2] 还有研究者利用亲和色谱法，从阿胶中分离得到了能与纤维连接蛋白结合的特异性多肽，并用液相色谱—质谱联用法对所得到多肽进行了分析，得到了多肽的肽段序列。[3] 该类多肽可能对与纤维连接蛋白相关的一系列疾病和生理功能具有潜在的治疗和调节功能。

三、现代营养科学对中国阿胶的评价

现代研究阿胶的药理作用广泛，如增加体内钙摄入量、促进造血功能、增强免疫、耐缺氧、抗辐射、抗疲劳、促进骨愈合、抗休克、耐寒冷、增强

---

① 朱新生等：《中药阿胶有效成分的实验研究》，《腐殖酸》1996 年第 3 期。
② 王志海等：《阿胶补血作用机理初探》，《山东中医杂志》1992 年第 3 期。
③ 刘涛等：《阿胶中特异性多肽的分离与液质联用分析》，中国物理学会质谱分会年会，2006 年 2 月。

记忆、抗哮喘、抗肿瘤等。

（一）补血养血的作用

阿胶养血补血效果明显，尤其用于血虚引起的疾病。据现代药理研究发现，阿胶对缺血性动物的红细胞、血红蛋白等有明显的促进作用，能够促进机体造血干细胞的增殖和分化，促进造血功能。[1] 给小鼠每日用阿胶液灌胃，连续 15 日，血虚模型小鼠血红蛋白（Hb），红细胞计数（RBC）水平显著提高。[2]

研究发现，阿胶补血软胶囊具有抗失血性贫血、抗溶血性贫血作用。[3] 阿胶补血膏可明显升高失血性贫血小鼠的红细胞和血红蛋白。阿胶补血口服液具有升高白细胞作用。复方阿胶浆可延缓和改善化疗相关性贫血，缓解患者的临床症状，提高患者生活质量，辅助顺利完成治疗。[4]

此外，阿胶能显著增加造血干细胞的数量，对照射小鼠造血干细胞的辐射有显著的保护作用。^{60}Co-γ 射线 700 伦辐射+苯腈致小鼠贫血实验，应用阿胶溶液，可使 Hb、RBC 压积显著增加。[5] 医学研究发现，阿胶在治疗晚期肿瘤患者化疗后引起的外周血血小板（PLT）减少症中有明显的刺激 PLT 再生的功能，能刺激骨髓造血干细胞，特别是巨核系祖细胞（CFu-Meg），并能提高骨髓外造血功能，可以减轻肿瘤化疗引起的血液毒性。

阿胶的补血作用机制，可能与促进正相造血细胞因子释放和抑制负相造血因子分泌有关。

吴宏忠等筛选出阿胶中分子量小于 5000 和 5000—8000 两种组分 A 和 B，运用辐射损伤小鼠模型研究后发现，这两个组分能够明显地升高贫血小

[1]　汝文文等：《阿胶补血机理的现代研究概况》，《中国药物评价》2013 年第 6 期。
[2]　庞萌萌等：《阿胶酶解液相对分子质量分布及其补血升白作用》，《中国实验方剂学杂志》2017 年第 12 期。
[3]　吴翠萍：《阿胶补血软胶囊的主要药效学研究》，郑州大学硕士学位论文，2012 年。
[4]　朱海芳等：《复方阿胶浆药理作用研究进展》，《中国药物评价》2013 年第 3 期。
[5]　夏丽英：《阿胶对造血功能的药理作用》，《中成药》1992 年第 1 期。

鼠外周血白细胞、红细胞数量和血红蛋白含量，减少射线对小鼠造血干/祖细胞的损伤，并推断阿胶活性组分对射线损伤小鼠的保护作用可能是通过增加机体自由基清除酶的表达、减少自由基对造血系统的破坏而实现的；两者的氨基酸含量除胱氨酸外，其余氨基酸含量 A 组分要低于 B 组分，两种组分均能促进贫血小鼠外周血白细胞和红细胞的升高，促进骨髓和脾造血干/祖细胞集落 BFU-E、CFU-E、CFU-GM 的增加，提高外周血 GM-CSF、IL-6、EPO 的含量，降低负相造血因子 INF-C、TGF-B 含量，刺激肝和肾 EPO 和 GM-CSF mRNA 表达。[1]

动物实验也证实，阿胶有提高红细胞和血红蛋白数量、促进造血功能的作用。同时还可提高血液中血小板含量，有助于止血。阿胶可以促进细胞再生，能迅速增加人体红细胞和血红蛋白的数量。阿胶与中药人参、熟地黄、山楂等合制而成的阿胶补浆，对贫血及白细胞减少等有一定的疗效，久服可补虚，使人强壮，益寿延年。阿胶与核桃肉、黑芝麻一并炖服，不但口感好，补益之功亦甚显著。阿胶配用桂圆肉、大枣，是老人补益精血的有效补膳。

（二）抗疲劳、耐缺氧的作用

相关实验研究表明[2]，阿胶有耐寒冷、抗疲劳、抗辐射、耐缺氧和提高机体免疫力功能的作用。用阿胶等多种中草药配伍制成的口服液能明显提高机体有氧和无氧耐力；增强机体对疼痛反应的抑制能力，促进运动性疲劳的消除。

阿胶能够显著提高动物的耐缺氧能力和耐寒能力。实验显示，阿胶可减轻肺血管的渗出性病变，长期服用可滋养肺阴，提高肺功能，增强防御呼吸道疾病的能力。阿胶可增强巨噬细胞的游走性和吞噬能力，因而有较强的抗感染能力；能对抗氢化可的松所致的细胞免疫抑制作用，对 NK 细胞有促进作用。

---

① 吴宏忠等：《阿胶有效组分对辐射损伤小鼠造血系统的保护作用研究》，《中国临床药理学与治疗学》2007 年第 4 期。
② 邸志权等：《阿胶补血、抗疲劳以及止血作用研究》，《药物评价研究》2018 年第 4 期。李辉等：《阿胶的活性成分及其对运动小鼠的抗疲劳作用研究》，《食品工业科技》2011 年第 8 期。王红林等：《阿胶益寿晶补气养血作用研究》，《河南中医药学刊》2002 年第 1 期。

姚定方①等用内毒素休克狗做实验，证明阿胶有明显降低血液黏稠度的作用，可改善微循环，使升高的动脉血压能较快地恢复到常态。

（三）对免疫系统的作用

小鼠实验表明，阿胶能提高机体特异玫瑰花率和单核吞噬细胞功能，对抗氢化可的松所致的细胞免疫具有抑制作用②。阿胶溶液可明显提高小鼠腹腔巨噬细胞的吞噬能力，提高小鼠的细胞免疫和体液免疫功能，对小鼠的免疫功能有正向调节作用。

（四）对钙代谢的作用

动物实验表明，给犬在基本饲料的基础上，若每日加服阿胶 30g，与不加者对比，可增加食物中钙的吸收率，可能是阿胶所含甘氨酸促进了钙的吸收。服阿胶者血钙浓度轻度增高，而凝血时间没有明显变化，认为阿胶有钙平衡作用。③

以阿胶为君药的组方有促进钙吸收的作用。由阿胶、生黄芪、川芎等组方的阿胶血钙平，能提高实验性骨质疏松大鼠血清钙、磷含量，降低碱性磷酸酶（ALP）活力。④ 以阿胶为君药，辅以黄芪、熟地等药材生产的阿胶钙口服液可提高血清和股骨的钙、磷含量，具有明显改善骨质密度的作用。

（五）对哮喘的作用

赵福东⑤等研究发现，阿胶可能具有抑制哮喘 Th2 细胞优势反应的作用，从而调节 Th1、Th2 型细胞因子平衡。同时，可减轻哮喘大鼠肺组织嗜酸性细胞炎症反应。

---

① 姚定方等：《阿胶对内毒素性休克狗血液动力学及微循环的影响》，《中国中药杂志》1989年第 1 期。
② 刘庆芳：《阿胶的药理研究进展》，《河南大学学报（医学科学版）》2003 年第 1 期。
③ 刘庆芳：《阿胶的药理研究进展》，《河南大学学报（医学科学版）》2003 年第 1 期。
④ 刘国华等：《阿胶血钙平的药理作用研究》，《中成药》1994 年第 8 期。
⑤ 赵福东等：《阿胶对哮喘大鼠气道炎症及外周血Ⅰ型/Ⅱ型 T 辅助细胞因子的影响》，《中国实验方剂学杂志》2006 年第 6 期。

（六）抗肿瘤作用

大量临床文献报道，阿胶具有一定的抑瘤和减毒增效作用。阿胶对细胞免疫有双向调节作用，对 NK 细胞的活性有较好的增强作用。NK 细胞在阻抑肿瘤的发生有双向调节作用。阿胶有促进健康人淋巴细胞转化，同时能提高肿瘤患者的淋巴细胞转化率，减轻患者症状。[①] 以阿胶为君药的复方阿胶浆，具有抗肺癌细胞增殖和诱导细胞凋亡的作用，并可改善肺癌、胃癌等实体瘤患者的愈后。

研究发现，阿胶对小鼠 S-180 肿瘤具有一定的抑制作用，抑瘤率达到 20.8%，能有效延长荷瘤小鼠的生存期，生命延长率达到 60%。复方阿胶浆对 5-FU 抗小鼠 H22 肝癌具有明显的化疗增效减毒作用。郑筱祥[②]等用大鼠的阿胶含药血清研究对体外培养的癌症放疗病人外周血淋巴细胞的影响。结果表明，阿胶能显著促进丝裂原诱导的淋巴细胞增殖，增加 Th1 细胞的比例，而对 Th2 细胞有抑制作用。

台湾阳明大学采用萃取方法从阿胶中获得脂质体类组分，对试管内肺癌细胞株、抗药性肺癌细胞株及淋巴白血癌细胞，测试表现出抗癌功效，对耐药细胞株的疗效强于对照药太平洋紫杉醇 80—100 倍[③]。

（七）扩张血管的作用

阿胶能防止兔耳烫伤后的血管通透性渗漏；对油酸造成的肺损伤有保护作用，对血管有扩容作用；缩短活化部分凝血酶原时间，提高血小板数，降低病变血管的通透性。对家兔灌喂阿胶溶液，取静脉血，观察凝血时间，显示阿胶能缩短家兔凝血时间，升高血小板数量。

（八）其他作用

阿胶含有的多糖成分，具有双歧因子的作用，能促进双歧杆菌的生长，

---

① 尤金花等：《阿胶及其疗效功能的研究进展》，《明胶科学与技术》2009 年第 4 期。
② 郑筱祥等：《东阿阿胶对体外培养的癌症放疗病人外周血淋巴细胞的影响》，《中国现代应用药学》2005 年第 4 期。
③ 尤金花等：《阿胶及其疗效功能的研究进展》，《明胶科学与技术》2009 年第 4 期。

维护机体微生态平衡的作用。阿胶还可加强巨核细胞的聚集，增强其活性，并可促进软骨细胞、成骨细胞的增殖及合成活性，加快软骨内骨化，促进骨愈合作用。阿胶作为预衬基质，不但可明显地改善种植内皮细胞在涤纶血管的贴壁率，而且有明显地促进内皮细胞增生作用，可作为一种较好的人工血管内皮细胞化预衬基质。此外，阿胶还能促进子宫内膜生长，改善子宫内膜容受性，有助于胚胎着床，从而提高临床妊娠率的作用。

第二节　中国阿胶的传统加工技艺

水。北魏郦道元的《水经注》称："东阿大城北门内西侧皋上有大井，其巨若轮，深六七丈，岁常煮胶以贡天府，本草所谓阿胶也。"清代陈修园说"东阿井水乃清济之水伏行地中历千里而发于此，其水较其旁诸水重十之一二不等，人之血脉宜伏而不宜见，宜沉而不宜浮，以之制胶正于血脉相宜也"。明朝的李时珍在《本草纲目》中也说东阿地下水"清而重，性趋下"，能"下膈疏痰止吐"。东阿水是由太行山与长江、淮河、黄河并称四渎的古济水潜流和泰山山脉的泉水溶入地下汇集而成，属低矿化度、重碳酸型饮用水，达到锌型、偏硅酸型、锶型等天然饮用矿泉水的标准。用此水熬制出阿胶，才能把油质、角质等杂质剔除干净，达到古代阿胶"黑如莹漆，光透如琥珀""真胶不做皮臭，夏月亦不湿软"的优良传统性状。

驴皮。正宗的阿胶需要用驴皮做原料。"驴皮，色黑入肾，能安胎养血"，药物功效更佳。中医理论认为，乌色属水，黑色入肾，乌驴皮滋补肾阴效果最强。清代著名中医陈修园在《神农本草经读》中写道："所以妙者，驴属马类，属火而动风，肝为风脏而藏血，取水火相济之意也。"如此制作出来的阿胶，则可以"借驴皮动风之药，引入肝经；又取阿水沉静之性，静以制动，风火熄而阴血生"。

生产工艺。传统阿胶熬制有 11 道工序：晾皮、刮皮、泡皮、铡胶、化皮、打沫、浓缩、凝胶、切胶、晾胶、擦胶。阿胶生产的整个工序缺一不可，并且每个工序都有严格的操作规程。在传统生产上，阿胶生产都是从每年阴历的 11 月份点火，到次年的 5 月份熄火，气温不能超过 28℃，而且要保持一定的湿度。现在的阿胶生产，虽然工艺大多是自动化，但整个生产工序不变，严格的制作工艺保证了阿胶的质量。

第三节　中国阿胶的历史文化

一、中国阿胶的发展史

据《周礼·考工记》记载，不同的胶有其独特的颜色："鹿胶青白，马胶赤白，牛胶火赤，鼠胶黑，鱼胶饵，犀胶黄。"对于胶的质量好坏也有一定的鉴别方法："凡相胶，欲朱色而昔。昔也者，深瑕而泽，紾而抟廉"。深瑕，即有纹理；紾，即成团块状；抟廉，即有棱角。红色有纹理，成团块状，有棱角者为好胶。同时，先人们发现胶的熬制要"鬻胶欲熟，而水火相得"。《考工记》成书于春秋初齐桓公执政时期。由此可见，早在春秋初期，人们对胶的品种、鉴别、熬制等方面就已经总结出了相当成熟的经验。而且，在《考工记》中还提到了"犀胶"。犀牛在中原大地的活跃只能是商周时期以及更远时代的事情，春秋之后已绝迹。

先民们在长期生活中发现，长时间地烹煮兽皮，其液汁可浓缩为一种黏稠物，干燥后坚固难破，所以先前的胶主要是用来制造弓弩以及黏结器物等，这在《孙子兵法》中有记载。后来人们发现，食胶可增强体力，治疗某些疾病，于是，胶就变成了一种药物。作为药用，早在长沙马王堆汉墓出土的古医帛书《五十二病方》中已有记载。《神农本草经》将其列为上品，以后历代本草均有论述。阿胶的生产原料也历经几代摸索、改良，逐渐形成了以驴皮胶作为主料的阿胶生产工艺。

先秦时，虽有了鹿胶、马胶、牛胶、鼠胶、鱼胶、犀胶等多种胶，却没有驴皮胶，也未有"阿胶"之名。至汉代《神农本草经》中方有"阿胶""傅致胶"之名，并记载说，"阿胶制作以牛皮为最"。南朝著名医药家陶弘景在《名医别录》中也明确记载"煮牛皮作之"。

唐代陈藏器在其所编的《本草拾遗》中记载"今时方家用黄明胶多为牛皮，本经阿胶也用牛皮，是二皮通用，然今牛皮胶制作不甚精，但以胶物者，不堪药用之，当以鹿角所作之，但功倍于牛胶，故鲜有真者，非自制造恐多伪耳"，"诸胶皆能疗风……而驴皮胶主风为最"。宋朝《重修政和经史证类备用本草》中亦有"造之，阿井水煎乌驴皮如常煎胶法"。可见，唐宋时期牛皮、驴皮胶已成两大主流，且认为驴皮胶药用好于牛皮胶，驴皮胶已占主导地位。

明代时，著名医药学家李时珍在其名著《本草纲目》中记载："大抵古方所用多是牛皮，后世乃贵驴皮。若伪者皆杂以马皮、旧革、鞍、靴之类，其气浊臭，不堪入药。当以黄透如琥珀色，或光黑如漆者为真。"文中所说的"黄透如琥珀色"的是牛皮胶，"光黑如漆者"是驴皮胶。李时珍又把黄明胶单列："阿胶一名傅致胶，煮驴皮作之。黄明胶即今水胶，乃牛皮所作，色黄明……"将阿胶与牛皮胶分离。明代时，阿胶的制作原料已以驴皮为主，有的明代本草著作甚至指出是黑驴皮。

清代时，《本草求真》《本草述钩元》《神农本草经读》《增订伪药条辨》等著作中都载：阿胶应以乌驴皮和阿井水制成，而把牛皮胶当作伪品。《中华人民共和国药典（2005年版）》已明确阿胶原料是驴皮，而牛皮制成的称黄明胶。驴起源于非洲及西亚，后扩散新疆、内蒙古一带，是汉代张骞通西域时把驴引进了中原地区。驴适应性好，繁殖力强，被农户广泛饲养，成为中原地区与牛、马、猪、羊同等重要的家畜之一。

二、中国阿胶的产地解析

东汉的《神农本草经》已有阿胶的记载，但没有产地。梁《名医别录》中有阿胶"生东平郡，出东阿"的记载，说明阿胶的原产地在东阿。《本草经集注》中亦有"出东阿,故曰阿胶"。南北朝时著名的医药学家、道学家陶弘景在他的《名医别录》中曾说过:"阿胶,出东阿,故名阿胶。"《本草纲目》中也有"阿胶本经上品,弘景曰:'出东阿,故名阿胶'"一说。清朝时期的阿胶产地是在东阿镇,用狼溪河的水制备而成;清代中叶,除东阿镇外,在浙江、河南等地也出现了阿胶的生产。

明末清初,阿胶业在山东东阿几乎达到了"妇幼皆知煎胶术"的鼎盛时期,随之也出现了一些规模较大的制胶作坊——"邓氏树德堂""涂氏怀德堂""于氏天德堂""王氏景春堂"等十几家店堂,东阿镇成了闻名遐迩的"中国阿胶之乡",并与景德镇、茅台镇齐名为"中国三大特产之乡"。

清朝阿胶作为贡品进贡皇帝。《水经注》记载"岁尝煮胶以贡天府"。当时,清朝皇家每年均派钦差来东阿,监督购买、放养数头黑驴,冬至时,宰杀取皮,煮熬成汁后切胶成长方块状,干后进贡朝廷,因此阿胶又有"九天贡胶"之称。江浙一带自清朝起就派人到东阿镇、阿城镇两处学习熬胶技术。清《本草纲目拾遗》中载:"近日浙人所造黑驴皮胶,其法一如阿胶式,与东阿所造无二。"

1810年,岳家庄张顺最先开办"和顺堂",年产1000kg阿胶,销往祁州、济宁、江浙一带。后来,岳家庄又有"宏济堂""德成堂""魁兴堂""同兴堂""延年堂""庆余堂""玉春堂""同和堂"等17家作坊。1841年,各堂重刊了阿胶说明书,由生产加工开始转向经营,外地来购者"每岁络绎不绝,南北行销数十万元"。1860年,阿胶生产开始转向济南,岳家庄在济南东流水街开办"宏济堂",其中"宏济堂"盛时年产阿胶60000kg。岳家庄的阿胶1914年在山东物品展览会上获优褒奖金牌,1915年获巴拿马国际博览会"金龙奖",1919年获南京政府卫生部甲质奖,1933年在实业部国货陈列馆3周年纪念会上获得全国出口货品超等奖。

阿胶在山东、河北、河南、北京、吉林、湖南、安徽、黑龙江、甘肃、内蒙古、辽宁等都有生产，以山东产量最大，约占总产量的 80% 以上，2006 年 9 月 26 日，阿胶首次获准加拿大卫生部的中药产品 GMP 证书注册，从而进入了加拿大的药品市场。从 2007 年冬至开始，东阿阿胶每年都举办"中国冬至膏滋节暨东阿阿胶文化节"，对"上品"和"圣药"进行声势浩大的纪念与重塑。2009 年 6 月 11 日，东阿阿胶制作技艺正式进入第三批国家级非物质文化遗产目录。

三、中国阿胶的相关传说

（一）曹植与阿胶

魏明帝太和三年十二月，曹植在母亲卞太后关照下，从雍丘迁至东阿，做县太爷。曹植初来东阿时，骨瘦如柴，身体很差，善良的东阿人就给他吃阿胶，结果身体就慢慢地好起来了。他很感激东阿阿胶，于是感念而作《飞龙篇》："授我仙药，神皇所造。教我服食，还精补脑。寿同金石，永世难老。"曹植诗中的仙药，指的就是阿胶。

（二）武则天与阿胶

武则天是中国历史上唯一的女皇帝，她天生丽质、美白红润。在当上皇帝后，宫中御医经常给她服用阿胶、黑芝麻等制作的"美白如玉汤"，保持她的青春美丽。《新唐书》在写到晚年武则天时亦有"太后虽春秋高，善自涂泽，令左右不悟其衰"。当时，女子以丰腴婀娜为美，阿胶也成了宫廷御品。

（三）朱熹与阿胶

南宋著名理学大师朱熹，其孝顺之德尽人皆知。朱熹的老母亲时常生病，体质很差。一次，他到达山东境内，见到很多老人不仅高寿，且面色红润，声音洪亮，步伐稳健，完全不像年纪已近百岁的老人。从当地人口中得知，此乃东阿阿胶所赐。朱熹赶紧给老母亲运回大量东阿阿胶，并附信一封（史书有翔实记载《朱子文集》）："慈母年高，当以心平气和为上。少食勤餐，果蔬时伴。阿胶丹参之物，时以佐之。延庚续寿，儿之祈焉。"其言切切，其心拳拳，于日常闲话之中传达出其至孝之心。

（四）郑和与阿胶

郑和下西洋时，"欲耀兵异域，示中国之富强"。他驾驶的宝船之上除了丝绸瓷器外，还有中药材，其中就有阿胶，这是阿胶出口海外的最早记载。阿胶还治好了郑和的消渴病。

（五）何良俊与阿胶

明代著名的戏曲理论家、藏书家何良俊在其著作《清森阁集》中写道："万病皆由气血生，将相不和非敌攻。一盏阿胶常左右，扶元固本享太平。"提出了阿胶扶元固本的效用。

（六）慈禧与阿胶

清代咸丰皇帝晚年无子，懿贵妃好不容易怀了孕，又不幸患了血症，虽四方寻医问药，仍无起效，胎儿几将不保。恰逢户部侍郎陈宗妫为山东东阿县人，他将本地邓氏树德堂药店生产的阿胶献给皇上和懿贵妃，懿贵妃服用此药后，血症得愈并保住了胎元，足月生下了一男孩，即六年之后的小皇帝同治，懿贵妃母以子贵，成为慈禧太后。慈禧从此对阿胶情有独钟，笃信不疑，终身服用。今故宫博物院中犹陈列有当时宫廷所用阿胶。

（七）曾国藩与阿胶

据《曾国藩家书》载，在外为官的曾国藩经常会给家里寄一些日常用品，其中重要的两项，几乎每次都会出现，那就是阿胶和母亲用的东西。以下均为《曾国藩家书》记载：

> 曾受恬自京南归，余寄回银四百两、高丽参半斤、鹿胶阿胶共五斤、闱墨二十部，不知家中已收到否？① 兹因金竺虔南旋之便，付回五品补服四付，水晶顶二座，阿胶二封，鹿胶二封，母亲耳环一双。竺虔

---

① 《曾国藩家书》第35卷。

第十二章

中国火腿

中国火腿选用带皮、带骨、带爪的鲜猪肉后腿作为原料，经修割、腌制、洗晒（或晾挂风干）、发酵、整修等工序加工而成。中国火腿作为名贵的腌制品，经历代发展和改良，形成了独特的味道和生产方法。美、意、德等国也产火腿，但其香气和滋味都与中国的火腿有很大的差异。中国的浙、鄂、滇、黔、皖、川等省都产火腿，品种很多，分类形式也很多，如按火腿成品外形可分为竹叶形的竹叶腿、琵琶形的琵琶腿、圆形的圆腿、方盘形的盘腿、月牙形的月腿等；按历史形成区域划分可分为南腿、北腿、云腿，即通常我们所说的三大名火腿。

第一节 中国火腿食养价值的科学评价

一、传统中医食疗学对中国火腿的评价记载

传统中医学认为，火腿味咸甘，性平，有健脾开胃、生津益血之功效；具壮肾阳、增食欲、固骨髓、健足力和愈创口等功用，可治心虚劳心悸、脾虚少食、胃口不开、久泻、久痢等症。

《纲目拾遗》说火腿"和中养肾、养胃气、补虚劳"。"久泻，陈火腿脚爪一个，白水煮一日，令极烂，连汤一顿食尽，即愈。多则三腿。"

《重庆堂随笔》一书指出，火腿是病后、产后、虚人调补的上品。《随息居饮食谱》书中指出："以食代药"，称火腿"补脾开胃，滋肾生津，益血气，充精髓，治虚劳怔忡，止虚痢泄泻，健腰脚，治漏疮。"赞火腿味甚香美，甲于珍馐，养老补虚，洵为佳品。

二、中国火腿中的营养组分评价

（一）蛋白质、氨基酸和肽

火腿是优质蛋白的良好来源。据分析，每百克火腿肉中，蛋白质含量达到 30 克以上。火腿经过腌制发酵分解，蛋白质在酶的作用下水解，产生大量的肽和游离氨基酸等小分子物质，更易被人体消化吸收。火腿中氨基酸种类达到 18 种，其中包括 8 种必需氨基酸。

分析表明，宣威火腿内含 19 种氨基酸，其中含 8 种人体不能合成的必需氨基酸，此外还有 11 种维生素、9 种微量元素。乔发东[1]的研究发现，宣威火腿半膜肌和股二头肌干物质中的游离氨基酸含量分别为 5922.18mg/100g、10475.83mg/100g。王金浩[2]等发现，在腌制过程中，宣威火腿肌肉中游离氨基酸的含量呈现持续上升趋势。王嫒嫡[3]在宣威火腿肌肉中检测出 18 种氨基酸，必需氨基酸含量丰富，火腿成熟时间的延长，并不会导致必需氨基酸的减少。

张亚军[4]测得金华火腿有 15 种游离氨基酸，其总量是新鲜肉的 4.2 倍，是咸肉的 1.93 倍。同时发现，金华火腿在加工过程中，产生了大量的低分

[1]　乔发东：《宣威火腿标准化生产与品质改良技术研究》，中国农业大学博士学位论文，2004 年。

[2]　王金浩等：《宣威火腿加工过程游离氨基酸变化规律研究》，《食品安全质量检测学报》2015 年第 11 期。

[3]　王嫒嫡：《不同成熟时期宣威火腿品质及营养的研究》，大连工业大学硕士学位论文，2016 年。

[4]　张亚军：《金华火腿蛋白降解与其品质的关系》，浙江大学硕士学位论文，2004 年。

子量、极性较强的蛋白和多肽。火腿中含有的多种氨酸酸肽，具有抗氧化性，能预防脂质过氧化和自由基氧化。

王娟[1]在金华火腿晒腿阶段分离到 43 种小肽，成熟中期分离到 46 种主要小肽，成熟后期分离到 63 种主要小肽，这些小肽吸收速率快，还能赋予金华火腿独特的风味。

（二）脂肪和脂肪酸

火腿中含有适量的脂肪，脂肪含量与火腿的品种和原料有关，但即食火腿切片平均总脂质含量差异不大。火腿中脂肪和磷脂的水解、脂肪酸的氧化，是脂类物质形成风味的基础。

火腿中的脂类包括甘油三酯、磷脂、胆固醇、游离脂肪酸等。在加工过程中，火腿中的脂肪经过酶的作用，产生大量的游离脂肪酸。金华火腿在初加工的 5 个月中，磷脂水解强烈，产生丰富的游离脂肪酸。陈旭[2]研究发现，金华火腿晾挂发酵过程中，火腿饱和脂肪酸、单不饱和脂肪酸、多不饱和脂肪酸含量呈现一定的变化趋势。总体来看，饱和脂肪酸含量先升高后下降，单不饱和脂肪酸含量先下降后上升，多不饱和脂肪酸比例呈减少趋势。

施忠芬[3]等用 GC-MS 法测得宣威火腿肌间脂肪中含 11 种饱和脂肪酸、15 种不饱和脂肪酸，分别占总脂肪酸的 34.75%和 64.78%；主要的脂肪酸为油酸、棕榈酸、硬脂酸、亚油酸，含量分别为 33.44%、23.37%、8.44%、20.55%。皮下脂肪中含 11 种饱和脂肪酸、15 种不饱和脂肪酸，分别占总脂肪酸的 36.23%和 63.47%；主要的脂肪酸油酸、棕榈酸、硬脂酸、亚油酸含量分别为 31.47%、21.90%、11.13%、22.39%。

① 王娟：《金华火腿中小肽的分离纯化及表征》，河南农业大学硕士学位论文，2012 年。
② 陈旭：《金华火腿晾挂发酵阶段抗氧化活性及风味的研究》，上海应用技术学院硕士学位论文，2015 年。
③ 施忠芬等：《GC-MS 法测定宣威火腿中脂肪酸组成》，《食品与发酵工业》2012 年第 9 期。

（三）维生素与矿物质

火腿中的维生素种类较多，含量丰富，主要包括维生素 B_1（硫胺素）、维生素 B_2（核黄素）、维生素 B_6、维生素 B_{12} 和烟酸等 B 族维生素以及维生素 A、D、E 等脂溶性维生素。据测定，火腿中硫胺素含量可达 0.57—0.84mg/100g，核黄素含量达到 0.20—0.25mg/100g，维生素 E 的含量在 0.08—0.67mg/100g 之间，最多可达 1.5mg/100g。丰富的维生素有助于抑制脂肪的氧化，抑制亚硝胺的形成，减少亚硝胺对人体的危害。

火腿中矿物质的含量丰富，是食物中铁和锌的良好来源，同时含有丰富的磷、钾、镁、硒等元素。传统干腌火腿中，食盐的含量高，有助于抑制微生物的生长，防止腐败。

（四）风味物质

火腿独特的风味主要是由于其中含有的风味物质，主要为酯类、肽类、醛类、胺类、杂环类等物质。郇延军[1]等对不同等级的金华火腿的股二头肌进行风味物质的测定，结果在四级火腿中共检测到 116 种成分，这其中包括烷烯烃、芳香烃、醇、醛、酮、酸、酯、萜烯类、含氧杂环化合物、含氮杂环化合物、含硫化合物、酰胺类物质和胺类物质。

章建浩[2]等对金华火腿一、二品级后熟 6 个月样品的风味物质进行检测，一、二品级火腿肌肉和脂肪中分别检出 77 种和 80—82 种挥发性物质，其中醛、羧酸、醇、酯四类为主要挥发性风味物质，火腿皮下脂肪的挥发性风味物质比肌肉更丰富。

宋雪[3]对宣威火腿的香气成分进行鉴定，共得到 31 种风味化合物，其中烷烃类 4 种、醛类 8 种、酮类 6 种、醇类 2 种、酸类 6 种、酯类 1 种、芳

---

① 郇延军等：《不同等级金华火腿风味特点研究》，《食品科学》2006 年第 6 期。
② 章建浩等：《干腌火腿品级风味品质指标分析研究》，《食品科学》2005 年第 9 期。
③ 宋雪：《金华火腿和宣威火腿风味品级研究》，上海海洋大学硕士学位论文，2015 年。

香类化合物 3 种、其他化合物 1 种。何洁①等运用动态顶空制样和气相色谱—嗅闻/气—质联机法，对宣威火腿的挥发物进行分析，鉴定出 42 种香味活性化合物。宣威火腿重要的香味活性化合物是 3-甲基丁醛、己醛、3-甲硫基丙醛、1-辛烯-3-酮、辛醛。

第二节　中国火腿的传统加工技艺

南宋陈元靓的《事林广记》中收有"造腊肉法"，其制作方法与火腿制作方法无异。宋朝著名诗人苏轼也曾亲自制作过火腿："火腿用猪胰二个同煮，油尽去。藏火腿于谷内，数十年不油。"

元代的《居家必用事类全集·饮食类》中收录有"婺州腊猪法"，详细记载了"婺州"即金华腊肉的腌法，较宋代又有新发展。

明初的《易牙遗意》中收录有"火肉"的制作方法："以圈猪方杀下，只取四只精腿，乘热用盐，每一斤肉盐一两，从皮擦入肉内，令如绵软。以石压竹栅上，置缸内二十日，次第翻三五次。以稻柴灰一重间一重垒起，用稻草烟熏一日一夜，挂有烟处。初夏水中浸一日夜，净洗，仍前挂之。"明代的《饮馔服食笺》《宋氏养生部》中亦有"涂以香油，熏以竹枝烟不生虫"制作"火肉"的方法记载。

正式的"火腿"之名，最早见于明代沈德符的《野获编》。《野获编补遗·光禄官窃物》中记载："万历十八年（1590 年），光禄寺丞茅一柱盗署中火腿，为堂官所奏，上命送刑部。"

《食宪鸿秘》中收录有"金华火腿"制法："每腿一斤，用炒盐一两，草鞋捶软套手（恐热手着肉易败），止擦皮上，凡三五次，软如绵。看里面精肉盐水透出如珠为度。则用椒末揉之，入缸，加竹栅，压以石，旬日后，

---

① 何洁等：《宣威火腿中香味活性化合物的分析》，《食品科技》2008 年第 10 期。

次第翻三五次，取出，用稻柴灰层叠叠之。候干，挂厨近烟处，松柴烟熏之，故佳。"

第三节　中国火腿的历史文化

一、中国火腿的历史发展

中国的火腿始于唐，兴于宋。唐朝开元年间陈藏器所著《本草拾遗》中有："火骽（同腿），产金华者佳"的记载，可断定唐开元元年（713年）以前，已有火腿出产。

在南宋法医宋慈著的《洗冤录》中，有治箭头不出，用到"火肉"的记载。"火肉"为"腌熏"之肉，当为火腿。《武林旧事》记载，绍兴二十一年（1151年）十月，家住杭州的南宋名将张俊在府邸宴请宋高宗时，在御筵菜单上，就有脯腊一行。

自明朝以后，火腿历代都被列为供品和补品。清代王士雄所著《随息居饮食谱》载："兰熏（一名火腿）甘咸温，补脾开胃，滋肾生津，益气血，充精髓，治虚劳怔忡，止虚痢泄泻，健腰脚，愈漏疮，以金华之东阳冬月造者为胜，浦江、义乌稍逊……"

《本草纲目》重订本《拾遗卷九兽部》载："兰熏俗名火腿，出金华者佳，金华六属皆有。唯出东阳浦江者更佳，其腌腿有冬腿春腿之分，前腿后腿之别，冬腿可久留不坏，春腿交夏即变味，久则蛆腐难食，又冬腿中独取后腿。以其肉细厚可久藏，前腿未免较逊……以金华冬腿三年陈者，煮食香气盈室，入口味甘酥，开胃异常，为诸病所宜。"

《调鼎集》中指出火腿"金华为上，兰溪、东阳、义乌、辛丰次之。"清代名医王秉衡历经47年编著的《重庆堂随笔》一书中说：兰熏，一名火腿，和中养胃，补肾生津，益气息，充精髓，治虚劳怔忡，止虚痢泄泻。并指出：火腿又名南腿，盖以南产者为胜。然南产者惟金华、东阳为良。

清朝时，火腿食用非常普遍，做冷菜、热菜、汤菜，当主料、做配料，提鲜效果良好。在《食宪鸿秘》一书中，除详细介绍火腿的制作与检验方法外，还载有八九种火腿烹制法，如熟火腿、糟火腿、煮火腿、辣拌法等。清代著名的"满汉全席"中就有"金华火腿拼龙须菜""鱼肚煨火腿""火腿笋丝"等。乾隆下江南到扬州、苏州、杭州时，膳食中多次上了糟火腿、猪肉火熏豆腐馅包子、火熏丝摊鸡蛋、火腿鸡、酒炖火熏、燕笋火熏鸭子、鸭子火熏撺豆腐热锅、虾米火熏白菜等。在小说《红楼梦》中写到的菜肴，也有不少火腿菜，如"火腿炖肘子""火腿鲜笋汤""火腿白菜汤"等。

火腿菜，顾名思义就是火腿或火腿与其他原料烹调而成的佳肴美味。各大菜系中有不少的火腿菜，如浙菜中的"火腿蚕豆""火踵蹄髈"，徽菜中的"火腿炖鞭笋"，苏菜中的"金腿脊梅炖腰酥"，杭州的"薄片火腿"，云南的"酥烤云腿"，温州的"金腿猴蘑"等火腿佳肴，别具风味。

二、中国火腿与名人轶事

火腿自问世以来，经历近千年历史发展，许多历史名人如李渔、吴敬梓、曹雪芹、泰戈尔、鲁迅、陈望道、郁达夫、梁实秋、徐铸成等，都对火腿情有独钟，结下深厚的情缘。

（一）泰戈尔与金华火腿

1924年，印度大诗人泰戈尔访问中国。这位世界大文学家受到中国进步思想家、诗人林长民等的接待，梅兰芳、梁启超等作陪，宴席上的"火腿鸡丝方饺"等菜点，深得客人的赞赏，称其鲜香味美，泰戈尔还问起了金华火腿的制作，成了中印友谊的一段佳话。

（二）梁实秋与金华火腿

梁实秋在散文《雅舍谈吃》中有一篇文章专门写火腿。字里行间，把火腿写得鲜美无比。他称赞火腿："瘦肉鲜明似火，肥肉依稀透明，佐料下饭为无上妙品。"并慨叹道："至今思之，犹有余香。"文末，还记述了一则有趣的真实故事："有一次，得到一只真的金华火腿，瘦小坚硬。大概是收藏有年，菁清持往熟识商肆，老板惊叫'这是道地的金华火腿，数十年不闻此味矣！'他嗅了又嗅，不忍释手，要求把爪尖送给他，结果连蹄带爪都送给他了。他说回家去要好好炖一锅汤吃。"

（三）鲁迅与金华火腿

鲁迅先生十分爱吃金华火腿，吃过贡腿"雪舫蒋腿"，也曾品尝过云南火腿，并作了品评。在生活上，鲁迅不仅会烧菜，而且还是做"清炖火腿"的能手。1929 年，他从上海回北平探亲，就亲手做了"清炖火腿"，并对家里人吃火腿"千篇一律总是蒸"的做法，感到惋惜。鲁迅在北平生活时，时常自己亲手做"干贝炖火肉"招待朋友。

（四）宗泽与火腿

相传，宋代抗金民族英雄宗泽是火腿业的祖师。当年，他从前线回到家乡浙江义乌，常买些猪肉请乡亲们腌制起来，带出去作行军露餐之用，将士们吃起来格外香美，视之为"家乡肉"，"家乡肉"也因此成了火腿的前身。传说，当时皇帝下旨要文武百官带一样山珍海味来朝贡，宗泽献了几只家乡上好的咸猪腿。皇帝和文武官员尝到咸猪腿肉，赞不绝口。因咸猪腿的肉味道独特，色泽鲜红如火，故赐名"火腿"。

（五）郁达夫与火腿

近代著名作家郁达夫在 1927 年大革命失败后，曾移居杭州，过了一段隐士生活。照他自己后来的说法，那时"火腿蒸豆腐"的雅号叫"荤素双全"，几片薄薄的火腿，再加上点蔬菜，确是既省钱又"营养合理，是经济打发日子的好办法"。他游金华北山双龙三洞，对北山整理委员会招待吃金华火腿极为高兴。据说，后来他流亡到东南亚，更爱吃家乡浙江来的金华火腿。

（六）纪晓岚与火腿

清人梁章钜《归田琐记》有一则《纪文达师》，记载纪晓岚的趣事。里面说到，纪晓岚特别能吃肉，而且只吃肉不吃主食。纪晓岚"平生不谷食，面或偶尔食之，米则未曾上口也"，吃饭经常就是一盘猪肉、一壶茶。有一次，一个客人见纪晓岚的仆人捧上一盆火腿肉，约三斤许，纪晓岚边聊边吃，一会儿工夫吃到精光。火肉"三斤许"，就是三四斤火肉（火腿）。

（七）卓琳与宣威火腿

1935年，中国工农红军九军团及红二、六军团长征路过宣威，宣威火腿既是肉又含食盐，深受红军官兵喜爱，宣威火腿为红军走过漫漫长征路补充了营养。邓小平夫人卓琳的祖籍云南宣威，1916年生于离宣威县城2公里之遥的普家山村，父亲浦在廷曾是宣威赫赫有名的民族资本家，经营闻名遐迩的宣威火腿。

三、中国火腿的诗词歌赋

南宋著名诗人杨万里在杭州写过一首《吴春卿郎中饷腊猪肉戏作古句》诗："老夫畏热不能饭，先生馈肉香倾城。霜刀削下黄水精，月斧斫出红松明。君家猪肉腊前作，是时雪没吴山脚。公子彭生初解缚，糟丘挽上凌烟阁。却将一脔配两螯，世间真有扬州鹤。"

明人张岱《浦江火肉金华》："至味惟猪肉，金华早得名。珊瑚同肉软，琥珀并脂明。味在淡中取，香从烟里生。雪芽何时动，春鸠行可脍。"

清代林苏门的"一串穿成粽，名传角黍通。豚蒸和粳米，白腻透纤红。细箬轻轻裹，浓香粒粒融。兰江腌醢贵，知味易牙同"。此诗写尽了"火腿肉粽"的妙处。

四、中国火腿名品

浙江金华火腿、云南宣威火腿、江苏如皋火腿并称中国三大名火腿，其加工工艺各异，风味各不相同。

（一）金华火腿

金华民间腌制火腿始于唐代。唐代开元年间，陈藏器在《本草拾遗》中就载有"火腿，产金华者佳"。也有传说，金华火腿是南北宋时期的抗金英雄宗泽发明的，因进贡康王，获赐"火腿"之称，进而名扬天下。元代时，金华火腿传入欧洲，今意大利火腿尚具中国传统火腿的特色。明朝时，金华火腿已成为金华乃至浙江著名的特产，并列为贡品。清时，浙江内阁学士谢墉将金华火腿引入北京。清末，金华火腿已远销日本、东南亚等地。从20世纪30年代开始，金华火腿又畅销英国和美洲等地。

金华火腿以色、香、味、形"四绝"驰名中外。据《义乌市志》记载，1915年，义乌火腿商陈知庠携带打着"金华"旗号的火腿漂洋过海，敲开了美国旧金山世博会的大门。在评比中，陈知庠参展的金华火腿获得了为数不多的金奖。从此，金华火腿名扬海内外，成为义乌最早出口到日本、新加坡等国家的产品之一，火腿一度脱销。随后，东阳、兰溪、浦江、永康、金华等地农家腌制火腿成风，统称金华火腿。

1929年，金华火腿荣获首届西湖博览会火腿产品优等奖。1988年，获全国首届食品博览会金奖；1994年，金华"宗泽"牌火腿被评为全国中式火腿第一名。

正宗的金华火腿，是用身躯小巧、细皮嫩肉的金华当地"两头乌"猪作原料。成品形似琵琶，皮薄肉细。剖开后，精肉细致，嫣红似火；肥肉透明，赛似水晶；不咸不淡，香气扑鼻。屠宰也很有讲究，一猪一汤；仅取两条后腿，修割成琵琶状，加工成的标准腿一般为6—9斤。

金华火腿生产周期长达8个月，其主要加工工序为选料、修坯、腌制、洗刷、晒腿、发酵、落架堆叠、成品。传统工艺生产时，必须在冬季开始加工，尤其是在立冬（11月上旬）至次年立春（2月上旬）之间开始加工为最好。切下的鲜猪腿在6℃—10℃、通风良好的条件下，放置12—18小时，然后鲜腿进行修整，即"修坯"。修坯时，先用刀刮去皮面的残毛和污物，使皮面光洁。然后用削骨刀削平耻骨，修整坐骨，斩去脊骨，削去腿面部分皮层，使部分肌肉外露，再将周围过多的脂肪和附着肌肉表面的碎肉割去，将鲜猪腿修整为琵琶形，腿面平整。

修坯后，把食盐撒布在猪腿上，进行腌制。整个腌制过程在 10℃ 以下进行，约需 1 个月，一般擦盐 6—7 次。腌好的火腿，放入清水中浸泡一段时间并进行洗刷。洗刷完毕，将火腿挂在晾腿架上晾晒，一般冬天晒 5—6 天，春天晒 4—5 天，以晒至皮紧而红亮出油为度。

晾晒好的火腿以绳子扎结，悬挂于库房中的分层木架上，火腿间彼此相距 5—7cm，上、下、左、右、前、后之间不能相碰，使之通风。在这个过程中，微生物大量生长繁殖，并对肉中的成分如蛋白质、脂肪等进行分解，形成火腿特有的风味和营养。一直到夏季中伏发酵结束，落架。

（二）宣威火腿

宣威火腿是云南省著名地方特产之一，因产于宣威而得名，是"云腿"中的著名产品，也是中国三大名腿之一。宣威火腿的生产、加工历史悠久，但究竟起源于何时，已难详其考。但据推测，明朝时即有宣威关，清朝雍正五年（1727 年）设置宣威州，按地名命名原则，宣威火腿最迟始于明代。

至清雍正年间，宣威火腿加工已初具规模。据《宣威县志》记载，当时（清雍正五年）城乡集市、贸易市场普遍出售宣威火腿。当时，宣威火腿以身穿绿袍、肉质厚、精肉多、蛋白丰富、鲜嫩可口而享有盛名。清光绪年间，曾懿编著的《中馈录》中已收有"宣威火腿"的制法：猪腿选皮薄肉嫩者，剁成九斤或十斤之谱。权以每十斤用炒盐六两、花椒二钱、白糖一两。或多或少，照此加减。先将盐碾细，将花椒炒热，用竹针多刺厚肉，上盐味即可渍入。先用硝水擦之。通身擦匀，尽力揉之，使肉软如棉。将肉放缸内，余盐洒在厚肉上。七日翻一次，十四日翻两次，即用石板押紧，仍数日一翻。大约腌肉在"冬至"时，"立春"后始能起卤。出缸悬于有风日处，以阴干为度。

20 世纪初期，浦在廷等创办"宣和火腿股份有限公司"和"宣和火腿罐头股份有限公司"，专门从事火腿加工业。1915 年，宣威火腿在巴拿马国际博览会上荣获金质奖。1923 年，该公司生产的火腿罐头，在全国地方名特产品赛会上获优质奖章，孙中山先生为此亲笔题词"饮和食德"，宣威火腿从此名声大震，香飘四海。1928 年，宣威火腿在中华国货展览会上获特等奖。此后，宣威火腿先后多次获奖。

2005 年，"宣威火腿"获国家商标局批准并注册，成为云南省第二枚地理标志证明商标；2009 年，宣威火腿荣登中国驰名商标榜单；2010 年，宣威火腿制作技艺入选国家级非物质文化遗产名录，"宣字牌"宣威火腿入围中华老字号名录。2013 年，宣威被命名为"中国火腿文化之乡"。

宣威火腿是中原文化与边疆物产的结晶。三国时期诸葛亮征南、明朝洪武十五年傅友德征南，在宣威留下了大量的屯军，再加上许多江苏、浙江南迁移民，大量中原人士进入滇东宣威，将各地火腿腌制技术与本地传统的养猪业相结合，加上宣威特有的水土、气候等原因，产生了宣威火腿。宣威火腿形似琵琶，皮色蜡黄，瘦肉桃红色或玫瑰色，肥肉乳白色，肉质滋嫩，香味浓郁，咸香可口，以色、香、味、形著称。

宣威火腿的加工季节从霜降到立春为腌制期，挂至端午节成熟、分级。传统的宣威火腿采用宣威市境内生产的长乌猪、长荣猪、杜乌猪鲜猪肉后腿为原料，经修割定形、上盐腌制、堆码翻压、洗晒整形、上挂风干、发酵管理等几个阶段。鲜腿在通风较好的条件下，经 10—12 小时冷凉后，进行形状的修割。修割后的鲜腿加盐腌制，每隔 2—3 天上盐一次，一般分 3—4 次上盐。腌腿置于干燥、冷凉的室内，按大、中、小分别进行堆码、翻压。经堆码翻压的腌腿，进行洗晒整形。浸泡洗刷完毕后，把火腿凉晒到皮层微干肉面尚软时，开始整形、晾晒。晾晒整形后，火腿即可上挂。上挂初期至清明节前，注意保持室内通风干燥，使火腿逐步风干。立夏节令后，及时开关门窗，调节库房温度、湿度，让火腿充分发酵。端午节后要适时开窗，保持火腿干燥结实，防止火腿回潮。

（三）如皋火腿

因如皋位置在北，故被称为"北腿"。如皋火腿始于清咸丰初年（1851年）。当时，一家名叫"同和泰"的制腿栈以当地特产"东串猪"为主料制作火腿，并由此一炮打响。随后，又有多家制腿栈相继落户，至1929年，如皋城内制腿栈达到31家。当时以人称"火腿大王"的李筱川在如皋创办"中国制腿公司"为标志，江苏如皋开始与浙江金华、云南宣威齐名，成为全国三大火腿中心之一，并使如皋火腿开始畅销海内外。

1895年，如皋广丰制腿栈（即广丰腌腊制腿公司）生产的火腿，获美国檀香山国际博览会金奖。1910年，如皋火腿获得南洋劝业会优异荣誉奖。是时，如皋火腿畅销海内外，在上海和美国旧金山等地均设有分栈。自1982年起，连续被评为商业部名特优产品。2006年，凭借着薄皮细爪、造型美观、色泽鲜艳、咸香味美等特点，如皋火腿被中国名牌委员会授予"中国名牌产品"称号。

如皋火腿以如皋、海安一带饲养的尖头细脚、薄皮嫩肉的"东串猪"为原料。猪腿要求长度恰当、腿心肌肉丰满。成品如皋火腿外形呈竹叶形或琵琶形，瘦多肥少，红白鲜艳。肌肉切面呈玫瑰色或桃红色，脂肪切面呈白色或微红色、有光泽，肉质致密而结实，切面平整。加工季节是从农历11月至来年2月。在腌制时间上又分两类：一类是农历11月至12月天气寒冷腌制的，称之"冬腿"；另一类是1月至2月到春天腌制的火腿，称之"春腿"。

第十三章

中国馒头

馒头也叫馍馍，起源于中国，距今已有 1700 多年历史，是指将小麦面团经过发酵后，利用蒸制的成熟工艺加工而成的食品，成品外形为半球形或者长条形，是中国北方地区的传统主食，具有鲜明的民族特色，是中国传统食文化的宝贵遗产。

第一节　中国馒头食养价值的科学评价

中医认为，小麦味甘，性凉，制成面粉则性温，有养心，除烦，益肾，除热，止渴的功效。可治脏燥，烦热，消渴，泄利，痈肿，外伤出血，烫伤。

据《本草纲目》记载，小麦制成面粉后，则"甘，温，有微毒。不能消热止烦"，其功效为"补虚。久食，实人肤体，浓肠胃，强气力（藏器）。养气，补不足，助五脏（《日华》）。水调服，治人中暑，马病肺热。敷痈肿损伤，散血止痛。生食，利大肠。水调服，止鼻衄吐血"。

馒头为面粉的发酵蒸制后的成品，甘，平，无毒，养脾胃，温中化滞，益气和血，止汗，利三焦，通水道。

一、中国馒头制作的主要原料——小麦面粉

小麦粉中的营养成分主要有水分、淀粉及糖、蛋白质、脂肪、纤维素、矿物质等，其中水分一般为 13%—14%；淀粉是小麦粉的主要成分，占小麦粉成分的 72%—76%；面筋是指把小麦粉加水和成面团，用水冲洗剩下不溶于水的具有延伸性和弹性的物质，其主要成分是蛋白质，蛋白质约占小麦粉成分的 10%左右；小麦的脂肪含量约为 0.7%—1.9%，多为不饱和脂肪酸，主要存在于胚与糊粉层内，经过加工进入小麦粉，高精度的小麦粉含脂肪少，低精度的小麦粉含脂肪稍多，中国生产的标准粉含脂肪 1.4%—1.8%，特制粉为 0.7%—1.4%，小麦粉脂肪含量高，在一定热湿条件下会酸败，使小麦粉变质；小麦粉中的纤维素，来自制粉过程中被磨细的麦皮和从麦皮上刮下来的糊粉层，全麦粉含纤维素约 2%，随着小麦粉精制程度增高而降低；小麦粉中的矿物质，主要有磷、钾、镁、钙、钠、铁、铜等元素，各种元素以无机盐的形式存在于小麦粉中。

在馒头制作中，面粉蛋白质含量与主食馒头的硬度明显相关。苏东民等以 14 种面粉样品为材料，对应主食馒头的 3 种基本类型进行试验来研究面粉蛋白质含量与主食馒头品质之间的关系，结果表明不同类型的主食馒头对面粉的蛋白质含量要求不同，软式主食馒头应当采用中等或稍低蛋白质含量（10.0%—12.5%）的面粉；中硬式主食馒头应当采用中等蛋白质含量（10.5%—12.5%）的面粉；硬式主食馒头应当采用具有中等或偏高蛋白质含量（10.7%—13.5%）的面粉，面粉蛋白质含量高一些也可以制作出品质较好的硬式主食馒头。[①]

制作馒头的主要原料是面粉，面粉的品质对馒头的质量和营养价值起决定性作用，主要取决于小麦的品种以及面粉的成分。有人对影响馒头白度、孔隙、比容、回弹的小麦品质性状及谷蛋白对馒头质量的影响进行了研究，

---

① 苏东民等：《面粉蛋白质含量与主食馒头品质关系的研究》，《粮食加工》2007 年第 2 期。

结果表明，3 大类性状对馒头的加工质量都有极显著影响，其作用顺序是：面粉物理性状大于籽粒化学组分，籽粒化学组分大于籽粒表型品质性状。影响馒头质量的主要品质性状是：角质率、容重、湿面筋、支链淀粉的含量及支、直链淀粉比值、蛋白质含量、沉淀值、伯尔辛克值、发酵成熟时间及成熟体积、面粉需水量、降落值。馒头各质量指标受不同小麦品质性状影响，可利用这些关系对馒头各质量指标进行间接选择和预测。

刘爱华等选用中国主产麦区 71 个小麦品种（品系）和 38 个澳大利亚小麦品种（品系）研究了小麦品质特性与北方馒头品质的关系，结果表明面粉蛋白质、沉降值、和面时间、形成时间、稳定时间与馒头体积和比容呈极显著正相关，与馒头外观呈极显著负相关，适宜制作馒头的小麦面粉蛋白质含量中等偏高，面筋强度中等；澳大利亚小麦的面粉蛋白质含量、沉降值、和面时间、形成时间、稳定时间均大于中国小麦；两国小麦馒头品质相比差别不大，仅在体积、外观和弹韧性上略有差别；黄淮冬麦区和北部冬麦区的小麦适宜制作优质馒头。①

王展等利用物性测试仪，对 9 种面粉制作的馒头的硬度、弹性、咀嚼度、黏性等参数进行测量，并分析面粉的淀粉及其组分与馒头性状参数，结果表明较高的支链淀粉与直链淀粉相比对馒头品质有较好的影响。同时，小麦粉加工过程中淀粉的破损率对馒头品质也会有影响。过高会使馒头发黏，体积变小；过低会造成面筋力不足、醒发困难等，因此，适宜的破损率对馒头品质也十分重要。②

二、中国馒头制作的"秘密武器"——发酵剂

中国传统面食发酵剂主要是指酵子、老面、酸浆、酵汁等，由酵母菌、

---

① 刘爱华等：《小麦品质与馒头品质关系的研究》，《中国粮油学报》2000 年第 2 期。
② 王展等：《面粉中淀粉及其组分的含量与馒头品质关系的研究》，《粮食与饲料工业》2005 年第 3 期。

乳酸菌、霉菌等多菌群组成的混菌发酵体系，其中酵母菌主要将面粉糖类物质转化为 CO_2 及醇、酸类等物质，形成稳定的面筋结构及独特风味，起着发酵面团的作用；另一类主要微生物是乳酸菌，乳酸菌利用面团中可发酵性糖产生乳酸、醋酸、丙酸等有机酸，与酵母发酵中产生的醇、醛、酮、酸等物质相互作用，形成传统发酵馒头特征风味物质。此外，乳酸菌还能形成细菌素和类细菌素等抑菌类物质，可延长发酵面制品的货架期，同时还可以产生胞外多糖，具有增稠、乳化及胶凝作用，乳酸菌本身对肠道枯膜的吸附，可以起到抗肿瘤，提高免疫的作用。[①]

（一）酒酵

大约流行于 2 世纪，该法一般是和一石面用七八升白米和七八升甜酒酿。做时先将白米熬成粥，兑入甜酒酿，烧开后过滤取汁，用汁和面，等面团发起即可做馒头。甜酒酿发酵原理是：在发酵中，糖化菌先分解糯米中的淀粉和蛋白质，使之分解成葡萄糖和氨基酸，接着少量的酵母又将葡萄糖经糖酵解途径转化成酒精。用酒酿或甜酒发酵生产出的馒头品质不够稳定。苏东海等研究了甜酒曲对馒头感官品质的影响，分别将甜酒曲发酵和乳酸菌发酵的老面团添加于干酵母发酵的馒头中，结果显示：添加甜酒曲的馒头评分较好。由此看出，添加甜酒曲具有糖化作用，可使馒头口感较甜，风味较佳，感官品质较好。[②]

（二）酸浆

流行于 6 世纪前后，一般是用 1 斗酸浆，煎后取 7 升，加入 1 升粳米，用文火熬成粥，即得饼酵，用时夏天 1 石面对入 2 升饼酵，冬天 1 石面对入 4 升饼酵。

（三）酵子

是以小曲或大曲等为菌种，玉米面或小麦面等为原料，多次发酵后风干

---

① 张国华等：《我国传统馒头发酵剂的研究现状》，《中国食品学报》2012 年第 11 期。
② 苏东海等：《添加甜酒曲对馒头感官品质的影响》，《中国农学通报》2010 年第 10 期。

用于蒸制馒头，是多菌种混合发酵体系。主要依靠酵母菌、霉菌、细菌等多种微生物糖化、发酵、酯化等的协同作用，产生醇、醛、酚、酯等风味物质，使馒头的质构及风味更佳。

（四）酵面

流行于 12 世纪前后，即现在的老面发面法。老面也称为面肥或起子，就是上次做馒头留下来的发酵面团，以此作为主要发酵菌种，加入面粉和成面团，过夜发酵，次日在面团中添加面粉和适量碱，和面后成型醒发后，进行蒸制。老面发酵是中国传统的发酵方式，其原理是靠空气中的野生酵母和各种杂菌发酵产生气体。目前，在少数居民家中也会用酵头，也就是老面发酵，制作出的馒头有酵母特有的香味，原因是老面中微生物成分复杂，醒发时代谢产生的风味物质较多，故口味比较浓厚。但老面发酵的面团，必须加适量的碱，以中和其发酵过程中产酸微生物产生的酸，对面粉中的 B 族维生素也会有一定的破坏。

（五）对碱酵子

流行于 13 世纪前后，该法是将酵子、盐、碱加温水调匀后，掺入白面，和成面团，第二天，再掺入白面，揉匀后每斤做两个饼后入蒸笼。

（六）酵汁

流行于 15 世纪前后，是二斤半白面，加一盏酵汁，和成面团，上面再漫上一块软面，放温暖处饧发，面团发起后，将四边的干面加温汤和好，擩入发面中，再发起时，添入干面，倒入温水和匀，饧片刻即可揪剂。

从馒头发酵方法的历史上看，两宋之间出现的"酵面发面法"成为现代的馒头面团发酵技术的基础，至元代馒头的制作方法基本上与现代相同了，当时人们已经知道用碱和盐解决面团发酵产酸的问题。目前的馒头生产主要采用酵母发酵法，酵母发酵法的原理是酵母在适宜的条件下繁殖，分解面粉中的糖分与淀粉，产生大量的 CO_2 和乙醇，CO_2 气体被乙醇所包裹，形成均匀细小的气孔，从而使面团膨胀成海绵状结构。有人采用感官评价和质构仪分析了传统老酵头生产的馒头和单一酵母生产的馒头的品质差别，质构分析得到老酵头发酵的馒头咀嚼性和凝聚性高于工厂化的馒头，而弹性无显著差别，感官评价发现老酵头的馒头样品的韧性、弹性、表面结构及外观形状等均显著高于单一酵母发酵的馒头样品。

有些地方的传统面食发酵剂（酵子）中要接种一定量的酒曲，酒曲中的根霉菌是一种具有多酶系特征的霉菌，能产生丰富的淀粉酶，有利于淀粉的糖化作用，易于酵母菌的发酵。此外，根霉菌还能分泌酸性蛋白梅、酒化酶及乳酸、琥珀酸等多种有机酸和乙醇等，可有效提高馒头的感官品质，与单一酵母菌种发酵制作的馒头相比，具有较高的咀嚼性及凝聚性，质地细腻且香甜可口、可有效延缓馒头的老化、减少抗营养因子并延长保质期等。

三、中国馒头加工关键技术要点

（一）和面

和面就是将面粉、水、酵母混合调制成面团，是馒头成型的基础步骤。和面的过程中加水量的多少、水温、揉面时间对馒头的品质都会有很大的影响。

关于水温对馒头品质的影响，刘长虹等利用持气性测定装置测得不同加水温度下面团的持气性，通过白度、硬度、比容等指标对水温和馒头面团持气性及馒头品质的关系做了研究，结果表明，面团加水温度为35℃，面团持气压力为3.3kPa、持气高度为5.7cm、持气时间4.8s的面团指标做出的馒头比容较大，硬度小，内部组织结构比较均匀。[①]

关于面团调制对馒头白度的影响，钱志海通过改变馒头生产过程的工艺条件，包括醒发时间、压面次数、压延比，分别蒸制馒头，进行白度值的测

---

① 刘长虹等：《加水温度对馒头面团持气性和馒头品质的影响》，《粮食加工》2012年第5期。

定和感官评分，来确定了提高馒头白度的最佳工艺，结果显示45%的加水量、和面5—10min、pH6.5时，成熟后，白度仪所测定的白度值及馒头的感官最佳。①

（二）　面团发酵

发酵是馒头生产中重要的环节，如前所述目前多采用的是酵母发酵法。发酵面团主要有酵母、面粉和水混合而成，经过发酵面团变得疏松多孔、富有弹性、色泽白亮、富有香味且容易消化。面团发酵要严格控制面团的温度、湿度、时间和面粉的蛋白含量。发酵过程中时间、温度、醒发、发酵剂的选用及比例等都对馒头品质有显著影响。

沙坤等的研究表明馒头的比容、硬化度与发酵温度、发酵时间、醒发时间均有显著的关系。沙坤等采用一次发酵工艺制作馒头，探讨了不同工艺条件对馒头比容和硬度变化的影响，结果表明，搅拌时间、发酵温度、发酵时间和醒发时间对馒头的比容、硬化度均有显著影响。②

（三）　醒发

醒发是将整形后的面团在静置发酵膨胀的过程，醒发过程中的时间、温度、湿度等条件都会影响馒头的品质。若醒发时间太短，不利于馒头内部结构的形成，体积小；如果醒发时间过长，面团会产生塌陷、不成型、面团发酸。醒发温度过低，则会影响酵母菌的活力，造成产气量少，馒头气孔小的问题；若温度过高则酵母过度发酵产生大量气体，会导致馒头内部结构不均匀。醒发湿度过大时，馒头易变形、起泡、产生空壳；湿度过小，又会导致馒头表皮厚、有裂纹等。

苏东民等通过感官分析和质构分析，研究了不同活性干酵母添加量和发酵时间对馒头品质的影响，发现发酵温度在38℃、酵母添加量0.8%、发酵

①　钱志海等：《馒头白度与工艺关系的研究》，《粮油加工》2009年第3期。
②　沙坤等：《工艺条件对馒头比容及硬化度的影响研究》，《食品科技》2007年第12期。

时间为 40min 左右，制作的馒头具有较好的品质。① 刘长虹等采用一次发酵法，以馒头比容、硬度以及均匀度为指标，研究了醒发条件如醒发温度、湿度、醒发时间对北方馒头品质的影响。结果表明，醒发时间为 35min 左右，醒发温度在 35℃左右，醒发湿度在 80%左右时，馒头的品质最佳。②

白建民等通过实验室小批量蒸制馒头，研究醒发时间对馒头内部结构、比容、白度等各品质指标的影响，结果表明，在醒发 40min 时，馒头感官品质最佳；醒发时间不足，馒头体积小；时间过长，内部出现大蜂窝状孔洞；随醒发时间的延长，馒头的高径比逐渐降低，馒头比容和白度先增大后减小。③

四、中国馒头熟制的独特方法——水蒸气蒸制

中国的馒头与西方的面包最大的区别就是加工方式的不同。馒头是以水为介质，温度控制在 100℃低温蒸制成熟的，而面包是通过 180℃—220℃高温烘焙而成的。总体来说，低温对食品中多种营养物质及活性成分影响较小，高温则会破坏很多天然物质，因此蒸制能较好地保证天然食品的营养和功能，营养成分的损失小。同时，面粉中的淀粉在熟化的过程中，不会因为温度过高而产生丙烯酰胺等致癌物质。面包在焙烤时因为发生美拉德反应而产生独有的香味。但在褐变过程中，由于高温也会损失赖氨酸等一些可溶性化合物，营养价值不如馒头。

不同的蒸制条件对馒头的品质有明显的影响。苌艳花等研究了馒头蒸制过程对其白度的影响。通过改变汽蒸时的蒸汽压力和汽蒸时间，用白度仪测馒头白度值，发现在蒸汽压力较小的情况下馒头的白度值随时间的推移大致

---

① 苏东民等：《酵母添加量和发酵时间对馒头品质的影响》，《中国农学通报》2010 年第 11 期。
② 刘长虹等：《酵子与酵母配比对馒头品质的影响》，《粮食与饲料工业》2012 年第 2 期。
③ 白建民等：《醒发时间对馒头品质的影响》，《粮食科技与经济》2010 年第 2 期。

呈下降趋势；在蒸汽压力较大的情况下白度随压力增大有所上升。①

　　甄云光研究了蒸制馒头揭锅瞬间或复蒸时较多出现萎缩现象，发现萎缩会使馒头体积小，颜色变黑，内部无孔，其产生原因除了和面粉质量，酵母纯度等有关外，也和蒸制过程中的温度不均衡，容器密封不好，造成气流短路，蒸汽无法分散均匀等密切相关②。

第二节　中国馒头的传统加工技艺

　　中国自古就有"五谷为养"的传统，尤其是面食，是中国人的重要的主食，在北方地区是一日三餐中不可或缺的。小麦制食品的食用方式经历了从"粒食"演进为"粉食"的进化过程。考古发现，在新石器时代，中国就已经有了谷物制粉的器具，但早期的器具简陋，制成的粉尚不能用于制作精细面食。西汉时期已经出现并普遍使用石转磨，到东汉、三国时期更为多见，这为制作精细均匀的面粉提供了研磨器具。秦汉时期，筛分工具也已经出现，到西晋初年已普遍使用，这些工具和技术为面食的普及提供了物质基础。③

　　北魏贾思勰的《齐民要术》中将面食进行了详细的分类。按现在传世的版本，《齐民要术》中的 15 种饼，除"鸡鸭子饼"不属面食之外（也可视作饼食的一种），共被分成了三大类，其分类是按饼食熟制方法进行的。第一类是炉烤熟制法，有烧饼、髓饼；第二类是油煎、油炸的熟制方法，有鸡鸭子饼、细环饼、截饼、错愉；第三类是水煮的熟制方法，有水引、切面粥、抨饦、粉饼、豚皮饼，如"曼头饼"当属蒸制的方法。

　　馒头的产生除了依赖于小麦制粉技术外，还和蒸制炊具、汽蒸技术、发

---

①　茓艳花等：《馒头白度与汽蒸过程关系的研究》，《粮食加工》2009 年第 6 期。

②　甄云光：《馒头蒸制时萎缩现象的分析》，《现代面粉工业》2010 年第 6 期。

③　王仁兴：《中国饮食谈古》，中国轻工业出版社 1985 年版。

酵技术密切联系。汽蒸方法是中国或东方特有的食品制作技术，中国西汉末期就出现了"蒸饼"，说明汽蒸方法已运用到面食制作中了。今天西方人仍然主要采用烘焙、油炸、煎烤的方法，而很少使用汽蒸进行面食烹制。

馒头是将面经发酵后再蒸熟的，所以不但松软适口，而且易于消化，但发面是十分困难的，要在长期的生活生产时间中不断摸索、不断积累，才能掌握微生物的生化反应。《齐民要术》介绍的发酵技术是转引于《食经》中的，有两种方法，一种是酒发酵法，"面一石，白米七八升，作粥，以白酒六七升酵中，著火上，酒鱼眼沸，绞去滓以和面，面起可作"。这种发酵方法是在酿酒技术盛行后出现的。另一种是酸浆发酵法，"酸浆一斗，煎取一升，用粳米一升煮浆，迟下火，如作粥，六月时，搜一石而著二升，冬时，著四升作"。意思是说把1斗酸浆熬至1升，然后投一升粳米，用缓火煮成粥，六月时，2升这种粥可以和1石面，冬季气温低，则需用4升酵粥和1石面。"饼法"中的两种发酵方法均符合现代科学原理。

第三节　中国馒头的历史文化

汉朝时，蒸制的面食流行于全中国各地，当时统称为"饼"。"曼头"一词最早见于西晋束广微《饼赋》云："三春之初，阴阳交际，寒气既消，温不至热，于时享宴，则曼头宜设。"郎瑛所撰《七修类稿》说："馒头本名蛮头。"《晋书》卷三十三列传第三《何曾传》记载何曾日食万钱，"性奢豪，务在华侈。帷帐车服，穷极绮丽，厨膳滋味，过于王者。每燕见，不食太官所设，帝辄命取其食。蒸饼上不坼作十字不食。食日万钱，犹曰无下箸处。"何曾吃的食品中有"蒸饼"，《名义考》记载即今之馒头。《晋书》提到何曾"性奢豪"并举例说明他"蒸饼上不坼作十字不食"，意思说就连馒头这种"高级食品"如果不蒸出十字裂纹，他都不吃。馒头还被称为"面起饼"。

《三国演义》第 91 回：诸葛亮平蛮回至泸水，风浪横起兵不能渡，回报亮。亮问，孟获曰："泸水源猖神为祸，国人用七七四十九颗人头并黑牛白羊祭之，自然浪平静境内丰熟。"亮曰："我今班师，安可妄杀？吾自有见。"遂命行厨宰牛马和面为剂，塑成假人头，眉目皆具，内以牛羊肉代之，为言"馒头"奠泸水，岸上孔明祭之。祭罢，云收雾卷，波浪平息，军获渡焉。这段故事不见正史，只在一些笔记中讲到。如宋朝的《事物纪原》、清朝的《谈征》中就说："盖蛮地人头祭神，武侯以面为人头以祭，谓之蛮头。今讹而为馒头也。"

自诸葛亮以馒头代替人头祭泸水之后，馒头刚开始就成为宴会祭享的陈设之用。晋束晳《饼赋》："三春之初，阴阳交至，于时宴享，则馒头宜设。"三春之初，冬去春来，万象更新。俗称冬属阴，夏属阳，春初是阴阳交泰之际，祭以馒头，为祷祝一年之风调雨顺。当初馒头都是带肉馅的，而且个儿很大。

晋以后一段时间，古人把馒头也称作"饼"。凡以面揉水作剂子，中间有馅的，都叫"饼"。《名义考》："以面蒸而食者曰'蒸饼'，又曰'笼饼'，即今馒头。"《集韵》："馒头，饼也。"《正字通》："馒馔，起面也，发酵使面轻高浮起，炊之为饼。贾公彦以酏食（酏：酒；以酒发酵）为起胶饼，胶即酵也。涪翁说，起胶饼即今之炊饼也。""韦巨源《食单》有婆罗门轻高面，今俗笼蒸馒头发酵浮起者是也。"

唐以后，馒头的形态变小，有称作"玉柱""灌浆"的。《汇苑详注》："玉柱、灌浆，皆馒头之别称也。"南唐时，又有"字母馒头"。唐人徐坚《初学记》把馒头写作"曼头"，《梦粱录》中，又作"馒馉"。《集韵》："馉音豆，与餖同，饤也。""饤"又作"飣"，《玉篇》：贮食之义。《玉海》："唐，少府监御馔，用九盘装垒，名'九飣食'。今俗燕会，粘果列席前，曰'看席飣坐'。古称'飣坐'，谓飣而不食者。按《唐书·李远传》云：'人目为飣会梨。'今以文词因袭，累积为餖飣。"这就是说，"飣"其实从"钉"来，"饾饤"是指供观觉的看席。韩愈有诗；"或如临食案，肴核纷饤饾。"可见当时馒头是作为供观赏的看席。但"饾饤"指的是点心之类，也就是把馒头列为点心。

《武林旧事》中称："羊肉馒头""大学馒头"。岳珂有《馒头》诗："几年大学饱诸儒，薄枝犹传笋蕨厨。公子彭生红缕肉，将军铁枚白莲肤。芳馨正可资椒实，粗泽何妨比瓠壶。老去牙齿辜大嚼，流涎才合慰馋奴。"

馒头成为食品后，就不再是人头形态。因为其中有馅，于是又称作"包子"。宋王栐《燕翼诒谋录》："仁宗诞日，赐群臣包子。"包子后注曰："即馒头别名。"猪羊牛肉、鸡鸭鱼鹅、各种蔬菜都可作包子馅。同时仍然叫"馒头"。如《饮膳正要》中介绍的四种馒头，又都可叫包子："仓馒头（其形如仓囤）：羊肉、羊脂、葱、生姜、陈皮各切细，右件，入料物、盐、酱拌和为馅。""鹿奶肪馒头：鹿奶肪、羊屋子各切如指甲片，生姜、陈皮各切细。右件，入料物，盐拌和为馅。""茄子馒头：羊肉、羊脂、羊尾子、葱、陈皮各切细，嫩茄子去穰。右件，同肉作馅，却入茄子内蒸，下蒜酪、香菜末食之。"（此以茄子作皮，上屉蒸熟）"剪花馒头：羊肉、羊脂、羊尾子、葱、陈皮各切细。右件，依法入料物，盐、酱拌馅，包馒头。用剪子剪诸般花样，蒸，用胭脂染花。"《正字通》说，馒头开首者，又叫"囊驼脐"。

唐宋后，馒头也有无馅者。《燕翼诒谋灵》："今俗屑面发酵，或有馅，或无馅，蒸食之者，都谓之馒头。"元无名氏《居家必用事类全集》中，记有当时馒头的发酵方法："每十分，用白面二斤半。先以酵一盏许，于面内跑（疑是"刨"之误）一小窠，倾入酵汁，就和一块软面，干面覆之，放温暖处。伺泛起，将四边干面加温汤和就，再覆之。又伺泛起，再添干面温水和。冬用热汤和就，不须多揉。再放片时，揉成剂则已。若揉搓，则不肥泛。其剂放软，擀作皮，包馅子。排在无风处，以袱盖。伺面性来，然后入笼床上，蒸熟为度。"

不管有馅无馅，馒头一直担负祭供之用。《居家必用事类全集》中，记有这样多种馒头，并附用处："平坐小馒头（生馅）、捻尖馒头（生馅）、卧馒头（生馅，春前供）、捺花馒头（熟馅）、寿带龟（熟馅，寿筵供）、龟莲馒头（熟馅，寿筵供）、春茧（熟馅，春前供）。荷花馒头（熟馅，夏供）、葵花馒头（喜筵、夏供）、毯漏馒头（卧馒头口用脱子印）。"明李诩的《戒庵老人漫笔》中记："祭功臣庙，用馒头一藏，五千四十八枚也。江宁、上元二县供面二十担，祭毕送工部匠人作饭。"

至清代，馒头的称谓出现分野：北方谓无馅者为馒头，有馅者为包子，而南方则称有馅者为馒头，无馅者也有称作"大包子"的。《清稗类钞》辨馒头："馒头，一曰馒首，屑面发酵，蒸熟隆起成圆形者。无馅，食时必以肴佐之。""南方之所谓馒头者，亦屑面发酵蒸熟，隆起成圆形，然实为包子。包子者，宋已有之。《鹤林玉露》曰：有士人于京师买一妾，自言是蔡大师府包子厨中人。一日，令其作包子，辞以不能，曰：'妾乃包子厨中缕葱丝者也。'盖其中亦有馅，为各种肉，为菜，为果，味亦咸甜各异，惟以之为点心，不视为常餐之饭。"

《清稗类钞》又把有甜馅者称"馒头"。"山药馒头者，以山药十两去皮，粳米粉二合，白糖十两，同入擂盆研和。以水湿手，捏成馒头之坯，内包以豆沙或枣泥之馅，乃以水湿清洁之布，平铺蒸笼，置馒头于上而蒸之。至馒头无粘气时，则已熟透，即可食。"

第十四章

中国水饺

水饺是中国一种典型的集面点制作与菜肴制作于一体的传统食品，具有主、副食合而为一的特征。面制食品中水饺是中国的国粹，可以做到五味调和、营养全面，而且容易做到花色多样、口味丰富，迎合了《中国居民膳食指南》第一条中食物多样的要求，很容易实现营养均衡，质量标准，从而体现科学性，深受人们喜爱。中国传统水饺虽然具有悠久的历史和丰富的内涵，并深深植根于中国人的饮食生活中，但近年来，随着人们生活水平的提高，经常吃水饺改善和调剂生活，不再是奢望，水饺已成为人们日常饭桌上的普通食品。由于西式快餐的发展，导致当前国内消费者对中国传统水饺存在一定的消费误区，水饺自身的营养性、安全性、健康性没有得到应有的重视。

第一节　中国水饺食养价值的科学评价

中国传统水饺的原料组合很好，营养素相对齐全，食物多样，兼顾中国传统风味、膳食营养以及食品安全，与国人的饮食习惯相得益彰，适合中国人的肠胃。水饺由皮和馅组成，水饺的馅料都包在面皮中，可以做到谷类与菜果、肉类的适宜组合，使主副食搭配合理，营养丰富并酸碱平衡，符合科学膳食宝塔结构。①

一、水饺皮的原料选择及特点

水饺皮属于主食，主要原料为面粉，它含有蛋白质、碳水化合物、灰分（矿物质）和维生素等，是人体热量的主要来源。面粉的品质直接影响着水饺的外观和口感，合适的面粉是水饺品质的前提保证，作为包馅外皮的原料首先应具备一定的韧性、延伸性和可塑性，使包馅后不发生破裂、开口，容易成型。② 因此，水饺皮一般以高筋面粉为主，同时也可掺入杂粮、豆类、薯类、果蔬等原辅料。当面粉加水和成面团的时候，麦醇溶蛋白和麦谷蛋白按一定的规律相结合，构成像海绵一样的网络结构，组成面筋的骨架，而其他成分如脂肪、糖类、淀粉和水都包藏在面筋骨架的网络之中，这使得面筋具有弹性和可塑性③。

为改善水饺的品质，有不少学者对水饺皮的原料选择和配比进行了研究。通过添加不同比例的干豆渣粉及魔芋精粉，丰富了传统饺子皮的营养组成，提高了其弹性、口感等综合品质，赋予其大豆异黄酮、大豆皂甙、大豆低聚糖等生物活性物质，这样不但可以满足人们的食用需求，而且还为豆渣的综合利用提供了一条新途径，同时也符合《中国居民膳食指南》相关内容。添加适量大豆蛋白可以改善某些品种的小麦粉水饺的冻裂率和烹煮损失率、冷冻后和煮后外观、口感、耐煮性及饺子汤特征或其他感官指标。另有学者研究表明，添加适量的绿豆蛋白能降低水饺的冻裂率、失水率和蒸煮损失率，改善水饺的感官品质及质构品质。此外，糯小麦、玉米醇溶蛋白、变性淀粉、黄豆、燕麦、玉米、马铃薯淀粉等由于具有全面的营养价值和独特

---

① 张晴晴等：《中国传统食品水饺的科学评价与文化解读》，《美食研究》2015 年第 3 期。
② 陈洁等：《小麦面粉理化性质与水饺皮质构品质的相关性研究》，《食品工业科技》2012 年第 11 期。
③ 史建芳等：《小麦粉品质性状分析及组分含量与水饺皮品质关系》，《食品科技》2010 年第 6 期。

的保健功能，也常见于相关研究。水饺皮的原料将向着营养更均衡、感官品质更佳的方向发展。

二、中国传统水饺原辅料与调料搭配的科学性

（一）主食与副食的完美结合

中国传统食品水饺相对汉堡、面包等西式快餐具有独特的合理性与科学性。汉堡的原材料主要是高筋粉和肉类，不仅会造成能量、脂肪摄入过多，而且原料搭配不合理，营养素比例不科学，容易造成膳食失衡。面包主要提供能量和碳水化合物，为了补充其他营养素，必须额外摄入蔬菜、水果、肉类等食物，食用不方便，不符合当下人们的生活节奏。

而水饺做到了主食和副食的完美结合，水饺皮主要原料为小麦粉，可以提供能量及碳水化合物，充分发挥主食的作用。水饺馅原料组成较为多样，几乎包罗所有的蔬菜、肉类等副食菜品，不论是原料组合还是口感，都优于西式快餐，起到了副食的良好作用。

（二）美味与营养的完美结合

水饺的特点是皮薄馅多，味美醇香，口味上可咸可甜、可荤可素，营养上搭配齐全，是一种不可多得的美味。除了传统的咸鲜口味外，还有酸、甜、麻、辣、鱼香、怪味等多种味型，不同味型对应的馅心也不尽相同。如汤煸馅水饺就具有松散易嚼、鲜美可口、香而不腻的特点，风味独特，营养价值高。

（三）便捷与安全的完美结合

方便快捷的食品往往使用添加剂来改善食品的性状和感官品质，很多食品加工方式为油炸，安全性不如水饺。水饺兼具便捷性与安全性，加工方式简单、方便、省时、省力，食用前的加热方式温度一般在100℃左右，不仅减少了营养素的损失，避免了有害物质的生成，而且有利于杀菌消毒。

（四）经典与创新的完美结合

水饺作为极具代表性的中国传统食品，仅仅继承经典是不够的，因此目前水饺在色、香、味、形等方面都有了创新。在传统经典面皮的基础上研究出了多种颜色的水饺皮；水饺馅也突破了传统馅料的单一性，研究出了水果馅、海鲜馅、豆制品馅等不同口味、不同原料的馅心；水饺的形状也不再是单一的月牙或元宝形，出现了花鸟鱼虫等多种造型。可以说，只要有新原料出现，水饺新产品就容易开发、创新。

三、中国水饺馅原料选择的科学性

馅料的好坏对水饺的口味起着决定性的作用，中国水饺的馅心原料非常广泛，几乎所有可用来烹制菜肴的原料，均可作为水饺馅。尤其是近些年来，饺子馅的种类越来越多，水产品、豆类、鸡蛋、水果、花类等均可入馅，使饺子的营养更全面化。

（一）荤素搭配、营养互补

经典的馅料搭配，如素三鲜水饺，馅料主要包括韭菜、鸡蛋、虾仁，还可以加入海参、冬笋、猪肉等。一般在虾仁、鸡蛋、海参、猪肉等制成的荤馅中加入韭菜、冬笋等素馅，配以葱姜末、植物油、香油等辅料增加风味，加工成荤素混合的馅心，其主要目的是用于改善荤馅的油腻口味，使馅心变得清淡，同时也丰富了馅心的营养。虾仁、海参、猪肉等荤馅中含有丰富的蛋白质、碳水化合物、脂肪、矿物质、生物活性成分等营养物质；蔬菜中则有维生素、膳食纤维、微量元素等成分；鸡蛋含有丰富的蛋白质、脂肪、维生素和铁、钙、钾等人体所需要的矿物质；此外，肉属酸性食物，蔬菜属碱性食物，肉菜搭配更有利于酸碱平衡。再配以植物油、香油等增加风味，完美地迎合了《中国居民膳食指南》第一条：食物多样化，营养搭配齐全。

（二）口味多样、味道鲜美

水饺馅包含多种食材，各种食物都可以入馅，不仅味道鲜美、增进食欲，还可以适应不同的口味，满足人们不同的需求。在口味上可分为咸馅、甜馅、咸甜馅等，每一种馅心又是多种多样，如咸馅中有肉馅、菜馅、菜肉馅等；甜馅中有白糖馅、豆沙馅等；咸甜馅又可分为各种不同的花样。另外，随着中华老字号和非物质文化遗产的传承与发展，水饺馅的口味也在不断地更新，以适应不同地区、不同民族、不同人群的口味需求。

以羊肉馅为例，主要原料除羊肉外通常还包括韭黄、鸡蛋等，首先将羊肉洗净剁成细粒；韭黄洗净切细末；花椒用开水泡成花椒水。再用姜末、葱末、精盐、胡椒粉、料酒、酱油、花椒水、鸡蛋液把羊肉末拌匀，然后加入香油、花生油拌匀，最后加入韭黄末和匀即成。羊肉肉质细嫩，容易消化，高蛋白、低脂肪、含磷脂多，较猪肉和牛肉的脂肪含量都要少，胆固醇含量少，是冬季防寒温补的美味之一；韭黄颜色亮丽，具有独特的辛香气味，有助于增进食欲、促进消化，还能驱寒散瘀，疏调肝气。

（三）膳食纤维补充的良好方式

水饺馅中除肉类和调味品外，还选用如芹菜、白菜、韭菜、荠菜等蔬菜，这些蔬菜富含膳食纤维、胡萝卜素、核黄素、维生素C、钙等，营养价值较高，其中膳食纤维能促进肠胃蠕动，可防止食用过多的荤菜造成的便秘。但是生活方式的转变以及烹饪方法的单一，往往导致日常饮食中膳食纤维的摄入量不足，将芹菜等膳食纤维含量高的蔬菜剁碎成馅，可以使膳食纤维变得细腻，有利于老人、儿童下咽，避免了直接食用的弊端。

常见的猪肉芹菜馅，做法是鲜芹菜用水焯一下，捞出剁碎，待包饺子时再加入用酱油、葱姜末、精盐、骨头汤和香油拌好的猪肉馅中。芹菜为老年人及儿童提供了摄入高膳食纤维蔬菜的一种有效途径。芹菜还富含蛋白质、碳水化合物、胡萝卜素、B族维生素、钙、磷、铁、钠等，同时具有平肝清热、清肠利便、降低血压等功效，常吃芹菜，尤其是吃芹菜叶，对预防高血压、动脉硬化等都十分有益，并有辅助治疗作用。

（四）为儿童提供更安全、更丰富的食用方式

鉴于鱼肉往往带刺，出于安全考虑，很多家长不让儿童吃鱼。但是鱼肉独特的口感、细腻的肉质以及丰富的营养是很多肉制品无法比拟的，鱼肉馅的饺子完美地解决了儿童食用的安全问题。以鲅鱼为馅料制成的鲅鱼水饺，味道鲜美、独具特色。将新鲜鲅鱼顺着脊椎骨把肉割下，去皮，加入姜末剁碎，剁好以后，放入韭菜的盆里，加入油，搅拌，搅拌均匀时加入盐、味精、少许的水和一个鸡蛋。鲅鱼肉剁馅吃水，要加入水，才可成泥，馅料才会细嫩。

鲅鱼其肉质细腻、味道鲜美、营养丰富，含丰富蛋白质、维生素 A、矿物质等营养元素。鲅鱼有补气、平咳作用，对体弱咳喘有一定疗效；还具有提神和防衰老等食疗功能，常食对治疗贫血、早衰、营养不良、产后虚弱和神经衰弱等症会有一定辅助疗效。鲅鱼还可以换成草鱼、乌鱼等，做成不同风味的鱼肉馅水饺，补充儿童所需的营养物质。

现在挑食的儿童很多，不喜欢吃蔬菜容易缺乏膳食纤维，严重还会导致肥胖和高血脂。可以将孩子不喜欢吃的几种蔬菜搭配肉类等其他原料一起做成馅，不仅掩盖了不喜欢吃的蔬菜的味道，还可以使水饺馅变得更加美味，使得儿童膳食摄入更加均衡，补充生长阶段必不可少的营养。

四、调味料和辅料的选择

食盐：食盐是水饺制作中必不可少的原料。调制面团时加入食盐，能增强面团的筋力；调制肉馅时，盐能使动物性原料的肌球蛋白质吸水性增强。因为肌球蛋白不仅有亲水性，而且有盐溶性，遇盐能产生黏性，形成网状的包水结构，大大增加吸水量，使拌制的肉馅质地鲜嫩；调制植物性原料时，由于盐的渗透压作用，能使植物原料内的水分溢出，由脆嫩变为柔脆。

酱油：在调馅时加入适量的酱油可以提高水饺馅的鲜味，因为酱油中的氨基酸是主要的营养物质，谷氨酸与食盐作用形成了味精的成分谷氨酸钠，

从而能够提高鲜味。酱油中还含其他营养成分，如糖类、蛋白质、脂肪、酶、维生素、无机盐等，具有促进消化、增加食欲、杀菌、抗氧化等作用。

香辛料：水饺馅中常用的香辛料有葱、姜、蒜、花椒、胡椒、辣椒等，具特有的刺激性香味，对食品有赋香、抑臭、赋辛味及抗菌、抗氧化作用等，对人体有促进食欲、增强及调整生理功能、防肥胖、抑癌等功效。制馅时加入这些香辛料不仅可以去腥、增香，还可以提高水饺馅的风味，赋予水饺菜肴的美味。

五、中国水饺熟制方式的科学性

熟制是水饺制作中的最后一道工序，也是决定水饺质量能否达到标准的关键工序。传统水饺的熟制方式主要为水煮，煮制有利于改善制品的色、香、味等感官性状，增进食欲；促进营养物质分解，提高营养价值以及增加消化、吸收等。

（一）煮制成熟原理

煮制是利用烹饪器具中的水作为传热介质，通过产生的热对流作用使水饺生坯成熟的一种方法。热源产生的热能首先通过导热性良好的器具传至水中，水是流体，再以对流为主、传导为辅的方式将热能传给面点生坯。生坯受热后，淀粉和蛋白质就发生变化，淀粉受热开始膨胀糊化，在糊化过程中吸收水分变为黏稠胶体，捞出后温度下降，就冷凝为凝胶体，使之具有光滑的表面。蛋白质受热变性后，发生热变性，开始凝固，温度越高，变化越大。直至蛋白质完全变性凝固，这样水饺也成熟了。蛋白质凝固有利于水饺成型，使之保持原有的形态。这就是煮制成熟的基本原理。

（二）煮制成熟的关键

水饺下锅后，要注意盖盖与开盖交替进行，这是因为开盖时，表面只有一个大气压，水的传热只能作用于表皮；盖上锅盖，气压上升，热量通过导热到馅心，使馅易熟。此外还要掌握好火候和水量，注意及时点水，保持锅内的水沸而不腾，使水饺内外俱透，皮透馅鲜。

（三）煮制成熟优点

煮制是靠水传热使制品成熟的，可以使食品中淀粉类多糖充分裂解，利于人体吸收。正常气压下最高温度为100℃，是各种熟制法中温度最低的一种方法，加之水的导热能力不强，仅仅是靠对流的作用，因而水饺中的营养成分受到高温影响较少。煮制温度不同于高温油炸，避免了苯并芘、丙烯醛等有害物质的生成，确保了食品安全。

煮制成熟对水饺的感官品质也有很大的影响。由于水饺是在较大的湿度下成熟的，所以在熟制过程中，皮坯可吸收一部分传热介质中的水分，使皮坯的吸水量基本接近饱和，这样皮坯吸收馅心中水分的机会就大大减少了，使馅心基本保持原有水分，达到鲜嫩的特点。水饺皮在煮制过程中受热直接与大量水接触，淀粉和蛋白质在受热的同时，充分吸水膨胀和热变性。因此，煮制的制品大都较结实、筋道，熟后重量增加。

（四）吃水饺"原汤化原食"之说

民间自古有"喝了饺子汤，胜似开药方"的说法，吃水饺喝汤不仅能补充流失的营养素，也有"原汤化原食"的功效。从营养学的角度分析，"原汤化原食"这种说法是有一定道理的。首先，原汤有助于消化。在煮制过程中，水饺皮中的淀粉会散落到汤中，淀粉颗粒会分解成糊精，易于消化。原汤还可以补充营养，由于营养素的种类、热加工的温度和时间等因素，水煮过程自然会造成营养素的损失，损失最大的当数维生素，特别是水溶性维生素易溶于水，在水煮过程中很容易流失。有研究表明，煮熟后制品中维生素、矿物质损失非常显著，几乎50％会溶于汤汁中，造成营养流失，因而吃水饺时喝点原汤能够充分利用饺子中损失的营养成分，降低烹调损失。

（五）水饺与西式快餐

近年来，西式快餐业的迅速发展和儿童少年食用快餐频率的增加，引起了肥胖研究者的广泛关注。西式快餐一般包括各式汉堡、热狗、油炸食品等。油炸食品如炸薯条、炸鸡腿等，原材料比较单一，营养素不全面。西式快餐的最大缺点就是肉量太多、蔬菜太少，高热量、高脂肪、高蛋白，低膳食纤维、低维生素、低矿物质。油炸的温度比较高，对各种营养素都会有不同程度的损失，蛋白质严重变性，脂肪受到破坏，使营养价值降低，还会使食物中维生素有很大程度的损失，另外，油炸食物中往往含有大量的脂肪，脂肪经高温处理后，能够产生影响小儿胃肠道的消化吸收功能的丙烯醛，丙烯醛在高温油炸中还可进一步分解出有致癌作用的氧化物，对人体具有毒性作用。

第二节　中国水饺的历史文化

一、中国水饺历史文献实录

水饺最早可能起源于中国的春秋时期，考古工作者在山东滕州出土的春秋时代薛国故城遗址中，发现了类似饺子的食品。

北齐颜之推在《颜氏家训》里有对饺子的记载："今之馄饨，形如偃月，天下通食也"，似乎说明饺子这种偃月形馄饨，在当时已颇为流行与普及。随后由于地区、时代、制作方法和馅料的差异，饺子逐渐有了很多不同的名称，如"角儿""牢丸""粉角""扁食""角子"等。

元忽思慧在《饮膳正要》卷一聚珍异馔中记录了"水晶角儿""撇列角儿"和"时萝角儿"的制作方法，三种角儿都是以羊肉馅为主，区别在于面皮原料和制作方式。

明朝张自烈在《正字通·食部》中提道："今俗饺饵，屑米面和饴为之，干湿大小不一，水饺饵即段成式食品汤中牢丸，或谓之粉角。北人读角如矫，因呼饺饵讹为饺儿。饺非饴属，教非饺音。"

《明宫史·饮食好尚》中有记载："饮椒柏酒，吃水点心，即'扁食'也。或暗包银钱一二于内，得之者以卜一岁之吉。"这里所说的扁食，就是饺子，而且这种叫法在中国部分地区一直沿用至今。

清末民初徐珂《清稗类钞》："中有馅，或谓之粉角，而蒸食煎食皆可，以水煮之而有汤叫做水饺。"饺子作为一种贺岁食品，一直受到人们的喜爱并流传至今。

二、中国水饺的历史典故

相传东汉时张仲景为人们治疗冻伤的耳朵，施舍一种叫"祛寒娇耳汤"的药给穷人，这种药汤是用羊肉、辣椒和一些祛寒温热的药材放在锅里一起煮，熬好后喝汤，再把剩下的羊肉和药材捞出来切碎，用面皮包成耳朵状的"娇耳"（又做"矫耳""胶耳"）下锅煮熟，喝了汤、吃了"娇耳"后，人们浑身发暖，两耳起热，这样便治好了人们冻坏的耳朵。从此乡里人与后人就模仿制作，称之为"饺耳"或"饺子"，也有一些地方称"扁食"或"烫面饺"，在冬至和年初一吃，以纪念张仲景开棚舍药和治愈病人的日子。[①]

水饺是富有中华民族特色的民俗食品的代表，春节无饺不成宴，这是中华美食的传统。"春节"已被批准为首批国家级非物质文化遗产，水饺作为春节的重要元素之一，是中国饮食文化的见证和传统文化的重要载体，对中国非物质文化遗产的保护和传承具有重要意义。[②]

2012 年诺贝尔文学奖获得者莫言和饺子有着很多故事。莫言在招待日本作家时、在获得诺贝尔文学奖时、在华侨为他举办的欢迎宴上都是吃的饺子。莫言说，"我家乡有句话，好受不如躺着，好吃不如饺子，我就是爱吃饺子。"在诺贝尔文学奖的领奖演讲时，莫言分享了三个意味深长的故事，其中一个故事就是讲到饺子，追忆了自己的母亲。莫言对饺子的喜爱凸显了中华传统食品的独特魅力。

---

①　丘桓兴：《饺子的源流和习俗》，《民俗研究》1989 年第 2 期。

②　周星：《饺子——民俗食品、礼仪食品与国民食品》，《民间文化论坛》2007 年第 1 期。

第三篇

中华传统食文化资源评价解读体系的构建

中华传统食养智慧的解读与评价

ZHONGHUA CHUANTONG SHIYANG ZHIHUI DE JIEDU YU PINGJIA

第一章　评价解读中华传统食文化资源的意义

第二章　中华传统食文化资源评价解读体系的建立

第三章　对中华传统食文化资源产业发展的建议

习近平总书记2013年8月19日在全国宣传思想工作会议上指出，每个国家和民族的历史传统、文化积淀、基本国情不同，其发展道路必然有着自己的特色。中华文化积淀着中华民族最深沉的精神追求，是中华民族生生不息、发展壮大的丰厚滋养；中华优秀传统文化是中华民族的突出优势，是我们最深厚的文化软实力；中国特色社会主义植根于中华文化沃土、反映中国人民意愿、适应中国和时代发展进步要求，有着深厚历史渊源和广泛现实基础。当前许多消费者对中华传统食文化资源内涵不了解、传统食疗价值不清楚，认识上存在许多误区，导致当前中国传统食文化资源市场引领性差、在国人心中定位不强、消费水平低、消费能力差等不足，面临极大的市场挑战。当前，急需对中华传统食品的文化内涵、科学价值讲清楚，引导消费者正确地认识、认知中国传统食品，进而认可中华传统食品。

第一章

评价解读中华传统食文化资源的意义

对传统食文化资源进行科学评价与文化解读，引导消费者科学对待、充分认识传统食品的安全性、文化性、科学性及其健康价值；引起政府的积极关注，共同做好传统食文化资源的传承与保护；引起媒体的关注，扩大传统食文化资源在国内外消费者中的认知与认同。对传承弘扬中华传统食文化、提高国民健康素质等方面意义重大，对于该产业的可持续发展具有良好的带动作用。当前急需对传统食品的文化内涵、科学价值讲清楚，引导消费者正确地认识、认知传统食品，进而认可传统食品。

一、对中华传统食文化资源进行系统、科学、全面的评价与文化解读，有理论和实践的双重意义

国内对传统食品资源产业保护传承利用现状，显示出与日韩有较大差距。在对比日韩传统食品资源评价、保护、传承基础上，构建中国传统食品系统、科学、全面的评价体系与文化解读，首先在理论建设上，可进一步弥补中国传统食品资源理论研究的某些不足，进一步弥补该产业理论研究的弱项或缺失。其次借鉴本课题的理论成果，可用以指导中国传统食品资源产业的发展，改变当前产业保护体系不成熟、产业链不完整、产业发展不规范、资源文化内涵挖掘不深、市场占有份额严重不足的现状。

二、对中华传统食文化资源进行系统、科学、全面的评价与文化解读，可指导中国传统食品走向国际

构建传统食品系统、科学、全面的评价体系与文化解读，将引领国际市场食品资源的时尚和走向，指导传统食品产业发展趋势和模式，特别是随着孔子学院的对外交流，扩大传统食品及其文化在国外消费者中的认知与认同，借孔子学院对外交流东风，扩大输出产品与文化。

三、对中华传统食文化资源进行系统、科学、全面的评价与文化解读，可引导消费者科学对待、充分认识中国传统食品的科学性、文化性

中国人的饮食生活出现了与传统饮食生活相疏离的倾向，当前国内消费者对中国传统食品资源存在众多消费误区，如与日本纳豆近似的中国豆豉、与韩国泡菜近似的中国泡菜长期作为传统的调味品，食用范围窄，产品没有系统开发，自身营养和活性成分没有得到充分的挖掘，限制了被消费者认同范围的扩大和市场的发展，类似原因导致阿胶、粉丝、黄酒等许多中国独特的传统健康食品被忽略。

四、对中华传统食文化资源进行系统、科学、全面的评价与文化解读，可指导中国传统食品产业健康发展

改变当前该产业保护体系不成熟、产业链条不完整、文化内涵挖掘不深、市场占有份额严重不足、引领性差等缺陷，提高该产业在国人心中的地位，进而建立起消费者对其认知度和美誉度。对于产业的营销宣传、可持续发展具有良好的带动作用，可明显提高中国传统食品原产地的知名度（城市名片作用）、产品形象及旅游文化的交流。可以指导中华传统食品立足国内，走向国际，特别是随着孔子学院的对外交流，进一步扩大中华传统食品及其文化在国内外消费者中的认知与认同。

五、对中华传统食文化资源进行系统、科学、全面的评价与文化解读，契合习近平总书记提出的对宣传阐释中国特色要"四个讲清楚"的理念

2013 年 8 月 19 日，习近平总书记在全国宣传思想工作会议上的讲话明确提出：宣传阐释中国特色要讲清楚每个国家和民族的历史传统、文化积淀、基本国情不同，其发展道路必然有着自己的特色；讲清楚中华文化积淀着中华民族最深沉的精神追求，是中华民族生生不息、发展壮大的丰厚滋养；讲清楚中华优秀传统文化是中华民族的突出优势，是我们最深厚的文化软实力；讲清楚中国特色社会主义植根于中华文化沃土、反映中国人民意愿、适应中国和时代发展进步要求，有着深厚历史渊源和广泛现实基础。中华民族创造了源远流长的中华文化，中华民族也一定能够创造出中华文化新的辉煌。独特的文化传统，独特的历史命运，独特的基本国情，注定了我们必然要走适合自己特点的发展道路。对中国传统文化，对国外的东西，要坚持古为今用、洋为中用，去粗取精、去伪存真，经过科学的扬弃后使之为我所用。

第二章

中华传统食文化资源评价解读体系的建立

　　法国美食大餐、墨西哥传统饮食、地中海美食、土耳其传统美食"Keskek"、日本和食与韩国腌制越冬泡菜文化等已入选联合国教科文组织人类非物质文化遗产代表作名录。当前中国传统食文化资源产业在发展中存在一些问题，如产品质量良莠不齐，安全难以保障，加工技术和制作工艺落后等，这些都不利于中国食文化的申遗和保护工作。因此，构建一个关于中华传统食文化资源统一评价体系，将促进中华传统文化的良好传承和健康发展。

　　当前中华传统食文化资源遭遇到西方生活方式的冲击与挑战，为保护和发展中国优秀的传统食文化资源与食学文化遗产，急需建立一个关于中华传统食文化资源的评价体系。结合世界非物质文化遗产遴选传统文化的标准，通过专家咨询法构建中华传统食文化资源的评价体系，确立了文化价值、科学价值、市场价值和质量价值作为一级指标，下设 12 个二级指标。运用群决策——专家数据集结方法进行指标测度评判，利用层次分析法（AHP）软件 yaahp 对数据进行处理，计算出各级指标的权重值，并进行了一致性检验，最终制定了中华传统食文化资源的评价体系。运用专家问卷法和层次分析法，构建起中华传统食品资源的评价体系，以期为传统食文化资源相关企业提供参考标准和价值引导，便于政府对相关企业和优秀的传统食文化资源品牌进行政策和资金扶持，起到保护优秀传统食文化遗产，推动传统食文化资源产业化和国际化的作用。

一、中华传统食文化资源评价体系构建的指导思想和基本原则

（一）评价体系构建的指导思想

1. 有利于增进人民群众健康

健康是人民群众幸福生活的基础，也是全面建成小康社会的重要内涵。近年来，中国食品安全事件时有发生，食品安全问题日益受到各界的关注。传统食品安全问题的存在，一是由于缺乏严格有效的评价标准和监督管理体制，二是由于一些传统食品制作工艺和技术落后，容易导致有害物质超标，营养成分流失。这与现代社会的健康理念极不相符。联合国教科文组织之所以将地中海饮食列入非物质文化遗产代表作名录，很重要的一个原因就是其饮食结构以蔬菜水果、五谷杂粮、鱼类、豆类以及橄榄油为主，讲究营养均衡，有利于人体健康。

中华传统食文化资源保护与发展评价体系中评价指标的设计要积极营造有利于人民群众身体健康的舆论环境，让传统食品生产企业充分认识和重视饮食与健康的关系，在食品制作和研发过程中，严格遵守国家食品卫生安全标准，始终将人民群众的身体健康和食品安全放在第一位，健全企业的食品安全生产和监督体系，做好食品的安全保障工作，不断改进传统食品的制作工艺，最大限度地减少产品加工和运输过程中潜在的危害因素和安全隐患，打造传统食品在人民群众心目中的健康形象，为增强群众健康和体质做出贡献。

2. 有利于传统食品企业良性发展

当前，中国不少传统食品企业，包括一些中华老字号企业无法适应市场经济快速发展和居民生活方式改变的步伐，出现了经营状况不佳甚至长期亏损的局面，有的企业甚至面临破产的窘境。面对西方饮食和现代生活方式的

巨大冲击，如何实现传统食文化资源的现代转型，保持其持续竞争力、促进企业稳定发展是传统食品企业的当务之急。

本评价体系在构建中紧密联系企业发展实际，充分考虑到企业发展面对的各种问题，从提高传统食品吸引力、提升企业竞争力等角度设立评价指标，为传统食品企业应对挑战，选择正确的发展战略和方向提供了明确的价值标准，旨在促进传统食品企业蓬勃发展，有效推动传统食品的产业化、规模化和国际化进程。

3. 有利于弘扬传统食文化

传统食文化是中国传统文化的一个重要组成部分，与人民群众的生活和社会发展息息相关。传统食文化作为宝贵的文化财富，包含了中国人民的饮食观念和审美旨趣，反映了民族心理和人文精神。中华传统食文化资源讲究食物的色、香、味、形，许多制作工艺独具特色和匠心，且重视食物的食疗和保健功能，体现了中国人民的智慧和对生活的热爱。保护和弘扬传统食文化既是加强国家文化建设、增强民族凝聚力的需要，也是促进传统食品企业持续发展的重要基础和途径。

在联合国饮食类非物质文化遗产代表作遴选中，文化是一个非常重要的衡量指标。联合国教科文组织十分重视非物质文化遗产给拥有者群体带来的认同感，提倡文化的独特性与多样性。例如，土耳其小麦粥入选世界非物质文化遗产代表作名录的一个重要理由就是其通过代代相传加强了人们对社区的归属感，强调分享的理念，有助于推动文化多样性。2015 年，中国提交的中国美食申遗代表作包括广式烧鸭、剁椒蒸鱼扇、蒜香鸡翅等，但在民族文化与人类情感意蕴的挖掘与宣传方面尚有不足，使得申遗失败。因此，中华传统食文化资源保护与发展评价体系将食品所蕴含的传统食文化及其继承和弘扬情况作为一个重要评价指标，旨在引起企业和消费者对民族传统食文化的重视，实现经济与社会效益的双丰收。

（二）评价体系构建的基本原则

1. 导向性原则

本评价体系的构建以保护和发展中国优秀传统食品，推进中国饮食文化的申遗工作，促进传统食品产业化、国际化为目的，指标设计要能够为传统食品企业提供正确的发展方向和价值引导，深化消费者对传统食品市场和文化价值的认知与认同。保护和发展状况良好的传统食文化资源应该是具有深厚传统文化底蕴、独特制作工艺、鲜明地域特征以及良好商业信誉的中国食品。

2. 科学性原则

评价指标的选择要从传统食文化资源的特点出发，各评价指标之间要相对独立，不能有交叉，指标表述要清晰准确，具有较强的可统计性和可操作性，便于对传统食文化资源做出相应的评判，能够充分体现传统食文化资源的品质和价值，确保评价的信度与效度。

3. 共性与个性结合原则

中华传统食文化资源品类多样，各具特色，各有所长，因此在评价指标设计上既要尽可能涵盖优秀传统文化资源的共同特点，又要能够体现出不同产品的独特价值，做到评价指标规范化和个性化的统一，使评价指标具有更强的普适性和包容性。

4. 全面性和典型性结合原则

评价指标一方面要具有综合性和整体性，做到全面、客观，从多侧面、多维度、多视角对传统食文化资源进行系统评价。另一方面又要突出重点，在众多指标中选择最能凸显传统食品特征、最有代表性、最重要的评价标准，并且合理确定不同指标在该评价体系中的权重地位。

5. 定性与定量结合原则

评价体系既包含定量分析的刚性指标，同时兼顾定性分析的柔性指标。在本评价体系中，以定量评价指标为主，尽量选择能够进行量化操作的内容，以确保传统食品的安全性和高品质，同时加入文化价值等主观性指标，彰显传统食品的软实力，注重评价的价值取向和文化内涵。

二、中华传统食文化资源保护与发展评价体系的指标内容

遵循以上指导思想和评价原则，根据对中华传统食文化资源的大量实地调研和相关文献，采用特尔菲专家咨询法，初步确定了中华传统食文化资源保护与发展评价体系的各项指标和层次。为保证指标确立的科学性和合理性，济南大学张炳文教授项目组专门在 2014 年亚洲食学论坛会议期间就评价指标的设计征求广大与会专家的意见，综合专家意见建议，修改并确定了本评价体系的各层级内容，随后发送给一些国内相关传统食品企业，如中华老字号企业、非物质文化遗产传承企业及有一定市场影响力和知名度的食品企业征求修改意见，最终确定了评价体系的各层级内容。

在中华传统食文化资源保护与发展评价体系中，最高层即目标层为中华传统食文化资源 A，下设准则层，共有四个一级指标 B1—B4，包括四个维度，即文化价值（B1）、科学价值（B2）、市场价值（B3）和质量价值（B4）；在一级指标层 B 下有指标层 C，含有 12 个二级指标，是以准则层 B 的一级指标为依据对一级指标的进一步分解和具体化。

（一）文化价值（B1）

文化价值（B1）主要是指传统食文化资源所经历的历史年代和蕴含的文化意义。有些评价指标虽然不能直接量化，但是可以通过多项指标体现出来。传统食文化资源的文化价值主要包括地方特色与文化（C11），食文化宣传与展示（C21），食品的产品、技艺和服务传承（C31），品牌价值（C41）等第二层级指标。即 B1 = ｛C11，C21，C31，C41｝。其中，地方特色与文化主要是指传统食文化资源产生的历史时代背景、相关的传说故事、名人与该产品的渊源典故等。

食文化宣传与展示主要体现在传统食品企业自建的博物馆和媒体宣传等

方面。传统食品企业的产品品类、技艺或服务传承主要包括食品的核心制作技术、历代相传的经典食品品类、特色服务、传承措施、传承人情况等。品牌价值主要包括品牌历史、商标注册和所获荣誉、是否中华或地方老字号、列入非遗情况、所获专利等。传统食文化资源都是经过民间多年的技术传承与改造形成的，具有深厚的历史文化意蕴，其背后的历史故事或民间传说凝聚了百姓的生活智慧和美好向往，折射了一个国家或地区的文明，融入于民族发展的历史之中，是极其宝贵的物质和非物质财富，也是传统食品企业的无形资产和文化软实力，应予以保护和传承。

（二）科学价值（B2）

科学价值（B2）主要包括食物的营养成分（C12）、中医食疗价值（C22）、生物活性成分（C32）、技术研发情况（C42）等四个第二层级指标。即 B2 = {C12，C22，C32，C42}。其中，食物的营养成分、中医食疗价值和生物活性成分主要通过相关科技论文、研究报告等进行证明。

技术研发情况主要考察食品企业研发费用投入和申报产品专利项数。随着生活水平的不断提高，消费者越来越认识到健康的重要性，对于食物首先关注的是其安全性与营养价值。传统食品作为一种与人民群众日常生活密切相关的食物，关系到国民健康与国家发展。

相比一些高脂肪、高热量的西式快餐食品而言，中国的很多传统食品因其独特的原材料、精良的制作工艺和烹饪方式，具有独有的营养价值或养生保健功能，应该加以保护和弘扬。例如中国的传统主食馒头、包子、面条等的蒸煮方式相比于西方面包的烘焙方式更有利于食物营养的保存和人体健康。

传统食品中的发酵食品，如醋、酱类、豆豉、泡菜、腐乳等不仅可以调味佐餐，而且有许多保健功能，有的保健生物活性指标达到很高水平。本评价体系中科学价值指标的设立旨在鼓励传统食品企业加强研发，充分发掘和赋予传统食品更多的营养和保健功能，以利于传统食品的发展和消费者体质的提高。

（三）市场价值（B3）

市场价值（B3）主要是指传统食品面对西方饮食和现代生活方式的冲击，所具有的市场竞争力和吸引力。主要包括传统食品的市场占有率（C13）、顾客满意度（C23）、企业规模（C33）和企业盈利情况（C43）四个下属指标。即 B3 ＝ {C13，C23，C33，C43}。

随着现代社会的发展，大众膳食结构和饮食习惯也发生了巨大变化，人们的饮食消费倾向日益多样化，使得一些传统食品遭遇到前所未有的挑战。许多传统食品企业面临发展困境，由于历史原因和体制因素，一些传统食品企业包括一些中华老字号，受到资金、技术、设备等方面的局限，加上缺乏先进的管理经验，对市场风险应对不力，没有科学长远的发展规划，市场份额被挤占，市场效益较低，面临被市场淘汰的风险。本评价指标旨在激励传统食品企业不断挖掘市场潜力，提高企业的生存竞争力，以优质服务和产品赢得消费者青睐，不断提高市场份额和利润，扩展企业规模。

（四）质量价值（B4）

质量价值（B4）主要指传统食品可靠的质量及由此带来的信誉和消费者的信任。主要体现为产品质量水平（C14）和品质保证能力（C24）两个二级指标。即 B4 ＝ {C14，C24}。其中，产品质量水平主要考察传统食品的质量执行标准及标准水平、食品获得的相关认证等（如是否采用 ISO 9001—9004 国际质量标准和质量保证系列标准），这一指标有助于判断传统食品从生产到完成后进入市场时的质量水平。品质保证能力主要参看传统食品的质量体系认证、是否获得 HACCP 或 OHSMS 体系认证等，这些都有助于食品企业在发展过程中长期保障食品质量的可靠性和稳定性。

质量是确保传统食品安全和消费者对产品忠诚度的关键。优秀的传统食品往往因为其良好的质量和信誉在消费者心目中具有极高的可信度，这也是其历经岁月和市场检验而长盛不衰的重要原因。本评价指标旨在督促食品企业以其制度和硬件指标确保食品质量，为企业的长远发展奠定坚实基础。

三、基于层次分析法的中华传统食文化资源评价体系

层次分析法（The Analysis Hierarchy Process，AHP）将定性分析和定量分析相结合，利用人的分析、判断和综合能力，用于解决较为复杂、不易量化的决策问题，其有效性和可靠性较高。在运用层次分析法的基础上同时采取了多专家综合评价方法来确定评价指标权重。项目组共向 21 位专家发放了有效调查问卷，所选专家来自食品行业协会、高校食品科学或饮食文化产业专业、传统食品生产企业等。

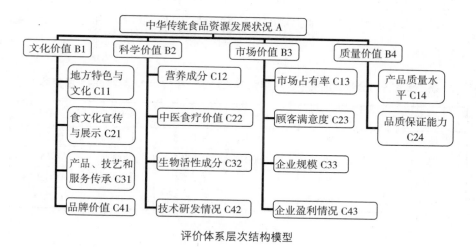

评价体系层次结构模型

（一）建立评价体系层次结构模型

（二）采用层次分析法（AHP）确定分层加权指标体系权重

1. 建立判定矩阵

根据萨蒂（T. L. Saaty）提出的"1—9 标度方法"，通过对同一层级下各评价指标的重要性进行两两比较，建立判断矩阵 $A = \{a_{ij}\}$。其形式如下：

Hs	A1	A2	…	An
A1	a11	a12	…	a1n
A2	a21	a22	…	a2n
A3	a31	a32	…	a3n
…	…	…	…	…
An	an1	an2	…	ann

根据调查问卷中专家给出的判断矩阵数据，并利用 yaahp10.1 软件对数据进行一致性检验，分别得出相对目标层 A 的各一级指标重要性两两比较的判断矩阵，以及相对一级指标 B 的各二级指标重要性两两比较的判断矩阵。以专家 I 为例，根据他提供的评价数据得出的二级指标相对于一级指标重要性的判断矩阵。

基于专家 I 打分数据的关于二级指标 B 相对于一级指标 A 重要性的判断矩阵

一级指标 A	B1	B2	B3	B4	Wi
二级指标 B1	1.0000	5.0487	3.0695	1.0000	0.4037
二级指标 B2	0.1981	1.0000	2.9881	0.3373	0.1518
二级指标 B3	0.3258	0.3347	1.0000	0.3265	0.0966
二级指标 B4	1.0000	0.3347	3.0624	1.0000	0.3479

2. 计算评价指标权重

计算出每个判断矩阵的最大特征根 K_{max} 和相应的排序向量 W，W 即准则层指标的权重。设评价目标层权重为 1，一级指标与目标层的总排序权重为：$W_i = \sum a_j b_{ij}$（1，2，…，n），从而计算出各一级指标在整体指标中的权重。

计算判断矩阵的最大特征值与特征向量通常可以采用和积法，其计算步骤如下：

①每列归一化：$\bar{a}_{ij} = a_{ij} / \sum_{k=1}^{n} a_{kj}$，$i, j = 1, \cdots, n$。

②求行和：$\bar{w}_i = \sum_{k=1}^{n} \bar{a}_{ik}$，$i = 1, \cdots, n$。

③归一化：$w_i = \bar{w}_i / \sum_{k=1}^{n} \bar{w}_k$，$i = 1, \cdots, n$。

④求特征值：$\lambda_{max} = \sum_{i=1}^{n} Aw_i / nw_i$。

用同样的方法，计算出各二级指标在整体指标中的权重。

中华传统食文化资源保护与发展评价体系各指标权重

一级指标 B		二级指标 C	
指标	权重	指标	权重
B1 文化价值	0.4037	C11 地方特色与文化	0.1090
		C21 食文化宣传与展示	0.0990
		C31 产品、技艺和服务传承	0.0741
		C41 品牌价值	0.1216
B2 科学价值	0.2497	C12 营养成分	0.1104
		C22 中医食疗价值	0.0435
		C32 生物活性成分	0.0289
		C42 技术研发情况	0.0668
B3 市场价值	0.1445	C13 市场占有率	0.0493
		C23 顾客满意度	0.0623
		C33 企业规模	0.0094
		C43 企业盈利情况	0.0235
B4 质量价值	0.2021	C14 产品质量水平	0.1334
		C24 品质保证能力	0.0687

3. 对结果进行一致性检验，以保证所得结论的合理性

计算判断矩阵的最大特征根 λ（K_{max}）、一致性指标 CI 和随机一致性比率 CR。CI＝（λ－n）／（n－1），CR＝CI/RI，RI 为同阶的平均随机一致性指标。若 CR<0.10，则认为判断矩阵的一致性检验合格，判断矩阵是合理的，可以接受。

经过对准则层和各因子层判断矩阵进行一致性检验，结果显示 CR<0.10，所有判断矩阵通过检验，具有满意的一致性，证明本评价体系指标权重设计合理。

（三）中华传统食文化资源保护与发展状况的评价方法及结果确定

评审人员根据评分标准和食品相关资料对需要评价的传统食品进行打分，计算出每种食品的评估得分。评估得分即每个评价指标的权重乘以该指标的得分之和。评价模型为：$V = V_i W_i n$。其中，V 表示中华传统食文化资源保护与发展状况的评价值，V_i 表示第 i 个评价因子的得分，W_i 表示第 i 个因子的权重，n 为评价因子的数目。

评估得分满分为 100 分，按照得分高低将中华传统食文化资源保护与发展状况评定结果划分为一至三级，得分在 60 分以上者为保护与发展状况良好的中华传统食文化资源，其中 60—74.9 分评为一级；75—89.9 分评为二级；90 分及以上评为三级。如表所示：

中华传统食品资源保护与发展状况评分标准

一级指标	二级指标	很好/分	较好/分	一般/分	差/分	很差/分	合成权重
B1 文化价值	C11 地方特色与文化	100	80	60	40	20	0.1090
	C21 食文化宣传与展示	100	80	60	40	20	0.0990
	C31 产品、技艺和服务传承	100	80	60	40	20	0.0741
	C41 品牌价值	100	80	60	40	20	0.1216

续表

一级指标	二级指标	很好/分	较好/分	一般/分	差/分	很差/分	合成权重
B2 科学价值	C12 营养成分	100	80	60	40	20	0.1104
	C22 中医食疗价值	100	80	60	40	20	0.0435
	C32 生物活性成分	100	80	60	40	20	0.0289
	C42 技术研发情况	100	80	60	40	20	0.0668
B3 市场价值	C13 市场占有率	100	80	60	40	20	0.0493
	C23 顾客满意度	100	80	60	40	20	0.0623
	C33 企业规模	100	80	60	40	20	0.0094
	C43 企业盈利情况	100	80	60	40	20	0.0235
B4 质量价值	C14 产品质量水平	100	80	60	40	20	0.1334
	C24 品质保证能力	100	80	60	40	20	0.0687

第三章

对中华传统食文化资源产业发展的建议

中华传统食文化资源是中华传统优秀文化的重要组成部分，是发展中华优秀传统文化产业的前提和基础，历史悠久、源远流长，蕴含丰富的文化内涵与科学智慧。中华传统食文化资源是中华民族长期经验的积累和智慧的集成，具有良好的风味性、营养性、健康性和安全性。中国农业大学李里特教授曾指出，中华民族文化的主流是创新的文化、是先进的文化，也是全世界各民族敬仰的文化，应该认真分析中华传统饮食文化的历史、现状，系统调查、抢救、研究和开发中国各地的传统食文化资源，让它们为人类再造辉煌。但由于种种原因，导致当前资源优势并没有转化为相应的产业优势，整体产业形象不清晰，不少资源散落于民间各地，未形成一个完整的体系。随着时间推移和市场的竞争，一些历史上的传统名食甚至失传、萎缩和消亡，在当地都难觅其踪，还有的已面目全非，丧失真实的内涵与底蕴。因而，当前亟须综合国内外产业发展的经验，探索发展和壮大传统食文化资源产业的路径和方法。

一、政府主导，进行系统、科学、全面的规划、组织与管理

政府的支持是传统食文化资源产业发展最有力的后盾。近年来，韩国把传统食品世界化作为一个重要国家项目全力进行打造，明确提出"韩食世

界化推进战略"，在韩国泡菜获得国际社会越来越多的认可之后，积极推进"五大核心传统食品世界化进程"，将其传统饮食中的全州拌饭、凉粉、烤肉、海鲜饼、杂烩等五种食品推向世界。法国大餐能入选《人类非物质文化遗产代表作名录》，成为首项世界级食文化非物质文化遗产，背后离不开法国政府的强大经济与政策支撑，在法国政府的支持下，美食节成为一年一度的重大节日；开设美食烹饪基础课和甜点烘烤课，旨在让国人体味法国大餐所蕴含的文化韵味，在此基础上推出美食旅游，推广美食文化。墨西哥美食、土耳其小麦粥、地中海饮食、韩国泡菜等之所以能陆续走进世界非遗名录，跟他们对本国传统饮食文化的保护不无关系，这既促进旅游业的发展，又传承保护了传统文化。

（一）挖掘、整合、提升传统食文化资源独特的文化内涵与核心竞争力

大力发展食文化资源产业，是建设文化强国的一部分，首先要到古籍中去搜集，到老字号、老城镇、老食客、老前辈那里去讨教，抢救和采集失传或濒临失传的传统工艺与产品，尤其是一些历史上经千锤百炼的地方风味精品，注意按照其本来的风格精心仿制，这种传承不仅是传统及经典菜品的传接和模仿，更应是特有风格及文化内涵的延续。其次在挖掘收集的基础上研究、分析与整合，组织业内专家及文人学者，以中华传统食文化资源的历史发展脉络为主线，以中华大地特有的人文地理和物产文化为背景，挖掘收集散落在各地的特色食文化资源，认真研究、整合食文化的风格特色，以图片、诗词歌赋、文献、典故资料等清晰地整理出相关传统食文化资源的悠久历史渊源。

（二）建立和完善相关组织机构

政府应择机成立中华传统食品世界化管理委员会或专门的民间组织，组织各地食品协会等相关社团，专业化地开展传统食品世界化的各项工作，在充分征求有关专家和广大公众意见的基础上，集中全民智慧，制定《中华

传统食品世界化发展规划》，把中华传统食品世界化列入国家发展的重要议事日程，确定传统食品世界化的发展目标、发展规划和具体措施。同时积极组织协调农业部门、食品卫生部门、宣传部门、科研院所、企业等开展合作，发挥政府与民间组织的合力，形成职责明确、管理高效的组织和监管体系，加快传统食品世界化的步伐。

设立"中华传统好食品认定委员会"，全面负责"中华传统好食品"的认定和相关工作，依据中国国际贸易促进委员会商业行业分会发布实施的团体标准《中华传统好食品评价通则》（T/CCPITCSC 014-2018），中华传统好食品认定委员会组织专家评审小组，以材料审核、现场审核走访相结合的方式，对相关产品进行评审，提出评审结果，委员会将评审结果通过相关网站、主流报刊等媒体进行公示，接受全社会的监督和意见反馈。

（三）给予该产业相应的政策与经费支持

政府在发展食文化资源产业时，可以考虑在政策上扶持，如减免税收、立法保护等，也可以在研究经费、人才培养和招商引资等方面提供支持。在建立起传统食文化资源全面、科学、系统评价体系的基础上，依托传统食文化资源评价体系，加大国家层面的食学文化展览、交流以及交易等各种模式的平台建设，行业组织应主动积极承担起推广我国传统优秀食文化资源的重任，运用主流媒体等资源，挖掘产品的科学价值与文化内涵，突出特色、培育品牌。各级政府通过定期举办系列活动，如传统食文化资源产业发展论坛、专家解读品鉴会、国家社科成果要报发表等形式，引导消费者科学对待、充分认识中华传统食品的安全性与健康价值；引起媒体的关注，进一步扩大传统食文化资源在国内外消费者中的认知与认同。

通过有效的产业政策大力培育食文化资源龙头企业，以点带面，整合现有资源发展品牌连锁经营，鼓励做大做强，培育一批跨区域的连锁经营企业，实现集团化、规模化经营。可把具有一定品牌优势且发展势头良好的企业作为重点扶持对象，政府协调有关部门给予一定的优惠政策，使其实现品牌连锁经营的迅速扩张，以此引导该产业的整体发展。加快建设具有自主知识产权、科技含量高、富有中华传统文化特色的食学主题公园，开发与食学文化紧密结合的健身、旅游、休闲等服务性消费，带动相关产业发展。

（四）将中华传统食养文化教育纳入全民"食育"教育体系

食育是贯穿人一生的素质教育，是传授食品科学知识、传播饮食文化，使公众养成健康饮食观念和行为的教育。食育是提升公民科学素养的重要环节，也是综合素质教育的一部分，其最终目的是达成科学认知、合理膳食、品鉴知礼、传承文化的教育。2005年，日本颁布了《食育基本法》，这是世界上规定国民饮食行为的第一部法律。日本还在国家主导下开展全国范围的食育推进计划，并取得令世界瞩目的成绩。

在我国，食育的理念及相关活动的开展尚处于探索阶段，而在"健康中国"国家战略等政策的导向下，建立具有中国特色的食育体系需要做好顶层设计与规划——明确食育在国民素质教育中的重要地位，把握食育的科学性、实践性和文化性，推进食育纳入全民素质教育体系。从国际食育的成功经验来看，国家层面的法律法规是保证食育工作有效运行的关键，是动员全社会重视食育、参与食育的根本。建议相关部门抓紧制定实施国民传统食养文化教育的规划与计划，深入开展传统食物资源营养功能评价研究，全面普及相关食学文化知识，发布适合不同人群特点的传统膳食指南，引导居民形成科学的膳食习惯，推进健康饮食文化建设，把传统食学文化教育作为所有教育阶段素质教育的重要内容。

二、科技先行，完善评价解读及产品创新研究，引领消费新模式

当前我国传统食品工业化已初见成效，食品工业的转型和市场需求的变化，富有中国特色的、有文化认同感的传统食品具有极大市场空间，我国传统食品天生具有的健康、养生的内涵也符合大众的诉求，这使得如何发掘我国传统食品的特色，开发现代食品成为行业热点。

（一）科学评价与解读好该产业的相关产品

中共中央办公厅、国务院办公厅印发的《关于实施中华优秀传统文化传承发展工程的意见》指出："加强对传统历法、节气、生肖和饮食、医药等的研究阐释、活态利用，使其有益的文化价值深度嵌入百姓生活"。"充分运用海外中国文化中心、孔子学院，文化节展、文物展览、博览会、书展、电影节、体育活动、旅游推介和各类品牌活动，助推中华优秀传统文化的国际传播。支持中华医药、中华烹饪、中华武术、中华典籍、中国文物、中国节日等中华传统文化代表性项目走出去……依托我国驻外机构、中资企业、与我友好合作机构和世界各地的中餐馆等，讲好中国故事、传播好中国声音、阐释好中国特色、展示好中国形象"。中华传统食养文化及其相关产品是中华优秀传统文化的重要组成部分，是中华传统文化与科学有机融合的良好载体，是中华民族长期经验的积累和智慧的集成。

传统食品中蕴含着巨大的营养、健康和保健价值，值得我们深入地品味与借鉴。要围绕中医食疗学、营养科学、活性成分研究等，对中国传统食品与人体健康的关系作系统、全面的科学证据分析，从中医食疗角度、营养科学角度、活性成分研究角度，以及独特的加工工艺技术、独特的原料选择与搭配等方面，进行深入浅出的科学、系统解读与评价。要组织专家对其蕴含的文化内涵、科学价值讲清楚，引导消费者正确地认识、认知，进而认可中华传统食养文化与传统食品。

（二）企业要不断改进生产技术和制作工艺，增强传统食品的吸引力

目前，很多传统食品的制作仍停留于小作坊阶段，生产出来的产品往往质量不稳定。由于缺少研究和投入，一些机械化生产的传统主食在口感、风味等方面又往往无法与手工制作相媲美。企业应提高科研经费的比例，研制或购买先进的生产设备，注重科研人才的吸纳和培养，努力提高企业的创新能力和科研水平。同时，加强市场调研，在继承传统的基础上不断开发适合

现代消费者需求的新产品，以满足不同年龄、地域和阶层消费者的多样化、个性化需求。一些固守传统工艺、不思改良的传统食品日益脱离时代发展的潮流，如过于油腻或含亚硝酸盐等致癌物，无法适应消费者的健康需求，受到消费者的拒斥。这就要求传统食品企业要不断改进生产技术和制作工艺，注重开发传统食品的营养和保健功能，增强传统食品的吸引力，以应对新的市场形势下国际食品行业的挑战。例如，全聚德使用现代技术数字全自动烤炉，进一步改善了风味，也使得产品品质更易控制。

（三）餐饮企业与现代食品企业的融合发展

中式菜肴、发酵食品、肉制品和点心等传统食品的现代化是历史必然趋势，要传承与创新并举、固本与培魂并重，努力树立中华传统食品的品牌价值，借助现代科技加速传统食品的现代化，这将是未来一大发展趋势与亮点。中国传统餐饮中有大量适合工业化、标准化生产的传统美食，在餐饮业竞争发展中由于各种原因目前处于萎缩消亡的境地，而食品企业却面临着一个产品开发的难题，社会餐饮也有将美食工业化生产的需求，往往苦于找不到合适的渠道，所以，餐饮业与食品工业的对接，是我国传统食文化资源发展的另一空间或机遇。

（四）加大复合型人才的培养

人才是食文化资源产业发展的关键。目前，产业从业人员良莠不齐，相当一部分从业人员缺乏相关知识和素养培训，不利于企业日常经营管理和长久发展。在高等教育中，旅游管理、酒店管理、文化产业、食品科学、营养与食品卫生、烹饪等相关专业人才的培养，不应拘泥于相关专业课程，在人才的培养上要讲究全面发展，对艺术、文化、饮食等都能要有所了解，输送一批复合型人才，促进传统食文化资源产业的发展。同时，为进一步壮大传统食品世界化的队伍，应在大学中增设与传统食品研发和制作相关的院系及专业，委托高等院校和企业开展传统食品制作人才的专业资格培训与认证工作，加强对相关人员的培训，培养具有高素质的管到省时，老弟照单查收。阿胶系毛寄云所赠，最为难得之物，家中须慎重用之。

道光二十三年三月十九日

曹西垣教习服满，引见以知县用，七月却身还家；母亲及叔父之衣，并阿胶等项均托西垣带回。

道光二十八年十二月初十

十月十六日，发一家信，由廷芳宇明府带交。便寄曾希六陈体元从九品执照各一纸，母亲大人耳帽一件，膏药一千张，服药各种，阿胶二斤，朝珠二挂，笔五支。

道光二十九年十一月初五日

（八）涂我梗与阿胶

清道光八年，一个名叫涂我梗的读书人，从江西来到山东东阿县定居。涂我梗精通医理，迁徙之后，建立了后来有名的涂氏"怀德堂"。他行医并兼制作阿胶。涂氏的药店有八间胶房，十口胶锅，年产阿胶1400斤左右。他把阿胶运往江西，以阿胶换取当地的冬虫夏草、藏红花等药材，再将药材运往北方销售。直到现在，在江西的乡野之间，东阿阿胶依然被作为应酬、馈赠的上佳滋补礼品。现在的江西人嫁闺女，陪嫁的箱子里有一个叫哑巴箱子，里面放有四盒阿胶——代表四季如意。

（九）刘公瓘与阿胶

清朝乾隆年间，山东东平有个进士叫刘公瓘。他年轻时曾经在东平湖畔率众讲学，后来刘公瓘到南方做官。据说他刚到南方的时候，当地的许多学者都想考考他。当地有些才子和他对对联，其中有个才子说道：江南，多山多才子多水多美女。刘公瓘对道：山东，一山一圣人一水一圣药。一山指泰山，一圣人指孔子，一水指黄河，一圣药指的就是阿胶。

理、营销、服务和产品研发的专业人才。

三、媒体助推，深化宣传，全面引导消费者科学消费

多样化的宣传途径迅速提升韩国泡菜等的知名度。相比之下，国内外消费者对中华传统食品及其背后博大精深的食学文化还缺乏了解。纪录片《舌尖上的中国》在国内外的热播，为宣传中国经典美食做出了有益的探索，既增强国人对传统食学文化的信心，也吸引了国际社会对中华传统食品的关注。

（一）开展多层次、多平台推介的营销策划思路和举措

对中华传统食文化资源进行文化艺术内涵的解读，对传统技艺归纳整理，采用图表、照片等资料，翔实介绍传统食文化资源传统技艺的悠久历史和发展现状，搜集、挖掘相关的诗词文赋、名人轶事、传说故事等，展示与当地经济发展、文化传统的紧密关系，以及在老百姓日常生活中的意义，表现出传统技艺、文化底蕴于产品独特的历史、文化、科学、教育和审美价值。

针对国内外市场做好宣传策划，确立由单一媒体推介向多层次、多平台推介转变的营销思路和举措，通过政府活动、国际会议、体育赛事、影视宣传片等多种形式进行宣传，聘任社会名流、名人代言，举办饮食文化节、组织各类食物制作或品尝体验活动，利用广播电视、网站专栏，邀请知名专家、记者采写、拍摄专题，组织力量，搭建载体，提升知名度，扩大影响力。

（二）创新宣传服务，提高文化消费意识，培育新的消费热点

打造一批具有核心竞争力的知名食学文化品牌，积极开展传统食学文化旅游类等康养游学活动，加快美食旅行社的建设，专门从事美食旅游线路设计、推介和接待工作，全方位拓展宣传营销力度。在车站、广场、交通工具、商场等地方绘制传统食文化资源标志和公益性质的广告牌，在街道指示

牌中突出展示旅游标志。加强广告媒体宣传，充分利用报纸、杂志、电视台、广播电台、招商会、广告牌等媒体进行广告宣传和商业报道，发布火车广告、巴士广告、路牌广告等，形成一系列地毯覆盖式宣传促销活动，不断适应当前城乡居民消费结构的变化和需求。

四、产业整合，内挖潜力、外树品牌，对接文旅、康养等产业

传统食文化资源历史悠久，世代传承，建立了良好的信誉和口碑，承载着浓郁的风土人情，容易为更多的消费者接受和认同，在长期的历史发展过程中，传统食文化资源也形成了天然的商业品牌优势，但一些老字号企业也因此背上了沉重的历史包袱，急需进行品牌管理创新，塑造良好的现代品牌形象，保持和提升品牌竞争力和顾客忠诚度。通过各种活动引起政府的关注，做好传统食文化资源的传承、保护、推广，进而引领消费。

（一）重视中华传统食文化资源的品牌价值与建设

品牌是发展之根本，较高的知名度、较广泛的认可度和较好的口碑是食文化资源产业持续发展的关键所在，中华传统食文化资源需要重视品牌价值的建设、提升，品牌价值建设又需要在品牌形象和品牌的文化内涵上下功夫，要强化品牌意识，引导企业争创品牌，着力培育品牌，将其历史文化、健康的饮食理念和严格的食品安全标准等多种元素进行综合，打造中华传统食学文化的知名品牌。①

充分发挥传统食品的历史文化优势，有利于迅速建立起较高的品牌认知度和美誉度。例如，韩国政府和企业积极利用传统文化推动韩国泡菜等传统食品走向世界，通过媒体广泛宣传，打造出一个全球化品牌。企业应充分发挥传统食品的品牌优势，积极构建企业品牌文化，做好商标注册和专利保护

---

① 谢孟军、汪同三、崔日明：《中国的文化输出能推动对外直接投资吗？——基于孔子学院发展的实证检验》，《经济学（季刊）》2017年第4期。

工作，将传统文化贯穿在传统食品宣传和产品设计中，使得传统食品真正成为人们寻找中国传统文化和乡情乡愁的载体，使消费者在品尝美食的同时，得到文化的陶冶、心灵的慰藉和情感的寄托，让拥有自主知识产权、自主品牌的食文化产品走出去，凸显我国优秀传统文化的品牌效应。

（二）大力发展优秀传统食文化资源的旅游产业

在建立起中国传统食文化资源全面、科学、系统评价体系的基础上，完成与文旅、康养等产业的对接，如博物馆、文化主题公园的建设，旅游礼品与线路的开发等，大力发展优秀传统食文化资源的旅游产业。在信息化迅速发展的今天，应充分利用网络做好宣传，扩大主题公园影响力，可以是游戏类的作品，通过自己自由自在地想象建造自己梦想中的公园，虚拟自己下厨做各种各样的美食。同时，可以根据某个特定的饮食主题，采用现代科学技术和多层次活动设置方式，实景展示主题公园的全貌，使游客预先体验主题公园的种种旅游项目，达到一种身临其境的感觉。

引导走品牌化、科学化、规范化、产业化经营之路，形成具有市场竞争力的特色品牌，把食文化资源产品打造成为旅游热购产品，激发和满足旅游者求新、求异、求生态绿色等消费需求。积极发动国内外游客参与，增进国外消费者对于中国传统食文化资源的了解和兴趣，赢得广大消费者的信任，吸引世界各地的消费需求，推动中国传统食文化资源成功走向世界。

五、创新模式，多渠道、全方位营销策划，拓展国内外市场

安于现状、缺乏现代营销技巧、品牌营销渠道单一，是一些传统食文化资源企业发展的瓶颈。为此，企业要勇于打破传统营销方式。

（一）将互联网和传统食文化资源产业相结合

利用"互联网+"的先进理念，积极与新媒体开展商业合作，将互联网和传统食品产业结合，制定"互联网+"营销计划，精心打造电子营销平台，积极发展网络销售，不断拓展自己的市场份额和生存发展空间，提高知名度，实现企业的创新发展。销售商开通网上直销渠道，通过零售和网络销售双渠道售卖商品，不仅可以方便顾客，而且较其他竞争者能够获得较大的市场份额和利润，如 2018 年端午期间五芳斋在天猫商城上粽子的日销售量达到万单以上，通过电子商务赚取巨大营销红利。

（二）优化和完善生产流程，建立冷链运输系统和富有文化气息的包装设计

中国传统食文化资源产业化水平不高，造成产品质量不稳定，在国际竞争中处于劣势地位。以传统发酵食品为例，日本纳豆、韩国泡菜早已实现规模化生产，已经进入工业化生产的成熟期，每年销售额在数亿美元以上。而我国的传统发酵食品工业化程度仍然较低，仍处于起步阶段，售价比日、韩两国低 30% 以上。当前，亟须推动传统食品的产业化生产，优化和完善生产流程，建立冷链运输系统和包装消毒系统，有效降低生产成本，更好地保障食品安全，以物美价廉的产品赢得消费者的青睐。另外，注意改进包装设计，将传统文化、时尚潮流、现代审美观念融为一体，注重包装细节打造，增强视觉吸引力和亲和力，方便携带和取食，以赢得更多消费者特别是年轻一代的好感和关注。

（三）发展连锁经营，增加国内外销售网点

我国的传统食文化资源企业应改变过于保守的业态模式，创新家族式的企业经营方式，建立和完善现代企业制度，通过争取政府扶持、资金众筹等，广泛吸纳各种社会资金，发展连锁经营，增加国内外销售网点，扩大企业生产经营规模，推动传统食品走向全国，走出国门，逐步向国际化发展。

重点扶持和帮助一批"中华老字号"企业建立海外连锁经营模式，对海外的中餐馆进行重新整合，改变传统中餐馆规模小、档次低、各自为战的局面，做大做强一批龙头企业，通过标准化、连锁化发展提升产品的质量，迎合当地中产阶层的消费品味，培养企业走出去的能力，重视企业自主创新能力、宣传营销能力、管理能力的积累与提升，努力打造中国传统食文化资

源的国际知名品牌，提高企业在国际市场的影响力和竞争力，提高抵御市场风险的能力。

（四）企业要营造自己独特的食学文化氛围

为适应消费者对食文化的需求趋势，餐饮企业不仅菜品要有文化，内部装饰、餐具及其摆设与使用、服务人员的穿着等都有其文化背景，要"硬件"和"软件"结合，全方位展示食文化内涵。首先是产品本身的文化内涵。它的起源、烹制、风味都有一定历史文化背景，可以通过对这些菜品历史文化背景的研究，结合史料记载，通过民风民俗或历史典故展现菜品的文化价值。其次是饮食环境的文化内涵。从餐厅外在的店景到餐厅内部的功能布局、设计装饰、环境烘托、灯饰小品、挂件寓意都能体现出特定的文化主题和内涵，中国古典餐厅就是通过中国宫灯和富有民族装饰风味的灯饰和中式家具、盆景陈设，结合室外中国式庭园景色，让顾客感受到浓郁的中国风味，喜气洋洋。再如，中餐厅中使用富有民族特色的竹器、瓷器及台布、菜单等都可使宾客感受到餐厅浓郁的文化情调。另外，餐饮器皿也一直是中国食学文化的重要组成部分，有什么样的饮食就会出现与之相适应的餐具。餐饮器皿在历代餐饮发展过程中，始终作为一个重要角色和美食相伴出现。

结语

一方水土养一方人——中国传统食品最适合东方人的体质需要，中华传统食文化资源的科学评价解读、文化内涵的弘扬不应被忽视，从某种意义讲，它是更重要的文化遗产，也是人类食物营养科学进步的基础。国务院侨务办公室原主任裘援平提出："以食为本，固本强基，提升中餐在全球的整体形象；以食为缘，携手兴业，促进内外中餐业联动发展；以食为媒，服务社区，做海外和谐侨社建设的骨干；以食为桥，沟通中外，做中外文化交流的大使。"这是以"食"力提升"软实力"的最好诠释。

在当前全面重视发展中华传统优秀文化的大背景下，特别是随着全球食品科研的深入研究，东方和地中海膳食模式在慢性代谢疾病预防、寿命延长等方面越来越受到全球食品科学、营养科学以及产业界高度关注。如何将中国传统食文化资源与现代科技紧密结合，发掘传统食文化资源的特色，在东西方文化交融、全球化加深的新世纪进行传承发展，引导消费者科学对待、充分认识传统食文化资源的安全性与健康价值，做好我国传统食文化资源的传承、保护与推广，扩大传统食文化资源在国内外消费者中的认知与认同等方面，值得政界、学界、产业界、新闻界等相关领域人士进行深入思考。

附：《中华传统好食品评价通则》

（T/CCPITCSC 014-2018）

中国国际贸易促进会商业行业分会发布

1　范围

本标准规定了中华传统好食品的术语和定义、基本原则、评价原则、评价标准、评价程序、标识使用、动态管理。

本标准适用于中华传统好食品的评价。

2　术语和定义

下列术语和定义适用于本文件。

中华传统好食品 Chinese Traditional Fine-food

由中国人创造发明、在国人的饮食发展史中扮演过重要角色，具有中国传统文化特色、健康养生价值、独特的加工技艺，有一定的社会认知和认同度的食品。

3　基本原则

3.1　遵循申报自愿，流程透明，评审公正的原则。

3.2　参评食品应符合国家食品安全法律法规与标准要求。

4　评价规则

4.1　评价机构

4.1.1　中华传统好食品评价办公室（以下简称评价办公室）由中国贸促会商业行业分会与中国食品报社相关人员组成，并根据全国各省市评价需要设立驻省（市）中华传统好食品评价办公室（以下简称驻省（市）评价办公室）负责中华传统好食品申请资料的受理和资格初审等具体工作；评价办公室负责中华传统好食品评价专家委员会秘书处日常工作和中华传统好食品资格复审及每年度按10%的比例对评价产品进行抽检等工作。

4.1.2　中华传统好食品评价专家委员会（以下简称评价专家委员会）负责中华传统好食品的评审工作。

下设中华传统好食品评价专家委员会秘书处（以下简称秘书处），在专家委员会指导下开展工作，负责申报材料的汇总及评审专家日常管理等工作。

4.1.3　中国贸促会商业行业分会作为管理机构，监督评价办公室的工作，负责证书颁发及管理工作。

4.2　申报条件

申报单位应为在中国注册的合法生产经营单位，并符合以下条件：

——具有独特的加工工艺技术条件与关键控制点；

——有完善的质量控制措施，有完备的生产、销售记录档案；

——具有良好的社会信誉，得到广泛的社会认同；

——取得当地工商营业执照、食品生产许可证等相关证书；

——产品符合食品安全国家标准。

4.3　评价标准

4.3.1　申报中华传统好食品的产品类别见"申报评价产品的类别"。

4.3.2　中华传统好食品评分细则见《中华传统好食品评价评分表》（见附录A）。

4.3.3　根据中华传统好食品评价评分表，经评价专家委员会评审，评价得分满分为100分，得分在70.0分及以上者入选。

5　评价程序

5.1　申请

申请单位根据自身情况填写申报表，报所在地驻省（市）评价办公室由其进行申请资料的受理，提交中华传统好食品评价申报自评表与承诺书，连同附录B中规定的其他材料一并上报。

5.2　初核

驻省（市）评价办公室受理申请后对申报材料进行初审核查（必要时对有关内容进行现场调研，提出评审意见，撰写评价报告），对符合申报资格，且申报资料齐全的申请单位进行汇总登记，统一向中华传统好食品评价办公室汇报；对不符合所列申报资格，或申报材料不完整的申请单位，及时予以告知，同时允许其在申报时限内补充申报。

5.3　复核

中华传统好食品评价办公室对上报的符合申报资格，且申报资料齐全的申请单位进行资料复核，并将通过复核的申请单位上报给秘书处，由秘书处汇总申报材料并组织评价专家委员会进行评审。

5.4　评审

评价专家委员会以材料审核、现场审核相结合的方式，依据中华传统好食品评价评分表，对相关产品进行评审，提出评审结果，并将评审结果上报秘书处。

5. 5 公示

秘书处通过中国食品报社网站、中华传统好食品网站对评审结果进行公示，并接受全社会的监督和意见反馈。公示期不少于 15 天。

5. 6 确认和公告

在公示期内对初评结果有异议的，应重新组织调查核实，根据核查结果作出裁定；对公示期内无异议或经裁定通过的，中华传统好食品评价专家委员会对评审结果进行确认，并报秘书处批准授予中华传统好食品称号，同时在中国食品报社网站、中华传统好食品网站予以公告。

5. 7 颁发证书

通过评价的中华传统好食品的单位或产品由中国贸促会商业行业分会统一颁发中华传统好食品证书，并许可使用中华传统好食品标识（见附录B）。

6 标识使用

6. 1 标识要求

中华传统好食品标识应符合以下要求：

——标志的外圈及中间"食"字色泽要求为中国红，"食"周边的麦穗部分颜色为金黄色渐变色，由上至下对称渐变；

——标识由中华传统好食品办公室提供印刷原图；

——标识使用有效期为三年。

6. 2 标识使用人在证书有效期内享有下列权利：

——在获证产品及其包装、标签、说明书上使用中华传统好食品标识；

——在获证产品的广告宣传、展览展销等营销活动中使用中华传统好食品标识。

6. 3 标识使用人在证书有效期内应当履行下列义务：

——配合相关部门，在中华优秀传统文化传承与推广等方面，做好示范带动作用，打造国际品牌，扩大中华传统好食品及其文化在国内外消费者中的认知与认同；

——严格执行相关食品标准，保持产品质量稳定可靠；

——遵守标识使用合同及相关规定，规范使用中华传统好食品标识，可以按照比例放大或者缩小，但不得变形、变色；

——未经秘书处许可，其他任何单位和个人不得使用中华传统好食品标识；

——不允许将中华传统好食品标识用于非许可产品及其经营性活动。

7　动态管理

7.1　秘书处应对通过评价的企业进行定期跟踪，及时掌握企业的标识使用情况。当标识使用人有下列情形之一时，秘书处应取消其标识使用权，收回标识使用证书，三年内不再受理其申请，情节严重的，永久不再受理其申请，并予公告：

——未遵守标识使用合同约定的；

——违反规定使用标识和证书的；

——申报过程中弄虚作假，以欺骗、贿赂等不正当手段取得标识使用权的。

7.2　秘书处应对申报单位提交的相关材料进行归档，定期进行管理。秘书处工作人员应当恪守职业道德，未经参评企业允许，不得泄露产品生产核心技术。

7.3　通过评价的企业应利用相关网站、平台等对中华传统好食品进行宣传。

规范性附录 A

中华传统好食品评价评分表

一级指标	二级指标	评价标准		权重系数	评价等级				佐证材料
		A 级	C 级		A 100	B 80	C 60	D 40	
1.文化价值	1—1 中国特色与文化	具有鲜明的中国特色和地域特色，与中国传统文化融为一体；为我国经济文化的一大特色	具有鲜明的地方特色和地域特色，在传统文化中占有一席之地；为当地文化的一大亮点	0.15					
	1—2 产品或技艺传承	相关文化艺术或技艺等被列入国家或世界非物质文化遗产名录	相关文化艺术或技艺等被列入地方级非物质文化遗产名录	0.15					
	1—3 品牌价值	获得省级及以上政府颁发的相关品牌认可，如国家名牌、驰名商标、中华老字号、绿色食品、有机食品、国家地理标识产品等	获得由当地政府颁发的相关品牌认可与表彰	0.10					
	合计			0.40					
2.健康价值	2—1 营养研究	有相关研究报告，企业参与相关研究	有相关研究报告，研究报告的研究对象为申报产品	0.10					
	2—2 食疗健康	企业提供记载申报产品的古文献丰富	企业提供部分记载申报产品的古文献	0.08					
	2—3 企业科研	企业承担相关研究或参与相关基础性研究；获相关专利	企业参与相关研究；研发费用有投入	0.10					
	合计			0.28					

续表

一级指标	二级指标	评价标准		权重系数	评价等级				佐证材料
		A 级	C 级		A 100	B 80	C 60	D 40	
3. 质量价值	3—1 产品质量水平	获得省级及以上政府相关质量奖	获得地方政府的相关质量奖	0.08					
	3—2 质量保证能力	取得 ISO22000 食品安全管理体系、HACCP 或其他相当资格的质量管理体系认证	产品质量长期稳定，近三年在各级质量监督检查中均为合格	0.05					
	3—3 顾客满意度	在全国范围拥有稳定的消费群体，用户满意度高，口碑良好	在当地拥有稳定的消费群体，满意度高，口碑良好	0.03					
合计				0.16					
4. 市场价值	4—1 市场占有率	在全国被广泛认知，有一定的美誉度和口碑	在部分地区被广泛认知，有一定的美誉度和口碑	0.06					
	4—2 企业盈利情况	年销售额、实现利税、工业成本费用利润率居国内同行业前列	年销售额、实现利税、工业成本费用利润率居省内同行业前列	0.02					
	4—3 企业责任	企业有自己的博物馆，网站建设富有中华优秀传统食文化特征；对当地经济发展有着突出贡献	企业网站建设突出中华优秀传统食文化特征；对当地经济发展增收有一定贡献	0.06					
	4—4 企业规模	居国内同行业前列	居所在省（自治区、直辖市）同行业前列	0.02					
合计				0.16					
总计				1.00					

说明：1. A、B、C、D 分别表示 100、80、60、40 四个分值。在评价标准中，只给出了 A 级（100 分）和 C 级（60 分）的标准，介于 A 级、C 级之间即为 B 级（80 分），低于 C 级即为 D 级（40 分）。2. 评审人员根据评分标准和申报单位提供的相关资料对申报产品进行打分，计算出每种产品评估得分。评估得分即每个评价指标的权重乘以该指标的得分之和。3. 评估得分满分为 100 分，得分 70.0 分及以上者入选中华传统好食品。

规范性附录 B

中华传统好食品标识

注2：标识的外圈以及中间"食"字颜色为中国红 M100，Y100；"食"周边的麦穗部分颜色为
　　　渐变色，由上至下对称渐变，颜色为顶部 M80，Y100；中部 M10，Y80，底部 M80，
　　　Y100。标识由中华传统好食品办公室提供印刷原图。

责任编辑:刘　伟
责任校对:吕　飞

图书在版编目(CIP)数据

中华传统食养智慧的解读与评价/张炳文 主编. —北京:人民出版社,2020.5
ISBN 978－7－01－021025－4

Ⅰ.①中…　Ⅱ.①张…　Ⅲ.①饮食-文化-中国　Ⅳ.①TS971.2

中国版本图书馆 CIP 数据核字(2019)第 138348 号

中华传统食养智慧的解读与评价

ZHONGHUA CHUANTONG SHIYANG ZHIHUI DE JIEDU YU PINGJIA

张炳文　主编

人民出版社 出版发行
(100706　北京市东城区隆福寺街 99 号)

中煤(北京)印务有限公司印刷　新华书店经销

2020 年 5 月第 1 版　2020 年 5 月北京第 1 次印刷
开本:710 毫米×1000 毫米 1/16　印张:24
字数:330 千字

ISBN 978－7－01－021025－4　定价:70.00 元

邮购地址 100706　北京市东城区隆福寺街 99 号
人民东方图书销售中心　电话 (010)65250042　65289539